人工智能技术丛书

TensorFlow 人脸识别实战

王晓华 著

清華大学出版社
北京

内容简介

使用深度学习进行人脸识别是近年来AI研究的热点之一。本书使用TensorFlow 2.1作为深度学习的框架和工具，引导读者从搭建环境开始，逐步深入代码应用实践中，进而达到独立使用深度学习模型完成人脸识别的目的。

本书分为10章，第1、2章介绍人脸识别的基础知识和发展路径；第3章从搭建环境开始，详细介绍Anaconda、Python、PyCharm、TensorFlow CPU版本和GPU版本的安装；第4~6章介绍TensorFlow基本和高级API的使用；第7章介绍使用原生API处理数据的方法和可视化训练过程；第8章是实战准备，介绍ResNet模型的实现和应用；第9、10章综合本书前面的知识，学习人脸识别模型与人脸检测这两个实战项目。

本书内容详尽、示例丰富，是机器学习和深度学习初学者必备的参考书，同时也非常适合高等院校和培训机构人工智能及相关专业的师生教学参考。

图书在版编目（CIP）数据

TensorFlow人脸识别实战 / 王晓华著.—北京：清华大学出版社，2021.7
（人工智能技术丛书）
ISBN 978-7-302-58382-0

Ⅰ. ①T… Ⅱ. ①王… Ⅲ. ①面－图像识别－人工智能－算法 Ⅳ. ①TP391.413②TP18

中国版本图书馆CIP数据核字（2021）第117387号

责任编辑：夏毓彦
封面设计：王 翔
责任校对：闫秀华
责任印制：丛怀宇
出版发行：清华大学出版社
网 址：http://www.tup.com.cn，http://www.wqbook.com
地 址：北京清华大学学研大厦A座 **邮 编：**100084
社 总 机：010-62770175 **邮 购：**010-62786544
投稿与读者服务：010-62776969，c-service@tup.tsinghua.edu.cn
质 量 反 馈：010-62772015，zhiliang@tup.tsinghua.edu.cn
印 装 者：北京国马印刷厂
经 销：全国新华书店
开 本：190mm×260mm **印 张：**14.25 **字 数：**365千字
版 次：2021年8月第1版 **印 次：**2021年8月第1次印刷
定 价：59.00元

产品编号：092038-01

前　　言

在新冠疫情肆虐时，国家认可的健康宝（我们常说的绿码）遍地开花，而这离不开人脸识别，人脸就是我们的通行证。

人脸识别技术就是基于人的脸部特征信息进行身份识别的一种生物识别技术，是用多种测量方法和手段来扫描人脸，包括热成像、3D人脸地图、独特特征（也称为地标）分类等分析面部特征的几何比例、关键面部特征之间的映射距离、皮肤表面纹理。

长期以来，由于技术手段的落后和人脸的复杂，人脸技术一直没有被大规模应用。究其原因，还是当时的人脸识别技术对人的头部位置、面部表情以及年龄的易变性辨识度非常低，难以准确地判断目标，不能给出一个准确度较高的结论，从而制约了这项技术的发展。

随着深度学习的兴起，人们发现使用深度学习技术能够较好地进行人脸识别。深度学习方法的主要优势是可以用非常大型的数据集进行训练，学习到表征这些数据的最佳特征，从而在要求的准确度下实现人脸识别的目标。

本书以全新的TensorFlow 2版本为基础进行编写，教会读者如何运用深度学习框架实现人脸识别。从TensorFlow 2的基础语法开始讲解，到介绍如何使用TensorFlow 2进行深度学习程序的设计，以及如何在实战中设计出人脸识别模型。

本书对TensorFlow 2的核心内容进行深入分析，重要内容均结合代码进行讲解，围绕深度学习原理介绍了大量实战案例，读者通过这些案例可以将TensorFlow 2运用于自己的实际开发工作和项目中。

本书是一本面向初级和中级读者的翔实教程。通过本书的学习，读者能够掌握深度学习的核心内容和在TensorFlow框架下实现人脸识别的知识要点，以及掌握从模型构建到应用程序编写的整套技巧。

本书特色

1. 版本新，易入门

本书详细介绍TensorFlow 2的安装和使用、TensorFlow的默认API以及官方推荐的Keras编程方法与技巧等。

2. 作者经验丰富，代码编写细腻

作者是长期奋战在科研和工业界的一线算法设计和程序编写人员，实战经验丰富，对代码中可能会出现的各种问题和“坑”有丰富的处理经验，使得读者能够少走很多弯路。

3. 理论扎实，深入浅出

在代码设计的基础上，本书还深入浅出地介绍需要掌握的深度学习的一些基本理论知识，

作者通过大量的公式与图示结合的方式对理论进行阐述，是一本难得的好书。

4. 对比多种应用方案，实战案例丰富

本书采用大量的实例，同时也提供一些实现同类功能的其他解决方案，覆盖使用TensorFlow进行深度学习开发中常用的知识。

本书内容及知识体系

本书是基于TensorFlow 2.1版本的新架构模式和框架来完整介绍TensorFlow 2使用方法的进阶教程，主要内容如下：

第1、2章是本书的起始部分，详细介绍人类视觉的生理解释和人脸识别的发展历程、使用过的传统技术和方法以及缺陷和不足，并且介绍使用深度学习进行人脸识别的通用流程和一些可以获取到的数据集，供读者在后期学习中使用。

第3章是有关深度学习框架TensorFlow的使用。本章详细介绍TensorFlow 2.1版本的安装方法以及对应的运行环境的安装，并且通过一个简单的例子验证TensorFlow 2的安装效果。还将介绍TensorFlow硬件的采购，使用一块能够运行TensorFlow GPU版本的显卡能让我们的学习事半功倍。

第4章是本书的重点，从MODEL的设计开始，循序渐进地介绍TensorFlow 2的编程方法和步骤，包括结合Keras进行TensorFlow 2模型设计的完整步骤，以及自定义层的方法。第4章的内容看起来很简单，但却是本书的核心，读者一定要反复阅读，掌握所有内容和代码的编写。

第5章是深度学习的理论部分，介绍反馈神经网络的实现和核心的两个算法，作者通过图示并结合理论公式的方式详细介绍理论和原理，并手动实现了一个反馈神经网络。

第6章详细介绍卷积神经网络的原理和各个模型的使用和自定义内容，讲解借助卷积神经网络算法构建一个简单的CNN模型进行MNIST数字识别。使用卷积神经网络识别物体是深度学习的一个经典内容，也是人脸识别的基础内容。因而本章也是本书的重点内容，能够极大地加强读者掌握对TensorFlow框架的使用和程序的编写。

第7章介绍TensorFlow新版本的数据读写和训练过程的可视化部分，内容包括使用TensorFlow 2自带的Datasets API对数据的序列化存储，通过简单的想法将数据重新读取和调用的程序编写方法，以及训练过程可视化的一个非常重要的工具TensorBoard。

第8章介绍ResNet的基本思想和内容。ResNet是一个具有里程碑性质的框架，标志着粗犷的卷积神经网络设计向着精确化和模块化的方向转化。ResNet本身的程序编写非常简单，但是其中蕴含的设计思想却是跨越性的。

第9章讲解人脸识别的一个重要模块。首先向读者介绍使用Python封装好的类库实现人脸的检测，并在此基础上教会读者使用已有的程序自制所需要的人脸检测数据集。之后详细介绍MTCNN这个经典的人脸检测模型的使用方法。

第10章介绍使用多种深度学习模型实现人脸识别模型，从基于卷积神经到使用孪生网络的单机版模型，进而引申到为了解决人脸识别不易迁移而诞生的TripletModel。本书为这一系列的人脸识别模型均提供了实现代码，并对这些实现代码进行了讲解，旨在帮助读者解决使用人脸识别模型实战时可能遇到的各种问题。

源码、数据集、开发环境与技术支持

本书配套资源请用微信扫描右边的二维码下载，也可按页面提示把链接转发到自己的邮箱中下载。

如果有疑问，可发送邮件至booksaga@163.com，邮件主题为“TensorFlow人脸识别实战”。技术支持信息请查看下载资源中的相关文件。

适合阅读本书的读者

- 人工智能初学者。
- 深度学习初学者。
- 人脸识别初学读者。
- 高等院校人工智能相关专业的师生。
- 培训机构的师生。
- 其他对智能化、自动化感兴趣的研发人员。

勘误和支持

由于笔者的水平有限，加之编写时间跨度较长，同时TensorFlow的演进较快，在编写此书的过程中难免会出现不够准确的地方，恳请读者批评指正。

感谢出版社所有编辑在本书编写中提供的无私帮助和宝贵建议，正是由于编辑的耐心和支持才让本书得以出版。感谢我的家人的支持和理解，这些都给了我莫大的动力，让我的努力更加有意义。

著者

2021年1月

目　录

第1章

Hello World——从计算机视觉与人类视觉谈起

长期以来，让计算机能看会听可以说是计算机科学家孜孜不倦追求的目标，其中最为基础的就是让计算机能够看见这个世界，赋予计算机一双和人类一样的眼睛，让它们也能看懂这个美好的世界，这也是激励笔者或者说激励整体为之奋斗的计算机工作者的重要力量。虽然目前计算机尚不能达到动画片中变形金刚十分之一的能力，但是计算机在这方面能力的进步是不会停息的。

1.1 视觉的发展简史

“视觉”帮助我们看到这个世界，“视觉”也帮助我们认识这个世界。那么计算机视觉应该如何代替或协助人类视觉重新认识这个世界呢？

1.1.1 人类视觉神经的启迪

20世纪50年代，Torsten Wiesel和David Hubel两位神经科学家在猫和猴子身上做了一项非常有名的关于动物视觉的实验（见图1.1）。

实验中猫的头部被固定，视野只能落在一个显示屏区域，显示屏上会不时出现小光点或者划过小光条，而一条导线直接连入猫的脑部区域的视觉皮层位置。

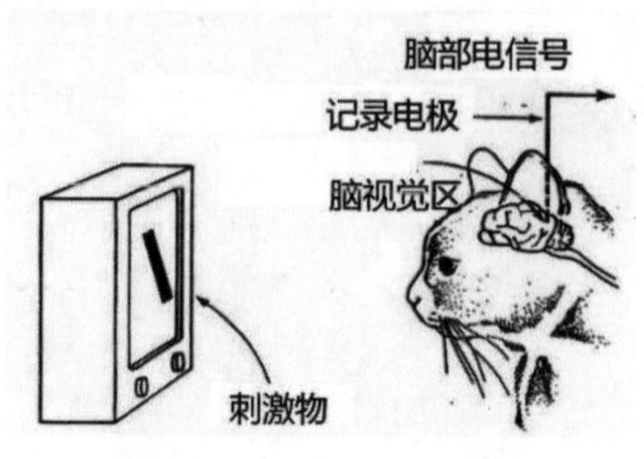

图 1.1　脑部连入电极的猫

Torsten Wiesel和David Hubel通过实验发现，当有小光点出现在屏幕上时，猫视觉皮层的一部分区域被激活，随着不同光点的闪现，不同脑部视觉神经区域被激活。当屏幕上出现光条时，则有更多的神经细胞被激活，区域也更为丰富。他们的研究还发现，有些脑部视觉细胞对于明暗对比非常敏感，对视野中光亮的方向（不是位置）和光亮移动的方向具有选择性。

自从Torsten Wiesel和David Hubel做了这个有名的脑部视觉神经实验之后，视觉神经科学（见图1.2）正式被人们确立。到目前为止，关于视觉神经的几个广为人们接受的观点是：

- 脑对视觉信息的处理是分层级的，低级脑区可能对物体的角度以及边缘比较敏感，高级脑区则处理更抽象的信息，比如人脸、房子、物体的运动之类。信息被一层一层地抽提出来，往上传递进行处理。
- 大脑对视觉信息的处理是并行的，不同的脑区提取出不同的信息，干不同的活，有的负责处理这个物体是什么，有的负责处理这个物体是怎么动的。
- 脑区之间存在着广泛的联系，同时高级皮层对低级皮层也有很多的反馈投射。
- 信息的处理普遍受到自上而下和自下而上的注意力的调控。

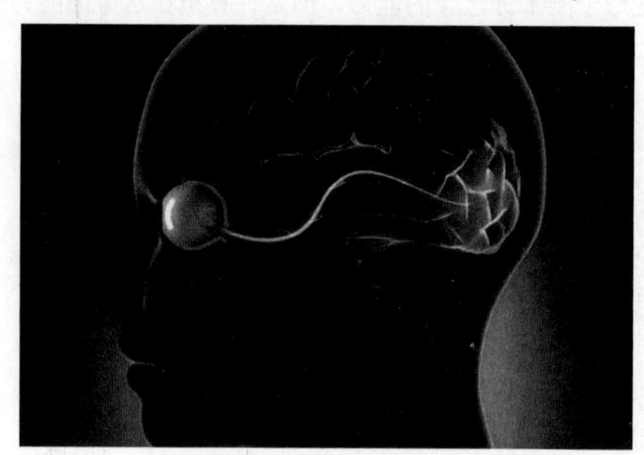

图 1.2　视觉神经科学

进一步的研究发现，当一个特定物体出现在视野的任意一个范围时，某些脑部的视觉神经元会一直处于固定的活跃状态。从视觉神经科学解释就是人类的视觉辨识是从视网膜到脑皮层，神经系统从识别细微、细小的特征演变为目标识别。如果计算机拥有这么一个“脑皮层”对信号进行转换，那么计算机仿照人类拥有视觉就会变为现实。

1.1.2　计算机视觉的难点与人工神经网络

通过大量的研究，人类视觉的秘密正在逐渐被揭开，但是相同的想法和经验用于计算机却并非易事。计算机识别往往有严格的限制和规格，即使同一张图片或者场景，一旦光线，甚至只是观察角度发生变化，计算机的判别就会发生变化。对于计算机来说，识别两个独立的物体容易，但是在不同的场景下识别同一个物体则困难得多。

因此，计算机视觉（见图1.3）的核心在于如何忽略同一种类物体内部的差异而强化不同物体之间的分别，即同一种类的物体相似，而不同种类的物体之间有很大的差别。

图 1.3　计算机视觉

长期以来，对于解决计算机视觉识别问题，大量的研究人员投入了很多的精力，贡献了很多不同的算法和解决方案。经过不懈的努力和无数次尝试，最终计算机视觉研究人员发现，使用人工神经网络解决计算机视觉问题是最好的解决办法。

人工神经网络在20世纪60年代萌芽，但是限于当时的计算机硬件资源，其理论只能停留在简单的模型之上，无法全面地发展和验证。

随着人们对人工神经网络的进一步研究，20世纪80年代人工神经网络具有里程碑意义的理论基础"反向传播算法"的发明，将原本非常复杂的链式法拆解为一个个独立的只有前后关系的连接层，并按各自的权重分配错误更新。这种方法使得人工神经网络从繁重的几乎不可能解决的样本计算中脱离出来，通过学习已有的数据统计规律对未定位的事件做出预测。

随着研究的进一步深入，2006年，多伦多大学的Geoffrey Hinton在深层神经网络的训练上取得了突破。他首次证明了使用更多隐藏层和更多神经元的人工神经网络具有更好的学习能力。其基本原理就是使用具有一定分布规律的数据保证神经网络模型初始化，再使用监督数据在初始化好的网络上进行计算，使用反向传播对神经元进行优化调整。

1.1.3　应用深度学习解决计算机视觉问题

受前人研究的启发，带有卷积结构的深度神经网络（CNN）被大量应用于计算机视觉之中。这是一种仿照生物视觉的逐层分解算法，分配不同的层级对图像进行处理（见图1.4）。例如，第一层检测物体的边缘、角点、尖锐或不平滑的区域，这一层几乎不包含语义信息；第二层基于第一层检测的结果进行组合，检测不同物体的位置、纹路、形状等，并将这些组合传递给下一层。以此类推，使得计算机和生物一样拥有视觉能力、辨识能力和精度。

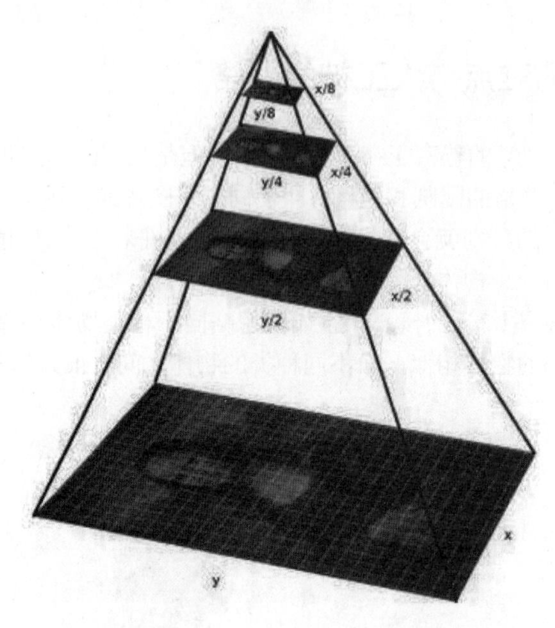

图 1.4 分层的视觉处理算法

CNN因其图像识别的准确率非常高以及原理简单易懂而被视为计算机视觉的首选解决方案，是深度学习的一个典型应用。除此之外，深度学习应用于计算机视觉还有其他优点，主要表现如下：

- 深度学习算法的通用性很强，在传统算法中，针对不同的物体需要定制不同的算法。相比来看，基于深度学习的算法更加通用，比如在传统 CNN 基础上发展起来的 faster RCNN，在人脸、行人、一般物体检测任务上都可以取得非常好的效果（见图 1.5）。

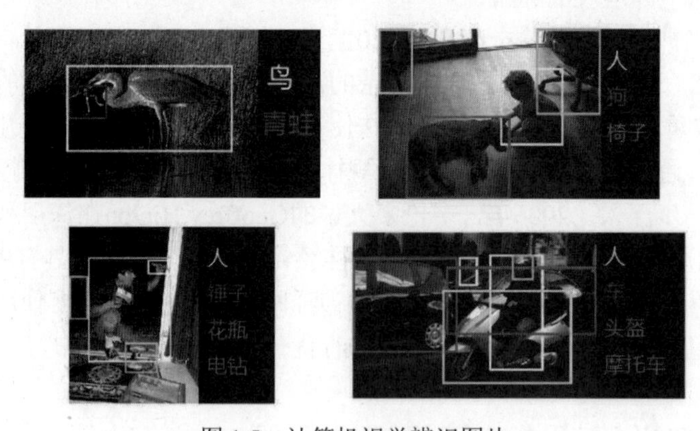

图 1.5 计算机视觉辨识图片

- 深度学习获得的特征（Feature）有很强的迁移能力。所谓特征迁移能力，指的是在 A 任务上学习到一些特征，在 B 任务上使用也可以获得非常好的效果。例如，在 ImageNet（物体为主）上学习到的特征，在场景分类任务上也能取得非常好的效果。
- 工程开发、优化、维护成本低。深度学习计算主要是进行卷积和矩阵乘，针对这种计算优化，所有深度学习算法都可以提升性能。

1.2　计算机视觉学习的基础与研究方向

计算机视觉是一门专门教会计算机如何去“看”的学科，更进一步地说明就是使用机器替代生物眼睛去对目标进行识别，并在此基础上做出必要的图像处理，加工所需要的对象。

使用深度学习并不是一件简单的事，建立一个有真正能力的计算机视觉系统更不容易。从学科分类上来说，计算机视觉的理念在某些方面其实与其他学科有很大一部分重叠，其中包括：人工智能、数字图像处理、机器学习、深度学习、模式识别、概率图模型、科学计算，以及一系列的数学计算等。这些领域亟待相关研究人员学习其中的基础理论，理解并找出规律，从而揭示那些我们以前不曾注意的细节。

1.2.1　学习计算机视觉结构图

对于相关的研究人员，可以把使用深度学习解决计算机视觉的问题归纳成一个结构关系图（见图1.6）。

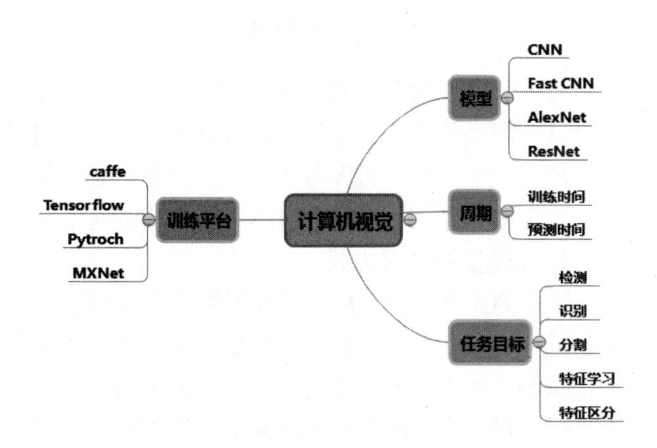

图 1.6　计算机视觉结构图

对于计算机视觉学习来说，选择一个好的训练平台是重中之重。因为对于绝大多数的学习者来说，平台的易用性以及便捷性往往决定着学习的成败。目前常用的平台是TensorFlow、Caffe、PyTorch等。

其次是模型的使用。自2006年深度学习的概念被确立以后，经过不断的探索与尝试，研究人员确立了模型设计是计算机视觉训练的核心内容，其中应用广泛的是AlexNet、VGGNet、GoogleNet、ResNet等。

除此之外，速度和周期也是需要考虑的一个非常重要的因素，如何使得训练速度更快，如何使用模型能够更快地对物体进行辨识也是计算机视觉中非常重要的问题。

所有的模型设计和应用核心的部分都是任务处理的对象，这里主要包括检测、识别、分割、特征点定位、序列学习5大任务，可以说任何计算机视觉的具体应用都是由这5个任务之一或者由这五个任务组合而成的。

1.2.2 计算机视觉的学习方式和未来趋势

“给计算机连上一个摄像头，让计算机描述它看到了什么。”是计算机视觉作为一门学科被提出时设定的目标，如今还是有大量的研究人员为这个目标孜孜不倦地工作着。

拿出一张图片，上面是一只狗，之后拿出一张猫的图片，让一个人去辨识（见图1.7）。无论图片上的猫和狗的形象与种类如何，人类总是能够精确地区分图片是猫还是狗，把这种带有标注的图片送到神经网络模型中去学习的方式称为“监督学习”。

图1.7 猫和狗

虽然目前在监督学习的计算机视觉领域深度学习取得了重大成果，但是在相对于生物视觉学习和分辨方式的“半监督学习”和“无监督学习”，还有更多、更重大的内容亟待解决，比如视频中物体的运动和行为存在特定规律；在一张图片中，一个动物也是有特定结构的。利用视频或图像中特定的结构可以把一个无监督学习的问题转化为一个有监督学习的问题，然后利用有监督学习的方法来学习。这是计算机视觉的学习方式。

MIT给机器“看电视剧”预测人类行为，MIT的人工智能为视频配音，迪士尼研究院可以让AI直接识别视频中正在发生的事。除此之外，计算机视觉还可以应用在那些人类能力所限、感觉器官不能及的领域和单调乏味的工作上——在微笑的瞬间自动按下快门，帮助汽车驾驶员泊车入位，捕捉身体的姿态与计算机游戏互动，在工厂中准确地焊接部件并检查缺陷，忙碌的购物季节帮助仓库分拣商品，离开家时扫地机器人清洁房间，自动将数码照片进行识别分类。

或许在不久的将来（见图1.8），超市电子秤在称重的同时就能辨别出蔬菜的种类；门禁系统能分辨出带着礼物的朋友，或者手持撬棒即将行窃的歹徒；可穿戴设备和手机帮助我们识别出镜头中的任何物体并搜索出相关信息。更奇妙的是，它还能超越人类双眼的感官，用声波、红外线来感知这个世界，观察云层的汹涌起伏预测天气，监测车辆的运行调度交通，甚至突破我们的想象，帮助理论物理学家分析超过三维空间中的物体运动。这些似乎并不遥远。

图 1.8　计算机视觉的未来

1.3　本章小结

在写作本书的时候应用深度学习作为计算机视觉的解决方案已经得到共识，深度神经网络已经明显优于其他学习技术以及设计出的特征提取计算方法。神经网络的发展浪潮已经迎面而来，在过去的历史发展中，深度学习、人工神经网络以及计算机视觉大量借鉴和使用了人类以及其他生物视觉神经方面的知识和内容，而且得益于最新的计算机硬件水平的提高，更多的数据的收集以及能够设计更深的神经网络计算使得深度学习的普及性和应用性都有了非常大的发展。充分利用这些资源，进一步提高使用深度学习进行计算机视觉的研究并将其带到一个新的高度和领域是本书写作的目的和对读者的期望。

第2章

众里寻她千百度
——人脸识别的前世今生

追捕目标的特工逆行在人群中，目之所及的每位行人都会被特工所戴的隐形眼镜捕捉面部画面，进而识别身份信息——电影《碟中谍4》中这令人赞叹的经典一幕依靠的正是人脸识别技术。

电影《速度与激情7》中的“天眼计划”同样让人惊叹：头戴一个黑框眼镜，就可以对海底、地面和天空中的任何物体扫描图像，迅速识别符合特征的目标物，从而找到开启“天眼”的关键人物（见图2.1）。

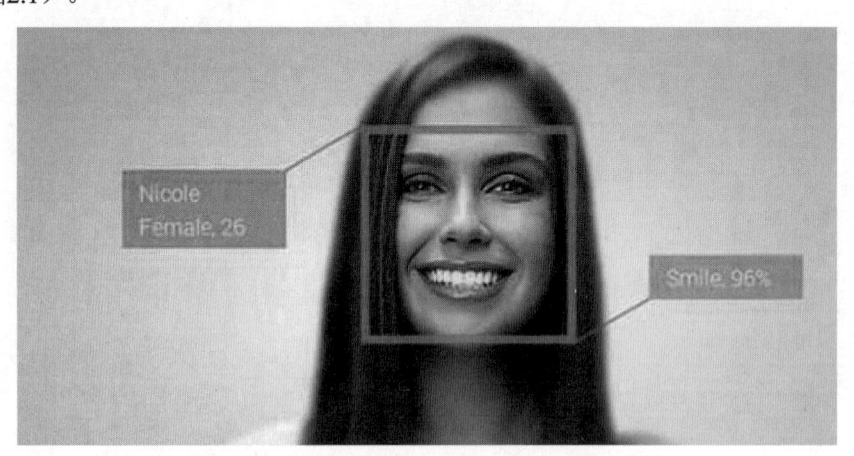

图 2.1　天眼

电影场景中神秘的人脸识别技术其实早已走进生活变为现实。就像电影中用于识别特定人物一样，当今的安防领域也需要人脸识别技术抓捕犯罪嫌疑人，而且已成为案件侦破的利器。

2.1　人脸识别简介

人脸识别技术是基于人的脸部特征信息进行身份识别的一种生物识别技术，即用摄像机或摄像头采集含有人脸的图像或视频流，并自动在图像中检测和跟踪人脸，进而给出每个脸的位置、大小和各个主要面部器官的位置信息，依据这些信息进一步提取每个人脸中所蕴含的身份特征，将其与已知的人脸进行对比，从而识别每个人身份的一系列相关技术。因而，人脸识别通常也叫作人像识别、面部识别。

2.1.1　人脸识别的发展历程

早在20世纪50年代，认知科学家就已着手对人脸识别展开研究。20世纪60年代，人脸识别工程化应用研究正式开启。当时主要利用了人脸的几何结构，通过分析人脸器官的特征点及其之间的拓扑关系进行辨识。这种方法简单直观，但是一旦人脸姿态、表情发生变化，则识别精度就会严重下降。

1991年，著名的“特征脸”方法第一次将主成分分析和统计特征技术引入人脸识别，在实用效果上取得了长足的进步。这一思路也在后续研究中得到了进一步的发扬光大，例如Belhumer成功将Fisher判别准则应用于人脸分类，提出了基于线性判别分析的Fisherface方法。

21世纪的前十年，随着机器学习理论的发展，学者们相继探索出了基于遗传算法、支持向量机（Support Vector Machine，SVM）、Boosting、流形学习以及核方法等进行人脸识别。 2009年至2012年，稀疏表达（Sparse Representation）凭借优美的理论和对遮挡因素的鲁棒性成为当时的研究热点。

与此同时，业界也基本达成共识：基于人工精心设计的局部描述算法进行特征的提取，或者采用子空间折射方法进行特征的选择，这些手段在人脸识别中能够取得最好的识别效果。其中Gabor和LBP的特征描述算子（Feature Description Operator，见图2.2）是迄今为止在人脸识别领域最为成功的两种人工设计局部描述算子（Local Descriptor）。

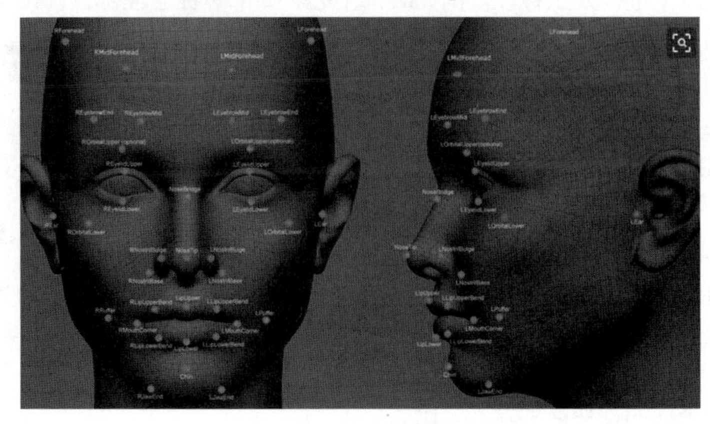

图 2.2　特征描述算子

对各种人脸识别影响因子的针对性处理也是这一阶段的研究热点，比如人脸光照归一化、人脸姿态校正、人脸超分辨以及遮挡处理等。也是在这一阶段，研究者的关注点开始从受限场景下的人脸识别转移到非受限环境下的人脸识别。

LFW人脸识别公开竞赛在此背景下开始流行，当时最好的识别系统尽管在受限的FRGC测试集上能取得99%以上的识别精度，但是在LFW上的最高精度仅仅在80%左右，离实用看起来距离颇远。

2013年，MSRA的研究者首度尝试了10万规模的大训练数据，并基于高维LBP特征和联合贝叶斯（Joint Bayesian）方法在LFW上获得了95.17%的精度。这一结果表明：大训练数据集对于有效提升非受限环境下的人脸识别很重要。然而，以上所有这些经典方法都难以处理大规模数据集的训练场景。

2014年前后，随着大数据和深度学习的发展，神经网络备受瞩目，并在图像分类、手写体识别、语音识别等应用中获得了远超经典方法的结果。香港中文大学的Sun Yi等人提出将卷积神经网络应用到人脸识别上，采用20万训练数据，在LFW上第一次得到了超过人类水平的识别精度，这是人脸识别发展历史上的一座里程碑。自此之后，研究者们不断改进网络结构，同时扩大训练样本规模，将LFW上的识别精度推高到99.5%以上。

2.1.2 人脸识别的一般方法

人脸识别技术是基于人的面部特征信息进行身份识别的一种生物识别技术，如此神奇的技术背后需要一整套复杂的程序来完成，主要包括人脸检测、关键点检测和人脸识别“三部曲”。人脸检测主要依靠摄像头等硬件捕捉图像，关键点检测和人脸识别则依靠深度学习算法、三维动态人脸识别和超低分辨率人脸识别技术。

从简单的方面来说，人脸识别就是使用多种测量方法和技术来扫描人脸，包括热成像、3D人脸地图、独特特征（也称为地标）分类等，分析面部特征的几何比例、关键面部特征之间的映射距离、皮肤表面纹理。人脸识别技术属于生物统计学的范畴，即生物数据的测量。生物识别技术的其他例子包括指纹扫描、眼睛/虹膜扫描系统。

基于一开始数据的有限性和研究者对人脸识别的认识，最初的人脸识别使用的工具和方法相当简单，包括在人脸上进行人工标注，例如眼部中心、嘴部等标志性部位；接着，计算机会将这些标注进行精确的旋转，以对不同的姿态变化和面部表情做出相应补偿。同时，人脸及图像上参照点之间的距离也会被自动计算，用于和照片进行比较，以此确定人脸识别目标的身份信息（见图2.3）。

图 2.3　确定人脸识别目标的身份信息

目前人脸识别法主要集中在二维图像方面。二维人脸识别主要利用分布在人脸上从低到高的80个节点或标点，通过测量眼睛、颧骨、下巴等之间的间距来进行身份认证。在这里，节点是用来测量一个人面部变量的端点，比如鼻子的长度或宽度、眼窝的深度和颧骨的形状。该系统的工作原理是捕捉个人面部数字图像上节点的数据，并将结果数据存储为脸纹。然后，脸纹被用作与从图像或视频中捕捉的人脸数据进行比较的基础。

此时的人脸识别技术对人的头部位置、面部表情以及年龄的易变性辨识度非常低，这是由于一些研究人员经常使用未经处理的光学数据相关方案（或匹配模式），从而导致光学相片在变化显著的情况下辨识失败。同一个人在同一时间和场景下即使略微转动头部的位置造成光影的变化也会使得识别的准确率非常低。

随着深度学习的兴起，传统的人脸识别方法已经被基于卷积神经网络的深度学习方法接替。深度学习方法的主要优势是可以用非常大型的数据集进行训练，从而学习到表征这些数据的最佳特征。网络上可用的大量自然人脸图像让研究者可收集到大规模的人脸数据集，这些图像自然包含真实世界中的各种变化情况。

使用这些数据集训练的基于深度学习的人脸识别方法实现了非常高的准确度，因为它们能够学到人脸图像中稳健的特征，从而能够应对在训练过程中使用的人脸图像所呈现出的真实世界变化的情况。

此外，深度学习方法在计算机视觉方面的不断普及也在加速人脸识别研究的发展，因为 深度学习也正被用于解决许多其他计算机视觉任务，比如目标检测和识别、分割、光学字符识别、面部表情分析、年龄估计等。

2.1.3　人脸识别的通用流程

人脸识别技术主要是通过人脸图像特征的提取与对比来进行的。人脸识别系统将提取的人脸图像的特征数据与数据库中存储的特征模板进行搜索匹配，当相似度超过设定的阈值时就把匹配得到的结果输出。将待识别的人脸特征与已得到的人脸特征模板进行比较，根据相似程度对人脸的身份信息进行判断。这一过程又分为两类：一类是确认，是一对一进行图像比较的过程；另一类是辨认，是一对多进行图像匹配对比的过程。

人脸识别的流程一般包括人脸的获取、人脸的预处理（人脸检测和位置检测）、人脸特征提取、人脸识别等，如图2.4所示。其中，以人脸的预处理和人脸特征提取为重中之重。

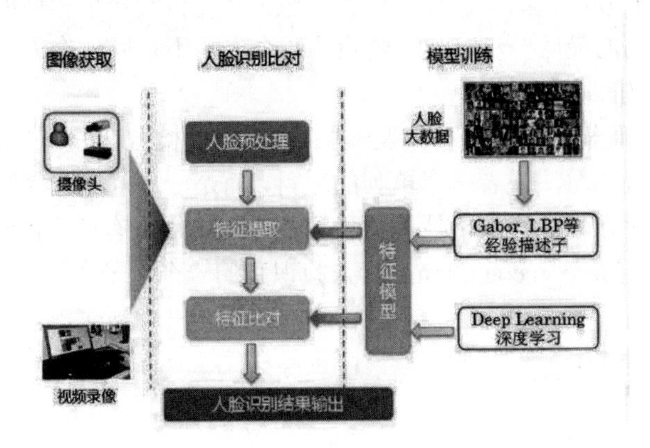

图 2.4　人脸识别的流程

1. 人脸的获取

人脸检测主要依靠摄像头、监测仪等硬件捕捉图像，近年来也有通过小型设备的远程手段获取图像的。目前已研发出“三维动态人脸识别”的捕捉设备，可以针对运动中捕获的人脸图像进行准确识别。通过人脸骨骼轮廓进行识别，能够保证在不同的光线、动态的情况下也能精确获得图像。

2. 人脸的预处理

人脸的预处理是人脸检测的关键内容，其中又包括两个部分：

- 是不是人脸。
- 人脸在哪。

这两个部分是人脸检测的基础。想要找到人脸，首先需要判定是不是人脸，这是人脸检测的第一个环节。这个貌似简单的任务实际上困扰了研究者想当长的一段时间，毕竟人类和其他生物的脸并没有本质差异。

其次是判定出脸在哪。面对多种物体的图像信息时，需要采用特定算法才可以智能挑选出“人脸图像”，找到“脸在哪”。人脸检测算法的原理简单来说是一个“扫描”加“判定”的过程，即首先在整个图像范围内扫描，再逐个判定候选区域是否为人脸。因此，人脸检测算法的计算速度会跟图像尺寸以及图像内容相关。

在实际应用时，可以通过设置“输入图像尺寸”“最小脸尺寸限制”“人脸数量上限”的方式来加速算法。

3. 人脸特征提取

人脸特征提取是人脸识别技术的核心环节，通过眼睛、眉毛、鼻子、嘴巴、脸颊轮廓等特征关键点和面部表情网提取出各自特征，并找出彼此之间的关联。人脸图像的像素值会被转换成紧凑且可判别的特征向量。理想情况下，同一个主体（同一个人）的所有脸都应该提取到相似的特征向量。

4. 相似度匹配

在人脸匹配构建模块中，两个模板会进行比较，从而得到一个相似度分数。简单地说就是计算距离。当进行到识别的最后一步时，需要确认两个人是不是同一个人，这就要计算两个人脸图像的各个像素点之间的差值的总和。

除此之外，对于人脸检测来说还会涉及人脸对齐、活体检测、人脸聚类等一系列复杂的步骤。人脸识别不是一个单纯的算法或者一个单独的项目，而是一个问题的完整解法，这个解法将用户交互和算法紧密结合，在何种场景下使用何种算法需要使用者有丰富的经验。

【程序2-1】是使用face_recognition进行人脸识别的一个例子。

【程序 2-1】

```
import face_recognition

# 加载两张已知面孔的图片
known_obama_image = face_recognition.load_image_file("1.jpg")
known_biden_image = face_recognition.load_image_file("2.jpg")
```

```
    # 计算图片对应的编码
    img1_face_encoding = face_recognition.face_encodings(known_obama_image)[0]
    img2_face_encoding = face_recognition.face_encodings(known_biden_image)[0]

    known_encodings = [
        img1_face_encoding,
        img2_face_encoding
    ]

    # 加载1张未知面孔的测试图片（test）
    image_to_test = face_recognition.load_image_file("test.jpg")

    # 计算图片对应的编码
    image_to_test_encoding = face_recognition.face_encodings(image_to_test)[0]

    # 计算未知图片与已知的两个面孔的距离
    face_distances = face_recognition.face_distance(known_encodings,
image_to_test_encoding)

    for i, face_distance in enumerate(face_distances):
        print("The test image has a distance of {:.2} from known image
#{}".format(face_distance, i))
        print("- With a normal cutoff of 0.6, would the test image match the known
image? {}".format(face_distance < 0.6))
        print("- With a very strict cutoff of 0.5, would the test image match the known
image? {}".format(face_distance < 0.5))
    print()
```

face_recognition是较为常用的人脸识别的Python库，这里只是举了一个简单的例子，有兴趣的读者可以自行完成。

2.2　基于深度学习的人脸识别

在深度学习出现后，人脸识别技术才真正有了可用性。这是因为之前的机器学习技术中，难以从图片中取出合适的特征值。轮廓、颜色、眼睛，如此多的面孔，且随着年纪、光线、拍摄角度、气色、表情、化妆、佩饰挂件等的不同，同一个人的面孔照片在照片像素层面上差别很大，凭借专家们的经验与试错，难以取出准确率较高的特征值，自然也没法对这些特征值进一步分类（见图2.5）。

图 2.5　脸部特征分类

2.2.1　基于深度学习的人脸识别简介

与传统的人脸识别方法不同，深度学习对于样本特征的提取不再由人类本身归纳总结得出，而是由深度学习模型本身进行提取的（见图2.6）。深度学习方法的主要优势是可用大量数据来训练，从而得到对训练数据中出现的变化情况稳健的人脸表征。这种方法不需要设计对不同类型的类内差异（比如光照、姿势、面部表情、年龄等）稳健的特定特征，而是可以从训练数据中学到它们。

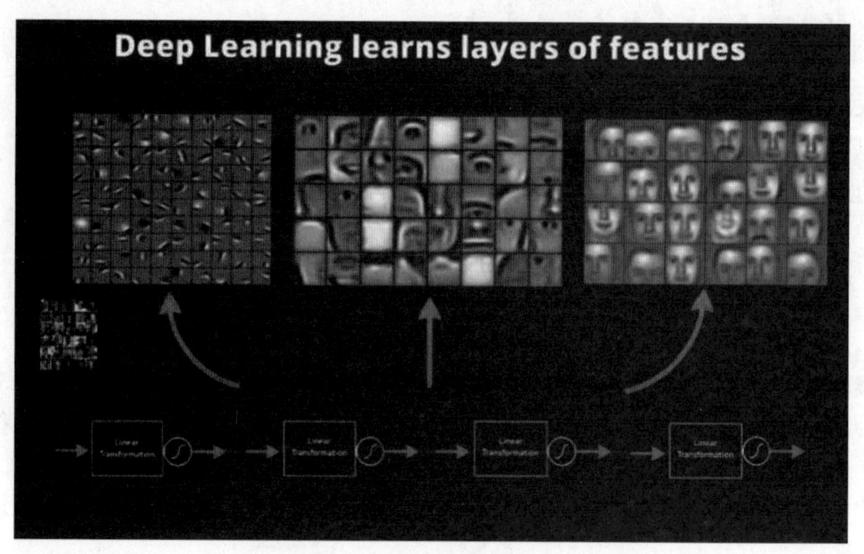

图 2.6　深度学习实现的人脸识别

深度学习的最大优势在于由训练算法自行调整参数权重，构造出一个准确率较高的特征提取函数，给定一张照片就可以获取到特征值，进而再归类，以解决单纯依靠人类直觉进行特征提取的难点。

当前主流的人脸识别算法在进行人脸识别核心的人脸比对时，主要依靠人脸特征值进行比对。

所谓特征值，即面部特征所组成的信息集。

当人类辨别另一个人时，可能会记住对方的双眼皮、黑眼睛、蓝色头发、塌鼻梁等一系列面部特征，但人工智能算法可以辨别和记住的面部特征比肉眼所能观察到的多很多。人脸识别算法通过深度学习，利用卷积神经网络对海量人脸图片进行学习，借助输入图像提取区分不同人脸的特征向量，以替代人工设计的特征。

每张人脸在算法中都有一组对应的特征值，这也是进行人脸比对的依据。同一人的不同照片提取出的特征值在特征空间中距离很近，不同人的脸在特征空间中相距较远。我们就是通过这个来识别两张脸是不是同一个人的。人脸识别算法一般会设定一个阈值作为评判通过与否的标准，该阈值一般是用分数或者百分比来衡量。

业界一般采用“认假率”（FAR，又称误识率，把某人误识为其他人）和“拒真率”（FRR，本人注册在底库中，但比对相似度达到不预定的值）来作为评判依据。当人脸比对的相似度值大于此阈值时，则比对通过（是同一个人），否则比对失败（不是同一个人）。相似度阈值是一个预先设定的固定值，除非输入的两张照片其实是同一个照片文件，否则任何两张照片都会有相似度（只是相似度大小不同而已），因而唯有两张照片的相似度超过预先设定的阈值，才会认为是同一个人。

从人脸识别具体面向的对象来说，人脸识别又分为“1对1”和“1对多”。

“1对1”就是判断两张照片是否为同一个人，通常应用在认证匹配上，例如身份证与实时抓拍照是否为同一个人，常见于各种网站涉及用户数据库的注册环节。

“1对多”是给定一个输入（包括人脸照片及其ID标识）后与多个（甚至高达几十万或者上百万的数据量）数据库中的资料进行比对，由计算机执行的识别环节，给定人脸照片作为输入，输出则是注册环节中的某个ID标识或者不在注册照片中。

从技术实现的难度来看，前者相对简单许多，且从工程落地的角度来说，“1对1”的注册比对相隔的时间都不会太久，涉及识别的准确率门槛比较低，在阈值设置上也可以较为宽松。而“1对多”则会随着数据库需要比对的对象数目变大而使误识率升高，即使是同一个对象，可能与待识别的照片差异性较大，识别时间也会变长，因此其用于判定的阈值设置、技术的要求、模型准确率的要求以及拒真率的要求都非常严格。

使用深度学习进行人脸识别并不是什么新思想。1997年就有研究者为人脸检测、眼部定位和人脸识别提出了一种名为基于概率决策的神经网络（PDBNN）的早期方法。这种人脸识别PDBNN被分成了每一个训练主体一个全连接子网络，以降低隐藏层单元的数量和避免过拟合。研究者使用密度和边特征分别训练了两个PBDNN，然后将它们的输出组合起来得到最终的分类决定。

另一种早期方法则组合使用了自组织映射（SOM）和卷积神经网络。自组织映射是一类以无监督方式训练的神经网络，可将输入数据映射到更低维的空间，同时也能保留输入空间的拓扑性质。

实际上，这两种方法都没有成功，主要原因是使用深度学习在进行模型训练的过程中需要大量的计算机算力做支撑，而当时的计算机算力和所提供的数据不够支撑大规模的深度模型训练。

2014年，在LFW上超越了人类辨识率后，深度学习对人脸识别的模型被定义成一个完整的部分：

- 基于明确的人脸对齐和人脸特征提取架构。

- 使用不同的损失函数对特征进行区分。
- 大规模数据集的使用。

这些共同构成了深度学习人脸识别过程的基本流程和方法。

2.2.2 用于深度学习的人脸识别数据集

前面已经介绍过，对于基于深度学习的人脸识别主要影响因素有三个，即训练数据、特征抽取架构和损失函数。

一般而言，用于分类任务训练的深度学习模型的准确度会随样本数量的增长而提升。这是因为当类内差异更大时，深度学习模型能够学习到更稳健的特征。对于人脸识别来说，研究者感兴趣的是是否能提取出能够泛化到训练集中未曾出现过的主体上的特征，也就是能够提取出不同人脸的最关键的特征。因此，用于人脸识别的数据集还需要包含大量不同的主体，这样模型才能学习到更多相同人类所具有的不同个体的特征。

有两份不同的数据集：数据集A有1000个人，每人5张照片；数据集B有500个人，每人10张照片。在照片总数相同的情况下，哪个对于深度学习模型更为友善？答案是A，更多的不同个体之间会让深度学习模型学到更多的内容。

对于人脸识别数据集，免费供给公众使用的有以下几个：

1. CelebA 数据集（见图 2.7）

这是由香港中文大学汤晓鸥教授实验室公布的大型人脸识别数据集。该数据集包含20万张人脸图片，人脸属性有40多种，主要用于人脸属性的识别。

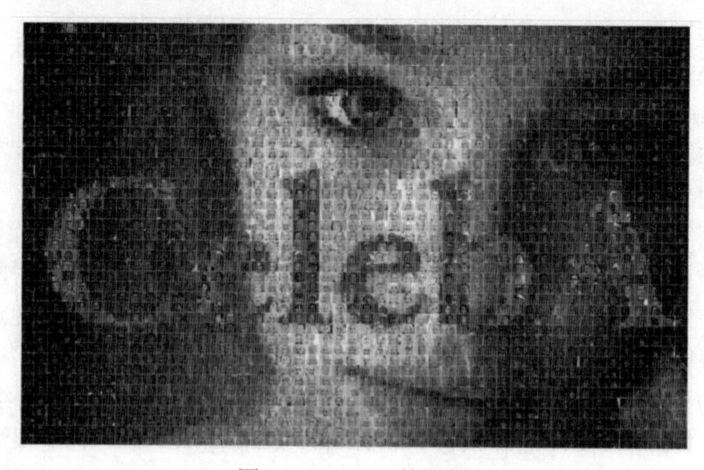

图 2.7　CelebA 数据集

2. PubFig 数据集（见图 2.8）

这是哥伦比亚大学的公众人物脸部数据集，包含200个人的5.8万多张人脸图片，主要用于非限制场景下的人脸识别。

图 2.8　PubFig 数据集

3. Colorferet 数据集

为了促进人脸识别算法的研究和实用化，美国国防部的Counterdrug Technology Transfer Program（CTTP）发起了一个人脸识别技术（Face Recognition Technology，FERET）工程，包括一个通用人脸库以及通用测试标准。到1997年，已经包含1000多人的10000多张照片，每个人包括不同表情、光照、姿态和年龄的照片。

4. MTFL 数据集（见图 2.9）

该数据集包含将近13000张人脸图片，并对所有照片的眼、鼻和嘴巴的位置进行了标注。

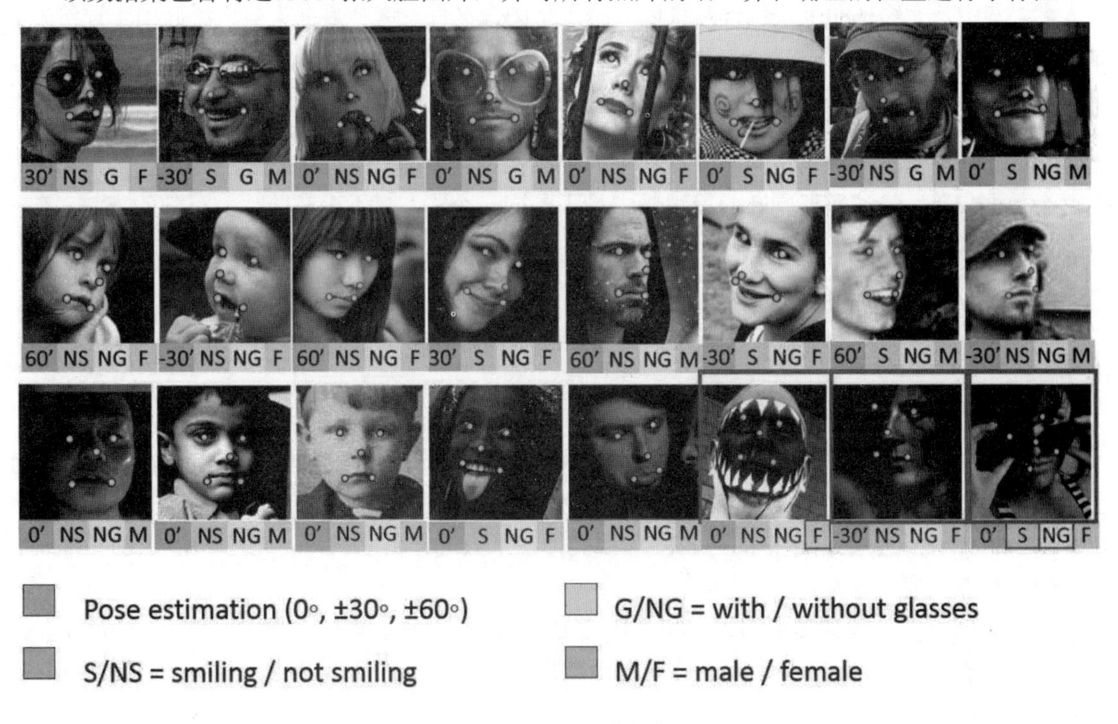

图 2.9　MTFL 数据集

5. FaceDB 数据集（见图 2.10）

这个数据集包含1521张分辨率为384×286像素的灰度图片。每一张图片来自23个不同测试人员的正面角度的脸。为了便于进行比较，这个数据集也包含对人脸图像手工标注出人眼位置的对应数据文件。数据集中的图片文件以BioID_xxxx.pgm的格式命名，其中xxxx代表当前图像的索引（从0开始），因此形如BioID_xxxx.eye的文件包含对应的图像中眼睛的位置。

图 2.10 FaceDB 数据集

6. LFW 数据集

目前常用的人脸识别数据集就是LFW。LFW数据集是为了研究非限制环境下的人脸识别问题而建立的。这个数据集包含超过13000张人脸图片，均采集于Internet。每个人脸均被标注了一个人名。其中，大约1680个人包含两张以上的人脸图像文件。这个数据集被广泛应用于评价人脸识别算法的性能。

7. YouTube Faces 数据集

YouTube提供了一份包含3425个短视频的视频数据集，其来自于1595个不同的真实人类影像。在这个数据集下，算法需要判断两段视频中是不是同一个人。有不少在照片上有效的方法，在视频上未必有效。

8. CASIA-FaceV5 数据集

该数据集包含来自500个人的2500张亚洲人脸图片，是由日本一所大学贡献的。

9. IMDB-WIKI 数据集（见图 2.11）

IMDB-WIKI人脸数据库是由IMDB数据库和Wikipedia数据库组成的，其中IMDB人脸数据库包含460723张人脸图片，而Wikipedia人脸数据库包含62328张人脸图片，总共有523051张人脸图片。IMDB-WIKI人脸数据库中的每张图片都被标注了人的年龄和性别，对于年龄识别和性别识别的研究有着重要的意义。

数据集的目的是增强模型的识别和泛化能力，帮助模型真正提取出起作用的特征，而不是为了满足数据集的需求做出的“过拟合”。对于数据集的要求，就是尽可能使其场景多样性和样本分布均衡。

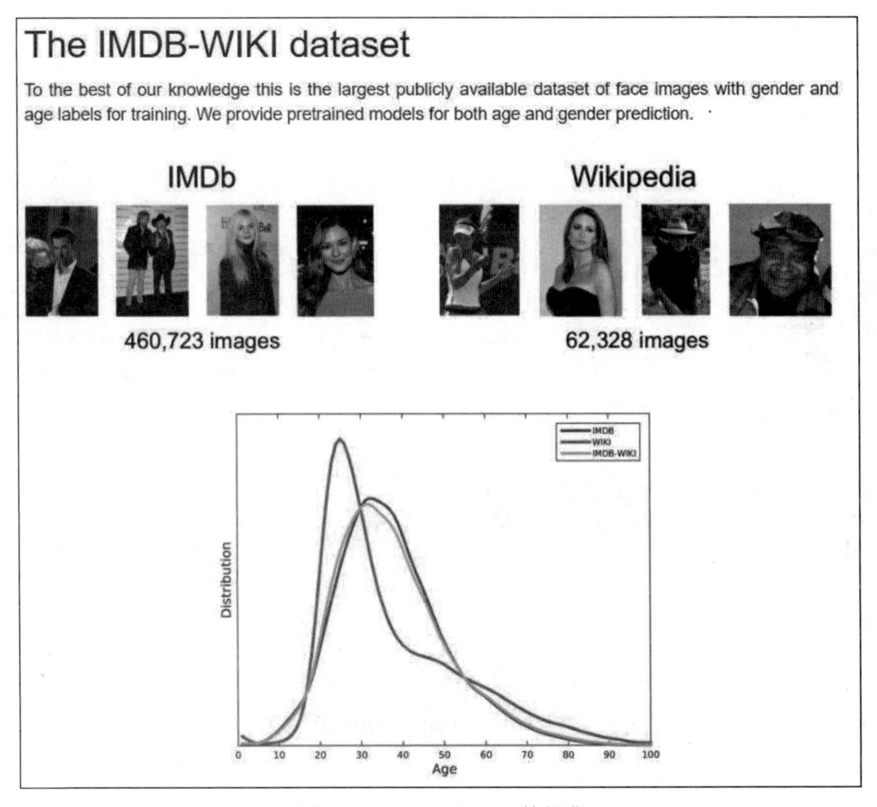

图 2.11 IMDB-WIKI 数据集

2.3 本章小结

人脸识别技术已经发展成为一门以计算机视觉数字信息处理为中心，糅合信息安全学、语言学、神经学、物理学、人工智能等多学科的综合性技术学科，内涵已极为丰富，并且发展迅速。

在本章中为大家讲解的只是人脸识别最基础和通俗的原理以及相对单一的用例分析，显然无法涵盖人脸识别领域的所有内容，希望本章的内容能够起到抛砖引玉的作用，引导读者开始人脸识别的学习。

第3章

TensorFlow 的安装

从本章开始将正式进入TensorFlow学习部分。

本章将介绍TensorFlow的安装，包括介绍TensorFlow的安装环境，以及基于GPU和CPU版本的TensorFlow的详细安装过程。

3.1 搭建环境1：安装 Python

Python是深度学习的首选开发语言，很多第三方提供了集成大量科学计算类库的Python标准安装包，其中最常用的是Anaconda。

Python是一个脚本语言，如果不使用Anaconda，那么第三方库的安装会较为困难，各个库之间的依赖性很难连接得很好。因此，这里推荐安装Anaconda。

3.1.1 Anaconda 的下载与安装

第一步：下载和安装

Anaconda官方下载页面如图3.1所示，不推荐，请继续阅读，后面解释。

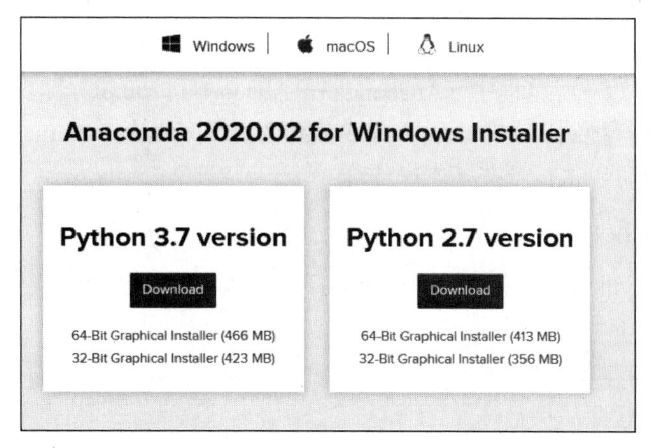

图 3.1　Anaconda 官方下载页面

目前提供的是集成了Python 3.7版本的Anaconda下载，如果读者使用的是Python 3.6，也是完全可以的。无论是3.7还是3.6版本的Python，都不影响TensorFlow 2.3的使用。读者可以根据自己的操作系统选择下载。

（1）笔者推荐使用Windows Python 3.6版本。当然，读者可根据自己的喜好选择。集成Python 3.6 版本的 Anaconda 可以在清华大学的 Anaconda 镜像网站下载，地址为 https://mirrors.tuna.tsinghua.edu.cn/anaconda/archive/，打开后如图3.2所示。

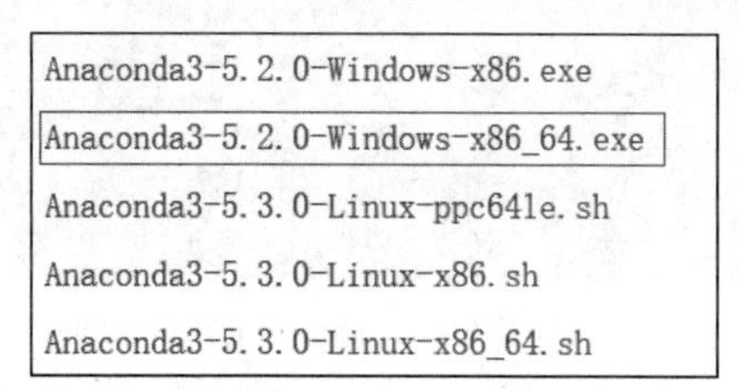

图 3.2　清华大学的 Anaconda 镜像网站提供的副本

注　意

如果读者使用的是 64 位的操作系统，就选择以 Anaconda3 开头、64 结尾的安装文件，不要下载错了。

（2）下载完成后得到的文件是EXE版本，直接运行即可进入安装过程。安装完成以后，若出现如图3.3所示的目录结构，则说明安装正确。

« Programs › Anaconda3 (64-bit)　　搜索"Anaconda3 (64-bit)"

名称	修改日期	类型
Anaconda Navigator	2019/2/21 11:05	快捷方式
Anaconda Prompt	2019/2/21 11:05	快捷方式
Jupyter Notebook	2019/2/21 11:05	快捷方式
Reset Spyder Settings	2019/2/21 11:05	快捷方式
Spyder	2019/2/21 11:05	快捷方式

图 3.3　Anaconda 安装目录

第二步：打开控制台

之后依次单击"开始→所有程序→Anaconda3→Anaconda Prompt"，即可打开Anaconda Prompt窗口，它与CMD命令行控制台类似，输入命令就可以控制和配置Python。在Anaconda中常用的是conda命令，该命令可以执行一些基本操作。

第三步：验证 Python

在控制台中输入python，若安装正确，则会打印出版本号以及控制符号。在控制符号下输入代码：

```
print("hello Python")
```

输入结果如图3.4所示。

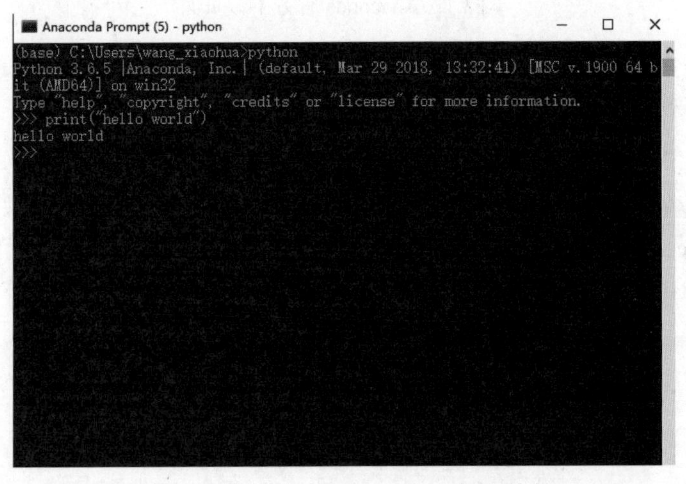

图 3.4 验证 Anaconda Python 安装成功

第四步：使用 conda 命令

使用Anaconda的好处在于，它能够很方便地安装和使用大量第三方类库。查看已安装的第三方类库的命令是：

```
conda list
```

> **注 意**
>
> 如果此时命令行还在>>>状态，则可以输入 exit()退出。

在Anaconda Prompt控制台输入conda list命令，执行结果如图3.5所示。

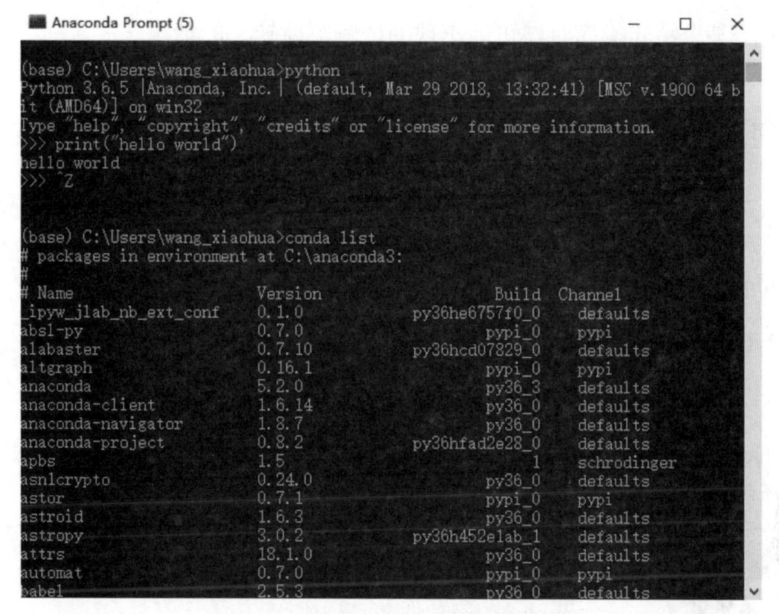

图 3.5　列出已安装的第三方类库

Anaconda中使用conda进行操作的方法还有很多，其中重要的是安装第三方类库，命令如下：

```
conda install name
```

这里的name是需要安装的第三方类库名，例如当需要安装NumPy包（这个包已经安装过）时，可输入如下的命令：

```
conda install numpy
```

执行结果如图3.6所示。

```
管理员: Anaconda Prompt - conda install numpy
    pywavelets:    0.5.2-np112py35_0

The following packages will be UPDATED:

    astropy:       1.2.1-np111py35_0  --> 1.3.2-np112py35_0
    bottleneck:    1.1.0-np111py35_0  --> 1.2.0-np112py35_0
    conda:         4.3.14-py35_1      --> 4.3.17-py35_0
    h5py:          2.6.0-np111py35_2  --> 2.7.0-np112py35_0
    libpng:        1.6.22-vc14_0      [vc14] --> 1.6.27-vc14_0      [vc14]
    llvmlite:      0.13.0-py35_0      --> 0.18.0-py35_0
    matplotlib:    1.5.3-np111py35_0  --> 2.0.2-np112py35_0
    mkl:           11.3.3-1           --> 2017.0.1-0
    numba:         0.28.1-np111py35_0 --> 0.33.0-np112py35_0
    numexpr:       2.6.1-np111py35_0  --> 2.6.2-np112py35_0
    numpy:         1.11.1-py35_1      --> 1.12.1-py35_0
    pandas:        0.19.2-np111py35_1 --> 0.20.1-np112py35_0
    pytables:      3.2.2-np111py35_4  --> 3.2.2-np112py35_4
    scikit-image:  0.12.3-np111py35_1 --> 0.13.0-np112py35_0
    scikit-learn:  0.17.1-np111py35_1 --> 0.18.1-np112py35_1
    scipy:         0.18.1-np111py35_0 --> 0.19.0-np112py35_0
    statsmodels:   0.6.1-np111py35_1  --> 0.8.0-np112py35_0

Proceed ([y]/n)? y

mkl-2017.0.1-0    0% |                          | ETA:  0:24:02  92.71 kB/s
```

图 3.6　自动获取或更新依赖类库

使用Anaconda的一个特别好处是默认安装了大部分学习所需的第三方类库，这样可以避免使用者在安装和使用某个特定类库时，可能出现的依赖类库缺失的情况。

3.1.2 Python 编译器 PyCharm 的安装

和其他语言类似，Python程序的编写可以使用Windows自带的控制台，但是对于较为复杂的程序工程来说这种方式容易混淆相互之间的层级和交互文件。因此，在编写程序工程时，笔者建议使用专用的Python编译器PyCharm。

第一步：PyCharm 的下载和安装

PyCharm可以去官网下载。

（1）进入Download页面后可以选择不同的版本，有收费的专业版和免费的社区版，如图3.7所示。这里选择免费的社区版即可。

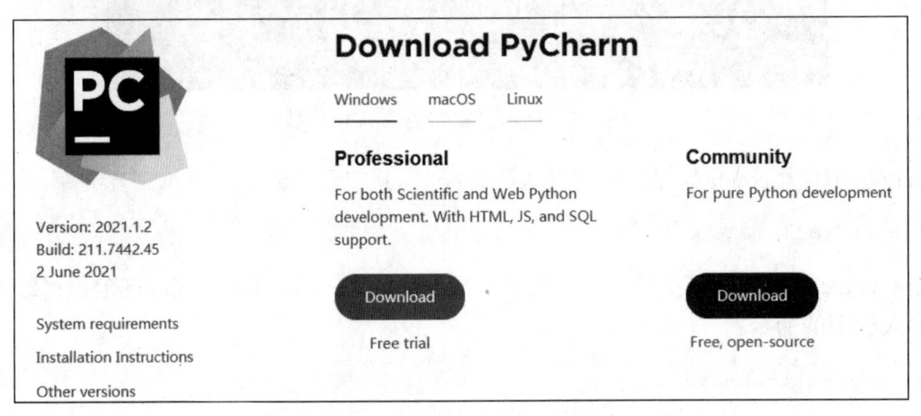

图 3.7 PyCharm 的免费版

（2）双击下载好的PyCharm安装程序，运行后进入安装界面，如图3.8所示。直接单击Next按钮，采用默认安装即可。

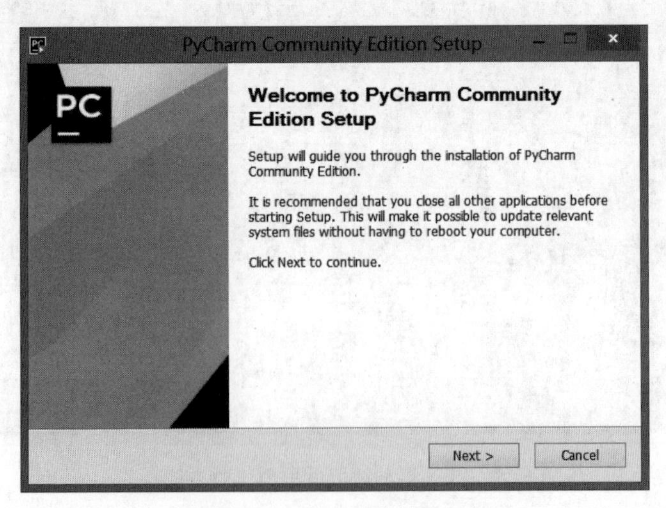

图 3.8 PyCharm 的安装程序

（3）在安装PyCharm的过程中需要对安装的版本进行选择（32-bit或者64-bit），如图3.9所示。这里建议读者选择与已安装的Python相同位数的文件。

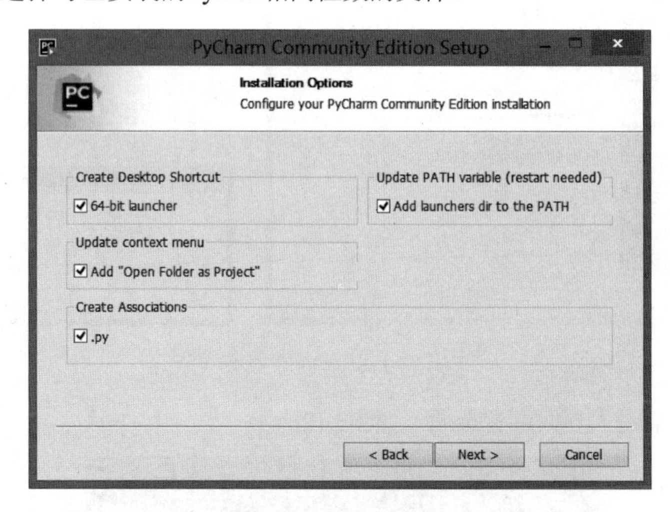

图 3.9　PyCharm 的配置选择（按个人真实情况选择）

（4）安装完成后单击Finish按钮，如图3.10所示。

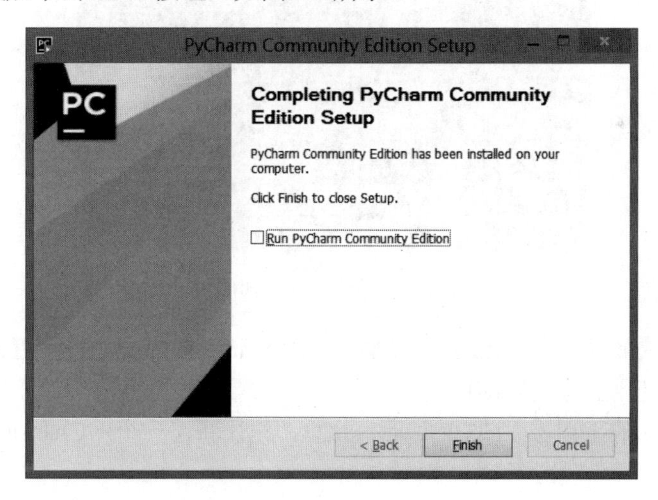

图 3.10　PyCharm 安装完成

第二步：使用 PyCharm 创建程序

（1）单击桌面上新生成的图标进入PyCharm程序界面，首先是第一次启动的定位，如图 3.11所示。这里是对程序存储的定位，一般建议选择第2个，由PyCharm自动指定即可。之后在弹出的对话框中单击Accept按钮，接受相应的协议。

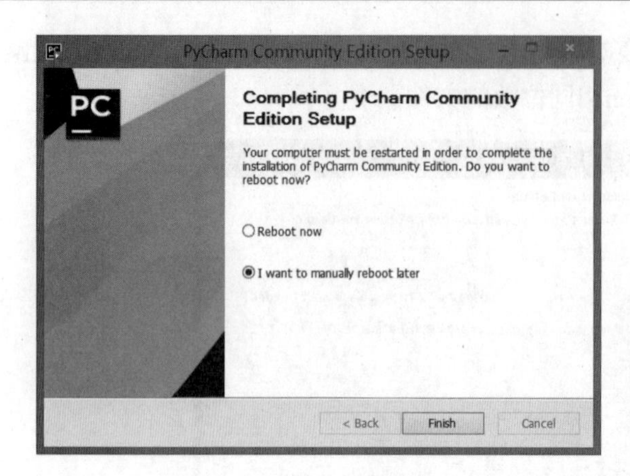

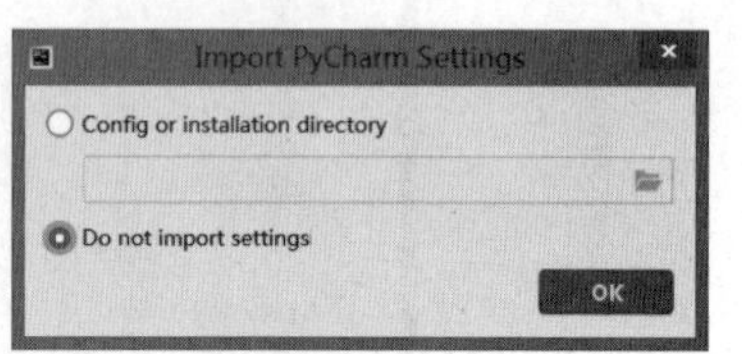

图 3.11　PyCharm 启动定位

（2）接受协议后进入界面配置选项，如图3.12所示。

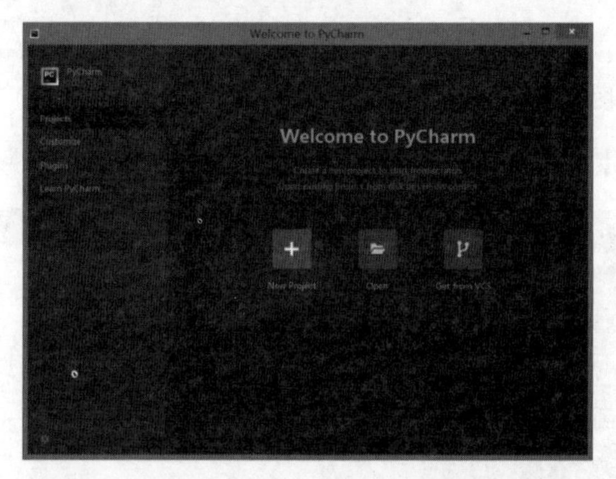

图 3.12　PyCharm 界面配置

（3）在配置区域可以选择自己的使用风格，对PyCharm的界面进行配置，如果对其不熟悉，直接单击OK按钮，使用默认配置即可。

（4）创建一个新的工程，如图3.13所示。这里，建议新建一个PyCharm的工程文件，结果如图3.14所示。

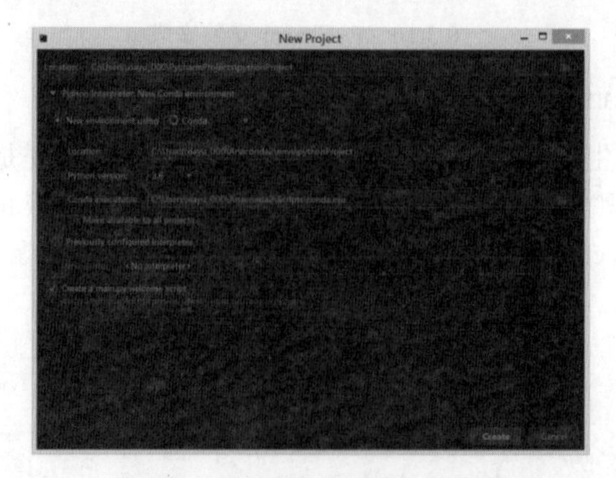

图 3.13　PyCharm 工程创建界面

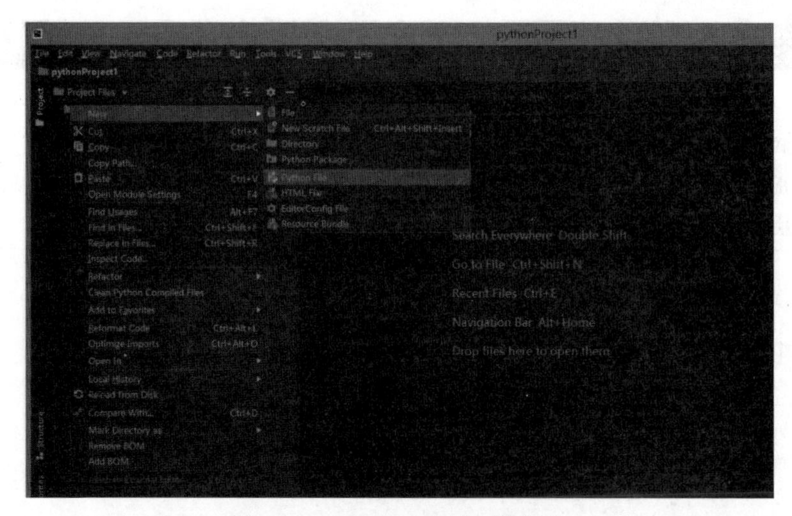

图 3.14　PyCharm 新建文件界面

之后右击新建的工程名PyCharm，在弹出的快捷菜单中选择New|Python File命令，新建一个helloworld文件，如图3.15所示。

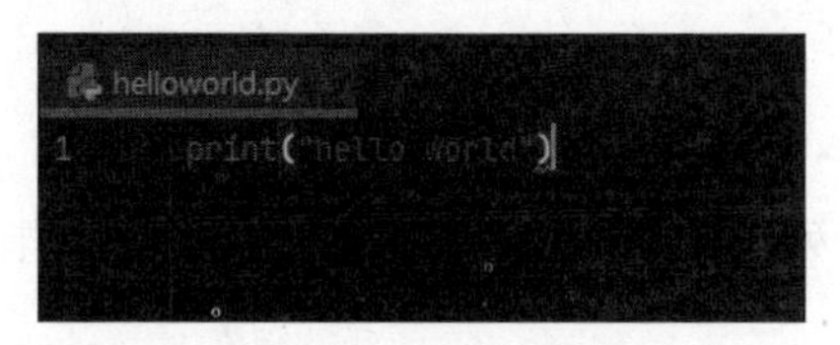

图 3.15　PyCharm 工程创建界面

输入代码并单击菜单栏的Run|run...命令，或者直接右击helloworld.py文件名，在弹出的快捷菜单中选择run命令。如果成功输出“hello world”，那么恭喜你，Python与PyCharm的配置就完成了。

3.1.3　使用 Python 计算 softmax 函数

对于Python科学计算来说，最简单的想法就是将数学公式直接表达成程序语言。本小节将使用Python实现一个深度学习中常见的函数——softmax函数。至于这个函数的作用，现在不加以说明，笔者只是带领读者尝试编写这个函数对应的程序代码。

softmax函数的计算公式如下：

$$S_i = \frac{\mathrm{e}^{v_i}}{\sum_{0}^{j} \mathrm{e}^{v_i}}$$

其中，V_i是长度为j的数列V中的一个数，代入softmax的结果实际上就是先对每一个V_i取e为底的指数、V_i为幂次项的值，然后除以所有这些项之和以进行归一化，之后每个V_i就可以解释成：在观察到的数据集类别中，特定的V_i属于某个类别的概率或者称作似然（Likelihood）。

提　示

softmax 用以解决概率计算中概率结果大而占绝对优势的问题。例如，函数计算结果中的两个值 a 和 b，且 $a>b$，如果简单地以值的大小为单位衡量，那么在后续的使用过程中 a 永远被选用，而 b 由于数值较小不会被选用，但是有时也需要使用数值小的 b，softmax 就可以解决这个问题。

softmax公式的代码如下：

【程序 3-1】

```
import numpy
def softmax(inMatrix):
m,n = numpy.shape(inMatrix)
outMatrix = numpy.mat(numpy.zeros((m,n)))
soft_sum = 0
for idx in range(0,n):
   outMatrix[0,idx] = math.exp(inMatrix[0,idx])
   soft_sum += outMatrix[0,idx]
for idx in range(0,n):
   outMatrix[0,idx] = outMatrix[0,idx] / soft_sum
return outMatrix
```

可以看到，当传入一个数列后，分别计算每个数值所对应的指数函数值，将其相加后，计算每个数值在数值和中的概率。

```
a = numpy.array([[1,2,1,2,1,1,3]])
```

结果如下：

```
[[ 0.05943317  0.16155612  0.05943317  0.16155612  0.05943317  0.05943317
   0.43915506]]
```

3.2　搭建环境 2：安装 TensorFlow 2

Python运行环境调试完毕后，本节的重点是安装TensorFlow 2。

3.2.1　安装 TensorFlow 2 的 CPU 版本

首先是对版本的选择，读者可以直接在Anaconda命令端输入一个错误的命令：

```
pip install tensorflow==3.0
```

目的是查询当前的TensorFlow版本。笔者在撰写这本书时所获取的TensorFlow版本如图3.16所示。

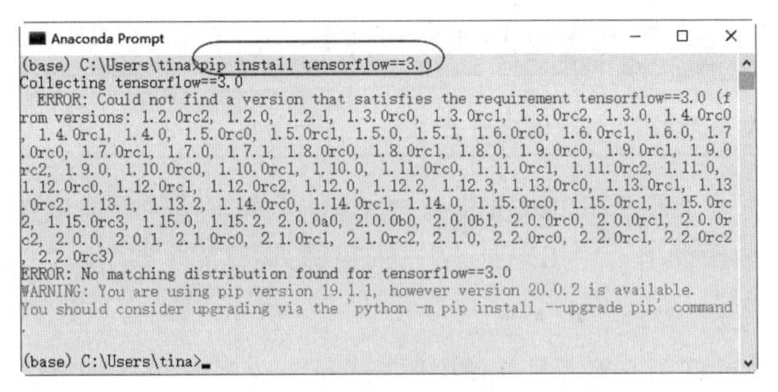

图 3.16　TensorFlow 版本汇总

可以看到，新版本是2.1.0。其他名字中包含rc字样的一般为测试版，不建议读者安装。如果读者想安装CPU版本的TensorFlow，可以直接在当前的Anaconda下输入如下命令：

```
pip install tensorflow==2.1.0
```

说　明

如果安装速度太慢，也可以选择国内的镜像源，通过-i 指明地址，例如：

```
pip install -U tensorflow -i https://pypi.tuna.tsinghua.edu.cn/simple
```

3.2.2　安装 TensorFlow 2 的 GPU 版本

从CPU版本的TensorFlow 2开始深度学习之旅是完全可以的，但不是笔者推荐的。相对于GPU版本的TensorFlow来说，CPU版本的运行速度有很大的劣势，很有可能会让我们的深度学习止步不前。

实际上，配置一块能够支持TensorFlow 2 GPU版本的最低端显卡（见图3.17）并不需要花费很多，例如从网上购买一块标准的NVIDA 750ti显卡基本就能够满足读者起步阶段的需求。笔者在这里强调的是，最好购置显存为4GB的显卡。如果预算多，那么NVIDA 1050ti 4GB也是不错的选择。

图 3.17　深度学习显卡

注 意

推荐购买 NVIDA 系列的显卡，优先考虑显存容量大的。

下面是本小节的重头戏——TensorFlow 2 GPU版本前置软件的安装。对于GPU版本的TensorFlow 2来说，由于调用了NVIDA显卡作为其代码运行的主要引擎，因此额外需要NVIDA提供的运行库作为运行基础。

（1）首先是版本的问题，笔者目前使用的TensorFlow 2运行的NVIDA运行库版本如下：

- CUDA 版本：10.1。
- cuDNN 版本：7.6.5。

对应的版本一定要配合使用，建议不要改动，直接下载就可以。

CUDA的下载地址如下，界面如图3.18所示。

```
https://developer.nvidia.com/cuda-10.1-download-archive?target_os=Windows&
target_arch=x86_64&target_version=10&target_type=exelocal
```

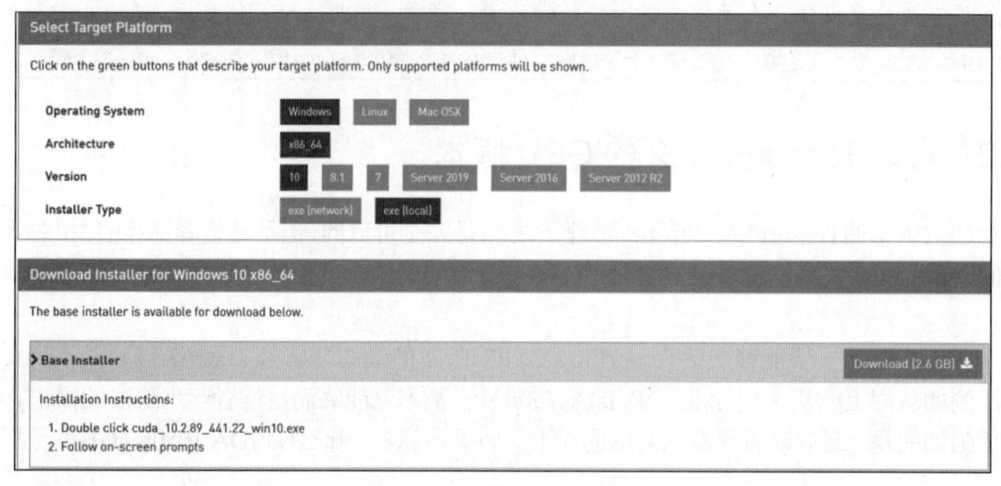

图 3.18 下载 CUDA 文件

直接下载local版本安装即可。

（2）下载下来的是一个EXE文件，不要修改其中的路径信息，直接使用默认路径安装即可。

（3）接着下载和安装对应的cuDNN文件，地址为https://developer.nvidia.com/rdp/cudnn-archive。cuDNN的下载需要先注册一个账号，之后直接进入下载页面，如图3.19所示。

注 意

一定要找到对应的版本号，不要选错了。

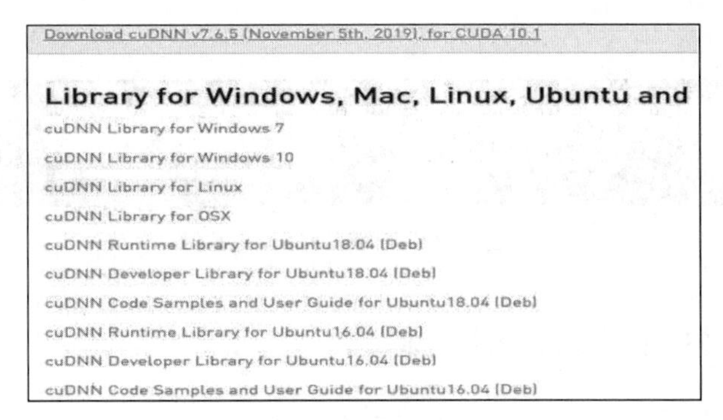

图 3.19　下载 cuDNN 文件

（4）cuDNN的安装。下载的cuDNN是一个压缩文件，直接将其解压到CUDA安装目录即可，如图3.20所示。

此电脑 › 本地磁盘 (C:) › Program Files › NVIDIA GPU Computing Toolkit › CUDA › v10.1

名称	修改日期	类型	大小
bin	2020/4/25 8:41	文件夹	
doc	2020/4/25 8:40	文件夹	
extras	2020/4/25 8:40	文件夹	
include	2020/4/25 8:41	文件夹	
jre	2019/9/20 10:20	文件夹	
lib	2020/4/25 8:40	文件夹	
libnvvp	2019/9/20 10:20	文件夹	
nvml	2020/4/25 8:40	文件夹	
nvvm	2020/4/25 8:40	文件夹	
src	2020/4/25 8:40	文件夹	
tools	2020/4/25 8:40	文件夹	
CUDA_Toolkit_Release_Notes.txt	2019/2/9 13:57	文本文档	9 KB
EULA.txt	2019/2/9 13:57	文本文档	59 KB
NVIDIA_SLA_cuDNN_Support.txt	2019/10/27 15:16	文本文档	39 KB
version.txt	2019/2/9 13:57	文本文档	1 KB

图 3.20　CUDA 安装目录

（5）设置环境变量。这里需要将CUDA的运行路径加载到环境变量的path中，如图3.21所示。

图 3.21　将 CUDA 路径加载到环境变量的 path 中

（6）完成TensorFlow 2 GPU版本的安装，只需一行简单的代码（见图3.22）：

```
pip install tensorflow-GPU=2.1.0
```

```
(C:\anaconda3) C:\Users\xiaohua>pip install tensorflow-gpu
Looking in indexes: https://pypi.tuna.tsinghua.edu.cn/simple
Collecting tensorflow-gpu
  Downloading https://pypi.tuna.tsinghua.edu.cn/packages/b8/e7/172a9eeee2bf
142/tensorflow_gpu-2.1.0-cp36-cp36m-win_amd64.whl (356.5 MB)
                                              | 10.9 MB 152 kB/s eta 0:37:49
```

图 3.22　安装 TensorFlow 2 GPU

3.2.3　练习——Hello TensorFlow

完成TensorFlow的安装后，依次输入如下的命令就可以验证安装是否成功，效果如图3.23所示。

```
python
import tensorflow as tf
tf.constant(1.)+ tf.constant(1.)
```

```
2020-04-16 13:00:49.772282: I tensorflow/core/common_runtime/gpu/gpu_device.cc:1102]
<tf.Tensor: shape=(), dtype=float32, numpy=2.0>
>>>
```

图 3.23　验证 TensorFlow 2 的安装是否成功

图3.23打印出了计算结果，即numpy=2.0（以NumPy通用格式存储的一个浮点数2.0）。

或者打开前面安装的PyCharm IDE，新建一个项目，再新建一个.py文件，输入如下代码：

【程序 3-2】

```
import tensorflow as tf
text = tf.constant("Hello Tensorflow 2.1")
print(text)
```

打印结果如图3.24所示。

```
Skipping registering GPU devices...
2020-04-16 13:02:22.292951: I tensorflow/core/platform/cpu_f
2020-04-16 13:02:22.293477: I tensorflow/core/common_runtime
2020-04-16 13:02:22.293589: I tensorflow/core/common_runtime
tf.Tensor(b'Hello Tensorflow 2.1', shape=(), dtype=string)
```

图 3.24　打印结果

3.3　本章小结

本章介绍了深度学习中最基础的部分，即TensorFlow环境的安装和部署，并通过一个简单的例子验证了安装结果。

第4章

Hello TensorFlow & Keras

上一章完成了TensorFlow框架的安装。本章将介绍TensorFlow的专用API和TensorFlow官方推荐的高级API——Keras。

4.1 TensorFlow & Keras

神经网络专家Rachel Thomas曾经说过，“接触TensorFlow后，我感觉自己还是不够聪明，但有了Keras之后，事情变得简单了一些。”

Keras既可以认为是一个高级别的Python神经网络框架，也可以认为是在TensorFlow上运行的高级API。Keras拥有丰富的对数据的封装和一些先进模型的实现，避免了其他开发者“重复发明轮子”。换言之，Keras对于提升开发者的开发效率来讲意义重大。

在图4.1中，左边的K代表Keras，右边的是TensorFlow，组合成Keras+TensorFlow。

图 4.1　Keras+TensorFlow

“不要重复发明轮子”是TensorFlow引入Keras API的最终目的，也是本书写作的目的，使用TensorFlow辅以Keras，简化深度学习程序的编写。

注 意

本章非常重要，强烈建议读者独立完成完整代码的编写。

4.1.1 模型

深度学习的核心是模型。建立神经网络模型去拟合目标的形态是深度学习的精髓。

任何一个神经网络的主要设计思想和功能都集中在其模型中。TensorFlow也是如此。

TensorFlow或者其使用的高级API-Keras核心数据结构是模型（Model），一种组织网络层的方式。最简单的模型是Sequential（顺序模型），它由多个网络层线性堆叠。对于更复杂的结构，应该使用Keras函数式API（本书的重点就是函数式API的编写），其允许构建任意的神经网络图。

为了便于理解和易于上手，首先从顺序模型（Sequential）开始介绍。一个标准的顺序模型如下：

```
# Flatten
model = tf.keras.models.Sequential()                    #创建一个顺序模型
# Add layers
model.add(tf.keras.layers.Dense(256, activation="relu"))          #依次添加层
model.add(tf.keras.layers.Dense(128, activation="relu"))          #依次添加层
model.add(tf.keras.layers.Dense(2, activation="softmax"))         #依次添加层
```

这里首先创建了一个顺序模型，之后根据需要逐级向其中添加不同的全连接层。全连接层的作用是进行矩阵计算，而相互之间又通过不同的激活函数进行激活计算。这种没有输入输出值的编程方式对于有经验的程序设计人员来说并不友好，仅供举例。

对于损失函数的计算，根据不同拟合方式和数据集的特点，需要建立不同的损失函数最大限度地反馈拟合曲线的错误。这里的损失函数采用交叉熵函数（softmax_crossentroy），使得数据计算分布能够最大限度地拟合目标值。如果对此感到陌生，只需要记住这些名词和下面的代码编写即可继续往下学习：

```
    logits = model(_data)                       #固定的写法
    loss_value = tf.reduce_mean(tf.keras.losses.categorical_crossentropy (y_true =
lable,y_pred = logits))      #固定的写法
```

首先通过模型计算出对应的值。tf.reduce_mean函数的作用是对计算出的损失值求平均值。

模型建立完毕后，就要进行数据的准备。一份简单而标准的数据、一个简单而具有指导思想的例子往往事半功倍。

深度学习中最常用的入门例子是Iris分类。下面就使用TensorFlow的Keras模式实现一个Iris鸢尾花分类的例子。

4.1.2 使用 Keras API 实现鸢尾花分类（顺序模式）

Iris数据集是常用的分类实验数据集，由Fisher于1936年收集整理。Iris数据集也称鸢尾花（见图4.2）数据集，是一类多重变量分析的数据集。该数据集包含150个数据集，分为3类，每类50个数据，每个数据包含4个属性。可通过花萼长度、花萼宽度、花瓣长度、花瓣宽度4个属性预测鸢尾花属于Setosa、Versicolour、Virginica中的哪一类。

图 4.2 鸢尾花

第一步：数据的准备

不需要读者下载这个数据集，一般常用的机器学习工具都自带Iris数据集，引入数据集的代码如下：

```
from sklearn.datasets import load_iris
data = load_iris()
```

这里调用的是sklearn数据库中的Iris数据集，直接载入即可。

其中的数据是以key-value值对应存放的，key值如下：

```
dict_keys(['data', 'target', 'target_names', 'DESCR', 'feature_names'])
```

由于本例中需要Iris的特征与分类目标，因此这里只需要获取data和target，代码如下：

```
from sklearn.datasets import load_iris
data = load_iris()
iris_target = data.target
iris_data = np.float32(data.data)                    #将其转化为float类型的列表
```

数据打印结果如图4.3所示。

```
[[5.1 3.5 1.4 0.2]
 [4.9 3.  1.4 0.2]
 [4.7 3.2 1.3 0.2]
 [4.6 3.1 1.5 0.2]
 [5.  3.6 1.4 0.2]]
[0 0 0 0 0]
```

图 4.3 数据打印结果

这里打印了前5组数据。可以看到Iris数据集分为4个不同的特征进行数据记录，而每个特征又对应一个分类表示。

第二步：数据的处理

下面是数据处理部分，对特征的表示不需要变动。分类表示的结果全部打印如图4.4所示。

```
[0 0 0 0 0 0 0 0 0 0 0 0 0 0 0 0 0 0 0 0 0 0 0 0 0 0 0 0 0 0 0 0 0 0 0 0 0
 0 0 0 0 0 0 0 0 0 0 0 0 0 1 1 1 1 1 1 1 1 1 1 1 1 1 1 1 1 1 1 1 1 1 1 1 1
 1 1 1 1 1 1 1 1 1 1 1 1 1 1 1 1 1 1 1 1 1 1 1 1 1 1 2 2 2 2 2 2 2 2 2 2 2
 2 2 2 2 2 2 2 2 2 2 2 2 2 2 2 2 2 2 2 2 2 2 2 2 2 2 2 2 2 2 2 2 2 2 2 2 2
 2 2]
```

图 4.4　数据处理

这里按数字分成了3类（0、1和2分别代表3种类型）。按直接计算的思路可以将数据结果向固定的数字进行拟合，这是一个回归问题，即通过回归曲线拟合出最终结果。但是本例实际上是一个分类任务，因此需要对其进行分类处理。

分类处理的一个非常简单的方法是进行独热编码（one-hot encoding）处理，即将一个序列化数据分配到不同的数据领域空间进行表示，如图4.5所示。

```
[[1. 0. 0.]
 [1. 0. 0.]
 [1. 0. 0.]
 [1. 0. 0.]
 [1. 0. 0.]
 [1. 0. 0.]
```

图 4.5　独热编码处理

具体在程序处理上，读者既可以手动实现用独热编码来表示，也可以使用Keras自带的分散工具对数据进行处理，代码如下：

```
    iris_target =
np.float32(tf.keras.utils.to_categorical(iris_target,num_classes=3))
```

这里的num_classes表示分成了3类，由一行三列对每个类别进行表示。

交叉熵函数与分散化表示的方法超出了本书的讲解范围，这里不再过多介绍，读者只需要知道交叉熵函数需要和softmax配合，从分布上向离散空间靠拢即可。

```
    iris_data = tf.data.Dataset.from_tensor_slices(iris_data).batch(50)
    iris_target = tf.data.Dataset.from_tensor_slices(iris_target).batch(50)
```

当生成的数据读取到内存中并准备以批量的形式打印时，使用的是tf.data.Dataset.from_tensor_slices函数，并且可以根据具体情况对batch进行设置。tf.data.Dataset函数更多的细节和用法在后面的章节中会专门介绍。

第三步：梯度更新函数的写法

梯度更新函数是根据误差的幅度对数据进行更新的，代码如下：

```
    grads = tape.gradient(loss_value, model.trainable_variables)
    opt.apply_gradients(zip(grads, model.trainable_variables))
```

与前面的线性回归例子的差别是，model会对模型内部所有可更新的参数根据回传误差自动进行参数的更新，而无须人工指定更新模型内的哪些参数，这点请读者注意。人为指定和排除某些参数的方法属于高级程序设计，在后面的章节会提到。

【程序 4-1】

```
import tensorflow as tf
import numpy as np
from sklearn.datasets import load_iris
data = load_iris()
iris_target = data.target
iris_data = np.float32(data.data)
iris_target = np.float32(tf.keras.utils.to_categorical(iris_target,
num_classes=3))
iris_data = tf.data.Dataset.from_tensor_slices(iris_data).batch(50)
iris_target = tf.data.Dataset.from_tensor_slices(iris_target).batch(50)
model = tf.keras.models.Sequential()
# Add layers
model.add(tf.keras.layers.Dense(32, activation="relu"))
model.add(tf.keras.layers.Dense(64, activation="relu"))
model.add(tf.keras.layers.Dense(3,activation="softmax"))
opt = tf.optimizers.Adam(1e-3)
for epoch in range(1000):
    for _data,lable in zip(iris_data,iris_target):
        with tf.GradientTape() as tape:
            logits = model(_data)
            loss_value = tf.reduce_mean(tf.keras.losses.
categorical_crossentropy(y_true = lable,y_pred = logits))
            grads = tape.gradient(loss_value, model.trainable_variables)
            opt.apply_gradients(zip(grads, model.trainable_variables))
    print('Training loss is :', loss_value.numpy())
```

最终打印结果如图4.6所示。可以看到损失值在符合要求的条件下不断地降低，最终达到预期目标。

```
Training loss is : 0.06653369
Training loss is : 0.066514015
Training loss is : 0.0664944
Training loss is : 0.06647475
Training loss is : 0.06645504

Process finished with exit code 0
```

图 4.6 打印结果

4.1.3 使用 Keras 函数式编程实现鸢尾花分类（重点）

顺序编程过于抽象，同时缺乏自由度，因此在较为高级的程序设计中达不到程序设计的目标。

Keras函数式编程是定义复杂模型（如多输出模型、有向无环图或具有共享层的模型）的方法。

下面从一个简单的例子开始。程序4-1建立模型的方法是使用顺序编程，即通过逐级添加的方式将数据add到模型中。这种方式在较低级水平的编程上可以较好地减轻编程的难度，但是在自由度方面会有非常大的影响，比如当需要对输入的数据进行重新计算时顺序编程方法就不适合。

函数式编程方法类似于传统的编程。只需要建立模型导入输出和输出“形式参数”即可。有TensorFlow 1.X编程基础的读者可以将其看作一种新格式的“占位符”。代码如下：

```
inputs = tf.keras.layers.Input(shape=(4,))
# 层的实例是可调用的，以张量为参数，并且返回一个张量
x = tf.keras.layers.Dense(32, activation='relu')(inputs)
x = tf.keras.layers.Dense(64, activation='relu')(x)
predictions = tf.keras.layers.Dense(3, activation='softmax')(x)
# 创建了一个包含输入层和三个全连接层的模型
model = tf.keras.Model(inputs=inputs, outputs=predictions)
```

下面开始逐步对其进行分析。

1. 输入端

首先是Input的形参：

```
inputs = tf.keras.layers.Input(shape=(4,))
```

这一点需要从源码上来看，代码如下：

```
tf.keras.Input(
    shape=None,
    batch_size=None,
    name=None,
    dtype=None,
    sparse=False,
    tensor=None,
    **kwargs
)
```

Input函数用于实例化Keras张量，Keras张量是来自底层后端输入的张量对象，其中增加了某些属性，使其能够通过了解模型的输入和输出来构建Keras模型。

Input函数的参数：

- shape：形状元组（整数），不包括批量大小。例如，shape=(32,)表示预期的输入是 32 维向量的批次。
- batch_size：可选的静态批量大小（整数）。
- name：图层的可选名称字符串，在模型中应该是唯一的（不要重复使用相同的名称两次）。如果未提供，它将自动生成。
- dtype：数据类型，即预期输入的数据格式，一般有 float32、float64、int32 等类型。
- sparse：一个布尔值，指定创建的占位符是否为稀疏的。
- tensor：可选的现有张量包裹到 Input 图层中。如果设置，图层将不会创建占位符张量。
- **kwargs：其他的一些参数。

上面是官方对其参数所做的解释，可以看到这里的Input函数就是根据设置的维度大小生成

一个存放对象的张量空间，维度就是shape中设置的维度。

> **注 意**
>
> 与传统的 TensorFlow 不同，这里的 batch 大小并不显式地定义在输入 shape 中。

举例来说，在后续的学习中会遇到MNIST数据集，即一个手写图片分类的数据集，每张图片的大小用4维来表示：[1,28,28,1]。第1个数字是每个批次的大小，第2个和第3个数字是图片的尺寸，第4个数字是图片通道的个数。因此输入Input中的数据为：

```
inputs = tf.keras.layers.Input(shape=(28,28,1))#举例说明，这里4维变成3维，不设置batch信息
```

2. 中间层

下面每个层的写法与使用顺序模式是不同的：

```
x = tf.keras.layers.Dense(32, activation='relu')(inputs)
```

在这里每个类被直接定义，之后将值作为类实例化后的输入值进行输入计算。

```
x = tf.keras.layers.Dense(32, activation='relu')(inputs)
x = tf.keras.layers.Dense(64, activation='relu')(x)
predictions = tf.keras.layers.Dense(3, activation='softmax')(x)
```

3. 输出端

输出端不需要额外的表示，直接将计算的最后一层作为输出端即可：

```
predictions = tf.keras.layers.Dense(3, activation='softmax')(x)
```

4. 模型的组合方式

模型的组合方式是很简单的，直接将输入端和输出端在模型类中显式地注明，Keras即可在后台将各个层级通过输入和输出对应的关系连接在一起。

```
model = tf.keras.Model(inputs=inputs, outputs=predictions)
```

完整的代码如下：

【程序4-2】

```
import tensorflow as tf
import numpy as np
from sklearn.datasets import load_iris
data = load_iris()
iris_target = data.target
iris_data = np.float32(data.data)
iris_target = np.float32(tf.keras.utils.to_categorical(iris_target,
num_classes=3))
print(iris_target)
iris_data = tf.data.Dataset.from_tensor_slices(iris_data).batch(50)
iris_target = tf.data.Dataset.from_tensor_slices(iris_target).batch(50)
inputs = tf.keras.layers.Input(shape=(4,))
# 层的实例是可调用的，以张量为参数，并且返回一个张量
```

```
    x = tf.keras.layers.Dense(32, activation='relu')(inputs)
    x = tf.keras.layers.Dense(64, activation='relu')(x)
    predictions = tf.keras.layers.Dense(3, activation='softmax')(x)
    # 这部分创建了一个包含输入层和三个全连接层的模型
    model = tf.keras.Model(inputs=inputs, outputs=predictions)
    opt = tf.optimizers.Adam(1e-3)
    for epoch in range(1000):
        for _data,lable in zip(iris_data,iris_target):
            with tf.GradientTape() as tape:
                logits = model(_data)
                loss_value = tf.reduce_mean(tf.keras.losses.
categorical_crossentropy(y_true = lable,y_pred = logits))
                grads = tape.gradient(loss_value, model.trainable_variables)
                opt.apply_gradients(zip(grads, model.trainable_variables))
    print('Training loss is :', loss_value.numpy())
    model.save('./saver/the_save_model.h5')
```

程序4-2的基本架构对照前面的例子没有多少变化，损失函数和梯度更新方法是固定的写法，这里最大的不同点在于使用了model自带的saver函数对数据进行保存。在TensorFlow 2.x中，数据的保存由Keras完成，也就是将图和对应的参数完整地保存在h5格式中。

4.1.4 使用保存的 Keras 模式对模型进行复用

前面已经讲过，对于保存的文件，Keras是将所有的信息都保存在h5文件中，这里包含所有模型结构信息和训练过的参数信息。

```
    new_model = tf.keras.models.load_model('./saver/the_save_model.h5')
```

tf.keras.models.load_model函数是从给定的地址中载入h5模型，载入完成后会依据存档自动建立一个新的模型。

模型的复用可直接调用模型predict函数：

```
    new_prediction = new_model.predict(iris_data)
```

这里是直接将Iris数据作为预测数据进行输入。全部代码如下：

【程序 4-3】

```
    import tensorflow as tf
    import numpy as np
    from sklearn.datasets import load_iris
    data = load_iris()
    iris_data = np.float32(data.data)
    iris_target = (data.target)
    iris_target = np.float32(tf.keras.utils.to_categorical(iris_target,
num_classes=3))
    new_model = tf.keras.models.load_model('./saver/the_save_model.h5')#载入模型
    new_prediction = new_model.predict(iris_data)    #进行预测

    print(tf.argmax(new_prediction,axis=-1))         #打印预测结果
```

最终结果如图4.7所示。可以看到计算结果被完整打印出来。

```
tf.Tensor(
[0 0 0 0 0 0 0 0 0 0 0 0 0 0 0 0 0 0 0 0 0 0 0 0 0 0 0 0 0 0 0 0 0 0 0 0 0
 0 0 0 0 0 0 0 0 0 0 0 0 0 1 1 1 1 1 1 1 1 1 1 1 1 1 1 1 1 1 1 1 1 2 1 1 1
 1 1 1 1 1 1 1 1 1 2 1 1 1 1 1 1 1 1 1 1 1 1 1 1 1 1 2 2 2 2 2 2 2 2 2 2 2
 2 2 2 2 2 2 2 2 2 2 2 2 2 2 2 2 2 2 2 2 2 2 1 2 2 2 2 2 2 2 2 2 2 2 2 2 2
 2 2], shape=(150,), dtype=int64)
```

图 4.7 打印结果

4.1.5 使用 TensorFlow 标准化编译对 Iris 模型进行拟合

在4.1.3节中，笔者使用符合传统TensorFlow习惯的梯度更新方式对参数进行更新。实际上这种看起来符合编程习惯的梯度计算和更新方法可能并不适合大多数有机器学习使用经验的读者使用。本小节就以修改后的Iris分类为例讲解标准化TensorFlow的编译方法。

对于大多数机器学习的程序设计人员来说，往往习惯了使用fit函数和compile函数对数据进行数据载入和参数分析，代码如下（先运行，后面会有更为详细的运行分析）：

【程序 4-4】

```
    import tensorflow as tf
    import numpy as np
    from sklearn.datasets import load_iris
    data = load_iris()
    iris_data = np.float32(data.data)
    iris_target = (data.target)
    iris_target = np.float32(tf.keras.utils.to_categorical(iris_target,
num_classes=3))
    train_data = tf.data.Dataset.from_tensor_slices((iris_data,
iris_target)).batch(128)
    input_xs  = tf.keras.Input(shape=(4,), name='input_xs')
    out = tf.keras.layers.Dense(32, activation='relu', name='dense_1')(input_xs)
    out = tf.keras.layers.Dense(64, activation='relu', name='dense_2')(out)
    logits = tf.keras.layers.Dense(3,
activation="softmax",name='predictions')(out)
    model = tf.keras.Model(inputs=input_xs, outputs=logits)
    opt = tf.optimizers.Adam(1e-3)
    model.compile(optimizer=tf.optimizers.Adam(1e-3),
loss=tf.losses.categorical_crossentropy,
    metrics = ['accuracy'])
    model.fit(train_data, epochs=500)
    score = model.evaluate(iris_data, iris_target)
    print("last score:",score)
```

下面我们详细分析一下代码。

1. 数据的获取

本例还是使用sklearn中的Iris数据集作为数据来源，之后将target转化成独热编码的形式进行存储。顺便提一句，TensorFlow本身也带有one-hot函数，即tf.one_hot，有兴趣的读者可以自行学习。

数据读取之后的处理在后文讲解，这个问题先放一下，请继续按顺序往下阅读。

2. 模型的建立和参数更新

这里不准备采用新模型的建立方法，对于读者来说，熟悉函数化编程已经能够应付绝大多数深度学习模型的建立。在后面的章节中，我们将教会读者自定义某些层的方法。

对于梯度的更新，到目前为止的程序设计中都采用类似于回调等方式对参数进行更新，这是由程序设计者手动完成的。然而TensorFlow推荐使用自带的梯度更新方法，代码如下：

```
model.compile(optimizer=tf.optimizers.Adam(1e-3), loss=tf.losses.
categorical_crossentropy,metrics = ['accuracy'])
model.fit(train_data, epochs=500)
```

compile函数是模型适配损失函数和选择优化器的专用函数，fit函数的作用是把训练参数加载进模型中。下面分别对其进行讲解。

（1）compile函数

这个函数是配置训练模型的专用编译函数，源码如下：

```
compile(optimizer, loss=None, metrics=None, loss_weights=None,
sample_weight_mode=None, weighted_metrics=None, target_tensors=None)
```

这里我们主要介绍其中重要的3个参数：optimizer、loss和metrics。

- optimizer：字符串（优化器名）或者优化器实例。
- loss：字符串（目标函数名）或目标函数。如果模型有多个输出，可以通过传递损失函数的字典或列表在每个输出上使用不同的损失。模型最小化的损失值将是所有单个损失的总和。
- metrics：在训练和测试期间的模型评估标准。通常会使用 metrics = ['accuracy']。要为多输出模型的不同输出指定不同的评估标准，还可以传递一个字典，如 metrics = {'output_a'：'accuracy'}。

可以看到，优化器（optimizer）被传入了选定的优化器函数。loss是损失函数，这里也被传入选定的多分类crossentropy函数。Metrics是用来评估模型的标准，一般用准确率表示。

实际上，compile函数是一个多重回调函数的集合，对于所有的参数来说，实际上就是根据对应函数的“地址”回调对应的函数，并将参数传入。

举一个例子，在上面的编译器中，我们传递的是一个TensorFlow自带的损失函数，实际上往往由于针对不同的计算和误差需要不同的损失函数，这里自定义一个均方差（MSE）损失函数，代码如下：

```
def my_MSE(y_true , y_pred):
    my_loss = tf.reduce_mean(tf.square(y_true - y_pred))
    return my_loss
```

这个损失函数接收两个参数，分别是y_true和y_pred，即预测值和真实值的形式参数。之后根据需要计算出真实值和预测值之间的误差。

损失函数名作为地址传递给compile后即可作为自定义的损失函数在模型中进行编译，代码如下：

```
    opt = tf.optimizers.Adam(1e-3)
    def my_MSE(y_true , y_pred):
        my_loss = tf.reduce_mean(tf.square(y_true - y_pred))
        return my_loss
    model.compile(optimizer=tf.optimizers.Adam(1e-3), loss=my_MSE,metrics =
['accuracy'])
```

使用自定义的优化器也可以。但是一般情况下优化器的编写需要比较高的编程技巧以及对模型的理解，这里直接使用TensorFlow自带的优化器即可。

（2）fit函数

这个函数的作用是以指定的轮次（数据集上的迭代）训练模型。其主要参数有如下4个：

- x：训练数据的 NumPy 数组（如果模型只有一个输入），或者 NumPy 数组的列表（如果模型有多个输入）。如果模型中的输入层被命名，也可以传递一个字典，将输入层名称映射到 NumPy 数组。如果从本地框架张量馈送（例如 TensorFlow 数据张量）数据，x 可以是 None（默认）。
- y：目标（标签）数据的 NumPy 数组（如果模型只有一个输出），或者 NumPy 数组的列表（如果模型有多个输出）。如果模型中的输出层被命名，也可以传递一个字典，将输出层名称映射到 NumPy 数组。如果从本地框架张量馈送（例如 TensorFlow 数据张量）数据，y 可以是 None（默认）。
- batch_size：整数或 None。每次梯度更新的样本数。如果未指定，默认为 32。
- epochs：整数，训练模型迭代轮次。一个轮次是在整个 x 和 y 上的一轮迭代。注意，与 initial_epoch 一起，epochs 被理解为“最终轮次”。模型并不是训练了 epochs 轮，而是到第 epochs 轮停止训练。

fit函数可对输入的数据进行修改，如果读者已经成功运行了程序4-4，那么现在换一种略微修改后的代码，重新运行Iris数据集，代码如下：

【程序 4-5】

```
    import tensorflow as tf
    import numpy as np
    from sklearn.datasets import load_iris
    data = load_iris()
    #数据的形式
    iris_data = np.float32(data.data)                #数据读取
    iris_target = (data.target)
    iris_target = np.float32(tf.keras.utils.to_categorical(iris_target,
num_classes=3))
    input_xs  = tf.keras.Input(shape=(4,), name='input_xs')
    out = tf.keras.layers.Dense(32, activation='relu', name='dense_1')(input_xs)
    out = tf.keras.layers.Dense(64, activation='relu', name='dense_2')(out)
    logits = tf.keras.layers.Dense(3,
activation="softmax",name='predictions')(out)
```

```
    model = tf.keras.Model(inputs=input_xs, outputs=logits)
    opt = tf.optimizers.Adam(1e-3)
    model.compile(optimizer=tf.optimizers.Adam(1e-3),
loss=tf.losses.categorical_crossentropy,metrics = ['accuracy'])
    #fit函数载入数据
    model.fit(x=iris_data,y=iris_target,batch_size=128, epochs=500)
    score = model.evaluate(iris_data, iris_target)
    print("last score:",score)
```

程序4-4和程序4-5最大的不同在于数据读取方式的变化。在程序4-4中，数据的读取方式和fit函数的载入方式如下：

```
    iris_data = np.float32(data.data)
    iris_target = (data.target)
    iris_target = np.float32(tf.keras.utils.to_categorical(iris_target,
num_classes=3))
    train_data = tf.data.Dataset.from_tensor_slices((iris_data,
iris_target)).batch(128)
    ……
    model.fit(train_data, epochs=500)
```

Iris的数据读取被分成两部分：数据特征部分和label分布部分。label分布部分使用Keras自带的工具进行离散化处理。

离散化后处理的部分又被tf.data.Dataset API整合成一个新的数据集，并且按batch被切分成多个部分。

此时fit函数的处理对象是一个被tf.data.Dataset API处理后的Tensor类型数据，并且在切分时依照整合的内容被依次读取。在读取的过程中，由于它是一个Tensor类型的数据，因此fit函数内部的batch_size划分不起作用，而是使用生成数据的tf中的数据生成器的batch_size划分。如果还是不能理解，可以使用如下代码段打印重新整合后的train_data中的数据：

```
    for iris_data,iris_target in train_data
```

现在回到程序4-5中，取出对应数据读取和载入的部分代码如下：

```
    #数据的形式
    iris_data = np.float32(data.data)            #数据读取
    iris_target = (data.target)
    iris_target = np.float32(tf.keras.utils.to_categorical(iris_target,
num_classes=3))
    ……
    #fit函数载入数据
    model.fit(x=iris_data,y=iris_target,batch_size=128, epochs=500)
```

可以看到数据在读取和载入的过程中没有变化，将处理后的数据直接输入fit函数中供模式使用。此时直接对数据进行操作，对数据的划分由fit函数负责，因此fit函数中的batch_size被设置为128。

4.1.6　多输入单输出TensorFlow编译方法（选学）

在前面内容的学习中，我们采用的是标准化的深度学习流程，即数据的准备、处理，数据的输入与计算，以及最后结果的打印。虽然在真实情况中可能会遇到各种各样的问题，但是基本步骤是不会变的。

这里存在一个非常重要的问题，在模型的计算过程中遇到多个数据输入端（见图4.8），应该怎么处理？

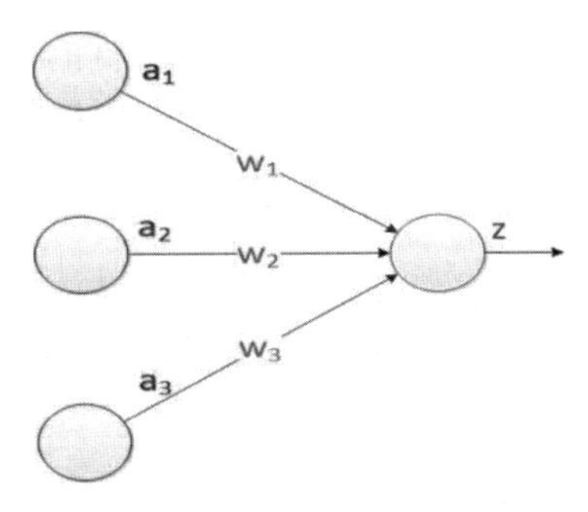

图4.8　多个数据输入端

以Tensor格式的数据为例，在数据的转化部分需要将数据进行“打包”处理，即将不同的数据按类型进行打包：

```
输入1，输入2，输入3，标签 -> (输入1，输入2，输入3)，标签
```

注意小括号的位置，这里将数据分成两部分，即“输入”与“标签”两类，多输入的部分用小括号打包在一起形成一个整体。

下面还是以Iris数据集为例讲解多数据输入的问题。

第一步：数据的获取与处理

从前面的介绍可以知道，Iris数据集的每行是一个由4个特征组合在一起表示的特征集合，此时可以人为地将其切分，就是将长度为4的特征转化成一个长度为3和一个长度为1的两个特征集合，代码如下：

```
import tensorflow as tf
import numpy as np
from sklearn.datasets import load_iris
data = load_iris()
iris_data = np.float32(data.data)
iris_data_1 = []
iris_data_2 = []
for iris in iris_data:
    iris_data_1.append(iris[0])
    iris_data_2.append(iris[1:4])
```

打印其中1组数据：

```
5.1
[3.5 1.4 0.2]
```

可以看到，一行4列的数据被拆分成两个特征。

第二步：模型的建立

这里数据被人为地拆分成两部分，因此在模型的输入端也要能够对应处理两组数据的输入。

```
    input_xs_1  = tf.keras.Input(shape=(1,), name='input_xs_1')
    input_xs_2  = tf.keras.Input(shape=(3,), name='input_xs_2')
    input_xs = tf.concat([input_xs_1,input_xs_2],axis=-1)
```

可以看到代码中分别把input_xs_1和input_xs_2作为数据的接收端来接收传递进来的数据，之后通过一个concat函数将数据重新组合起来，恢复成一个具有4个特征的集合。

```
    out = tf.keras.layers.Dense(32, activation='relu', name='dense_1')
(input_xs)
    out = tf.keras.layers.Dense(64, activation='relu', name='dense_2')(out)
    logits = tf.keras.layers.Dense(3, activation="softmax",
name='predictions')(out)
    model = tf.keras.Model(inputs=[input_xs_1,input_xs_2], outputs=logits)
```

对剩余部分的数据处理没有变化，按前文的程序进行处理即可。

第三步：数据的组合

切分后的数据需要重新组合，生成能够符合模型需求的Tensor数据。这里最为关键的是在模型中对输入输出格式的定义，把模式的输入输出格式拆出如下形式：

```
    input = 【输入1，输入2】, outputs = 输出        #注意模型中的中括号
```

因此，在Tensor建立的过程中也要按模型输入的格式创建对应的数据集，格式如下：

```
    ((输入1，输入2),输出)
```

注意，这里我们采用两层括号对数据进行包裹，即首先将“输入1”和“输入2”包裹成一个输入数据，之后重新打包“输出”，共同组成一个数据集。转化Tensor数据的代码如下：

```
    train_data = tf.data.Dataset.from_tensor_slices(((iris_data_1,
iris_data_2), iris_target)).batch(128)
```

注 意

一定要注意括号的层数。

完整代码如下：

【程序 4-6】

```
    import tensorflow as tf
    import numpy as np
    from sklearn.datasets import load_iris
    data = load_iris()
    iris_data = np.float32(data.data)
```

```
    iris_data_1 = []
    iris_data_2 = []
    for iris in iris_data:
        iris_data_1.append(iris[0])
        iris_data_2.append(iris[1:4])
    iris_target = np.float32(tf.keras.utils.to_categorical(data.target,
num_classes=3))
    #注意数据的包裹层数
    train_data = tf.data.Dataset.from_tensor_slices(((iris_data_1,iris_data_2),
iris_target)).batch(128)
    input_xs_1  = tf.keras.Input(shape=(1,), name='input_xs_1')   #接收输入参数一
    input_xs_2  = tf.keras.Input(shape=(3,), name='input_xs_2')   #接收输入参数二
    input_xs = tf.concat([input_xs_1,input_xs_2],axis=-1)          #重新组合参数
    out = tf.keras.layers.Dense(32, activation='relu', name='dense_1')(input_xs)
    out = tf.keras.layers.Dense(64, activation='relu', name='dense_2')(out)
    logits = tf.keras.layers.Dense(3,
activation="softmax",name='predictions')(out)
    model = tf.keras.Model(inputs=[input_xs_1,input_xs_2], outputs=logits) #注意
model中的中括号
    opt = tf.optimizers.Adam(1e-3)
    model.compile(optimizer=tf.optimizers.Adam(1e-3),
loss=tf.losses.categorical_crossentropy,metrics = ['accuracy'])
    model.fit(x = train_data, epochs=500)
    score = model.evaluate(train_data)
    print("多头score: ",score)
```

最终打印结果如图4.9所示。

```
1/2 [==============>...............] - ETA: 0s - loss: 0.1158 - accuracy: 0.9609
2/2 [==============================] - 0s 0s/step - loss: 0.0913 - accuracy: 0.9667
Epoch 500/500

1/2 [==============>...............] - ETA: 0s - loss: 0.1157 - accuracy: 0.9609
2/2 [==============================] - 0s 0s/step - loss: 0.0912 - accuracy: 0.9667

1/2 [==============>...............] - ETA: 0s - loss: 0.1155 - accuracy: 0.9609
2/2 [==============================] - 0s 31ms/step - loss: 0.0829 - accuracy: 0.9667
多头score:  [0.08285454660654068, 0.96666664]
```

图 4.9　打印结果

这个最终打印结果在本书已经出现多次了，在这里TensorFlow默认输出了每个循环结束后的损失（loss）值，并且按compile函数中设置的内容输出准确率（accuracy）值。最后的evaluate函数通过重新计算测试集中的数据来获取在测试集中的损失值和准确率。本例使用训练数据代替测试数据。

在程序4-6中，数据的准备是使用tf.data API完成的，即通过打包的方式将数据输出，也可以直接将输入的数据输入模型中进行训练，代码如下：

【程序 4-7】

```
    import tensorflow as tf
    import numpy as np
    from sklearn.datasets import load_iris
```

```
    data = load_iris()
    iris_data = np.float32(data.data)
    iris_data_1 = []
    iris_data_2 = []
    for iris in iris_data:
       iris_data_1.append(iris[0])
    iris_data_2.append(iris[1:4])
    iris_data_1 = np.array(iris_data_1)
    iris_data_2 = np.array(iris_data_2)
    iris_target = np.float32(tf.keras.utils.to_categorical(data.target,
num_classes=3))
    input_xs_1  = tf.keras.Input(shape=(1,), name='input_xs_1')
    input_xs_2  = tf.keras.Input(shape=(3,), name='input_xs_2')
    input_xs = tf.concat([input_xs_1,input_xs_2],axis=-1)
    out = tf.keras.layers.Dense(32, activation='relu', name='dense_1')(input_xs)
    out = tf.keras.layers.Dense(64, activation='relu', name='dense_2')(out)
    logits = tf.keras.layers.Dense(3,
activation="softmax",name='predictions')(out)
    model = tf.keras.Model(inputs=[input_xs_1,input_xs_2], outputs=logits)
    opt = tf.optimizers.Adam(1e-3)
    model.compile(optimizer=tf.optimizers.Adam(1e-3),
loss=tf.losses.categorical_crossentropy,metrics = ['accuracy'])
    model.fit(x = ([iris_data_1,iris_data_2]),y=iris_target,batch_size=128,
epochs=500)
    score = model.evaluate(x=([iris_data_1,iris_data_2]),y=iris_target)
    print("多头score: ",score)
```

最终打印结果请读者自行验证，需要注意其中数据的包裹情况。

4.1.7 多输入多输出 TensorFlow 编译方法（选学）

读者已经知道了对于多输入单一输出的TensorFlow的写法，而在实际编程中，有没有可能遇到多输入多输出的情况呢？

事实上是有的。虽然读者可能遇到的情况会很少，但是在必要的时候还是需要设计多输出的神经网络模型进行训练，例如RCNN模型。

对于多输出模型的写法，实际上也可以仿照4.1.6小节多输入模型中多输入端的写法，将output的数据使用中括号进行包裹。

第一步：数据的修正和设计

```
    iris_data_1 = []
    iris_data_2 = []
    for iris in iris_data:
       iris_data_1.append(iris0:[2])
       iris_data_2.append(iris[2:])
    iris_label = data.target
    iris_target = np.float32(tf.keras.utils.to_categorical(data.target,
num_classes=3))
    train_data = tf.data.Dataset.from_tensor_slices
```

```
(((iris_data_1,iris_data_2),(iris_target,iris_label))).batch(128)
```

首先是对数据的修正和设计，数据的输入被平均分成两组，每组有两个特征。这实际上没什么变化。对于特征的分类，在引入独热编码处理的分类数据集外，还保留了数据分类本身的真实值用于目标的辅助分类计算结果。无论是多输入还是多输出，此时都使用打包的形式将数据重新打包成一个整体的数据集合。

在fit函数中，直接调用打包后的输入数据即可：

```
model.fit(x = train_data, epochs=500)
```

完整代码如下：

【程序4-8】

```
import tensorflow as tf
import numpy as np
from sklearn.datasets import load_iris
data = load_iris()
iris_data = np.float32(data.data)
iris_data_1 = []
iris_data_2 = []
for iris in iris_data:
    iris_data_1.append(iris[:2])
    iris_data_2.append(iris[2:])
iris_label = np.array(data.target,dtype=np.float)
iris_target = tf.one_hot(data.target,depth=3)

iris_data_1 = np.array(iris_data_1)
iris_data_2 = np.array(iris_data_2)

input_xs_1  = tf.keras.Input(shape=(2), name='input_xs_1')
input_xs_2  = tf.keras.Input(shape=(2), name='input_xs_2')
input_xs = tf.concat([input_xs_1,input_xs_2],axis=-1)
out = tf.keras.layers.Dense(32, activation='relu', name='dense_1')(input_xs)
out = tf.keras.layers.Dense(64, activation='relu', name='dense_2')(out)
logits = tf.keras.layers.Dense(3,
activation="softmax",name='predictions')(out)
label = tf.keras.layers.Dense(1,name='label')(out)
model = tf.keras.Model(inputs=(input_xs_1,input_xs_2), outputs=(logits,label))
opt = tf.optimizers.Adam(1e-3)
def my_MSE(y_true , y_pred):
    my_loss = tf.reduce_mean(tf.square(y_true - y_pred))
    return my_loss
model.compile(optimizer=tf.optimizers.Adam(1e-3), loss={'predictions':
tf.losses.categorical_crossentropy, 'label': my_MSE},loss_weights={'predictions':
0.1, 'label': 0.5},metrics = ['accuracy'])
model.fit(x = (iris_data_1,iris_data_2),y=(iris_target,iris_label),
epochs=500)
```

输出结果如图4.10所示。

```
ETA: 0s - loss: 0.0106 - predictions_loss: 0.0463 - label_loss: 0.0118 - predictions_accuracy: 0.9844 - label_accurac
0s 3ms/step - loss: 0.0075 - predictions_loss: 0.0304 - label_loss: 0.0071 - predictions_accuracy: 0.9867 - label_acc

ETA: 0s - loss: 0.0107 - predictions_loss: 0.0474 - label_loss: 0.0120 - predictions_accuracy: 0.9844 - label_accurac
0s 53ms/step - loss: 0.0064 - predictions_loss: 0.0304 - label_loss: 0.0067 - predictions_accuracy: 0.9867 - label_ac
```

图 4.10　输出结果

限于篇幅，这里只给出一部分结果，相信读者能够理解输出的数据内容。

4.2　全连接层详解

学完前面的内容后，读者应该对TensorFlow程序设计有了比较深入的理解。

不过又有一个问题来了，这里一直在使用、反复提及的全连接层到底是什么？本节我们详细讲解一下。

4.2.1　全连接层的定义与实现

全连接层的每一个节点都与上一层的所有节点相连，用来把前面提取的特征综合起来。由于其全相连的特性，因此参数也是最多的。图4.11所示的是一个简单的全连接网络。

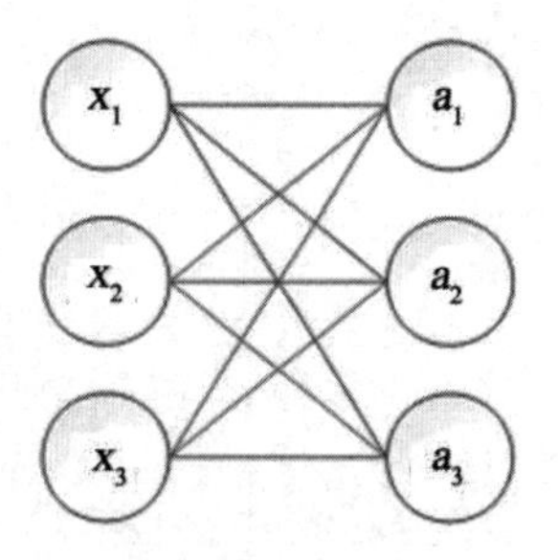

上一层　　　全连接层

图 4.11　全连接网络

其推导过程如下：

$$w_{11} \times x_1 + w_{12} \times x_2 + w_{13} \times x_3 = a_1$$
$$w_{21} \times x_1 + w_{22} \times x_2 + w_{23} \times x_3 = a_2$$
$$w_{31} \times x_1 + w_{32} \times x_2 + w_{33} \times x_3 = a_3$$

将推导公式转化一下写法：

$$\begin{bmatrix} w_{11} & w_{12} & w_{13} \\ w_{21} & w_{22} & w_{23} \\ w_{31} & w_{32} & w_{33} \end{bmatrix} * \begin{bmatrix} x_1 \\ x_2 \\ x_3 \end{bmatrix} = \begin{bmatrix} a_1 \\ a_2 \\ a_3 \end{bmatrix}$$

可以看到，全连接的核心操作是矩阵向量乘积：$\mathrm{w} * \mathrm{x} = \mathrm{y}$。

下面举一个例子，使用TensorFlow自带的API实现一个简单的矩阵计算。

[1,1]　[1]
[2,2]*　[1]= [?]

首先笔者通过公式计算对数据先行验证，按推导公式计算如下：

$$(1\times 1+1\times 1)+0.17=2.17$$
$$(2\times 1+2\times 1)+0.17=4.17$$

这样形成了一个新的矩阵[2.17,4.17]，代码如下：

【程序 4-9】

```
import tensorflow as tf
weight = tf.Variable([[1.],[1.]])                         #创建参数weight
bias  = tf.Variable([[0.17]])                             #创建参数bias
input_xs = tf.constant([[1.,1.],[2.,2.]])                 #创建输入值
matrix = tf.matmul(input_xs,weight) + bias                #计算结果
print(matrix)                                             #打印结果
```

打印结果如下：

```
tf.Tensor([[2.17] [4.17]], shape=(2, 1), dtype=float32)
```

最终计算出一个Tensor，大小为shape=(2,1)，类型为float32，其值为[[2.17] [4.17]]。

全连接的计算方法很容易掌握，因为计算过程非常简单。现在回到代码中，注意在定义参数和定义输入值的时候采用不同的写法：

```
weight = tf.Variable([[1.],[1.]])
input_xs = tf.constant([[1.,1.],[2.,2.]])
```

这里对参数的定义，笔者使用的是Variable函数；对输入值的定义，笔者使用的是constant函数，将其对应内容打印如下：

```
<tf.Variable 'Variable:0' shape=(2, 1) dtype=float32, numpy=array([[1.],
[1.]], dtype=float32)>
```

input_xs打印如下：

```
tf.Tensor([[1. 1.]
     [2. 2.]], shape=(2, 2), dtype=float32)
```

通过对比可以看到，这里的weight被定义成一个可变参数Variable类型，以便在后续的反向计算中进行调整。constant函数是直接读取数据并将其定义成Tensor格式。

4.2.2　使用 TensorFlow 自带的 API 实现全连接层

在上一节编写的程序4-9向读者介绍了全连接层的计算方法。全连接的本质是由一个特征空间线性变换到另一个特征空间。目标空间的任一维（也就是隐藏层的一个节点）都认为会受到源空间每一维的影响。可以不那么严谨地说，目标向量是源向量的加权和。

全连接层一般接在特征提取网络之后，用作特征的分类器。全连接常出现在最后几层，用于

对前面设计的特征做加权和。前面的网络部分相当于做特征抽取，后面的全连接相当于做特征加权。

下面我们使用自定义的方法实现一个可以加载到模型中的“自定义全连接层”。

1．自定义层的继承

在TensorFlow中，任何一个自定义的层都继承自tf.keras.layers.Layer，我们将其称为“父层”，如图4.12所示。这里所谓的自定义层实际上是父层的一个具体实现。

```
Layer(module.Module)
    __init__(self, trainable=True, name=None, dtype=None, dynamic=False, **kwargs)
    build(self, input_shape)
    call(self, inputs, **kwargs)
    add_weight(self, name=None, shape=None, dtype=None, initializer=None, regularizer
    get_config(self)
    from_config(cls, config)
    compute_output_shape(self, input_shape)
    compute_output_signature(self, input_signature)
    compute_mask(self, inputs, mask=None)
```

图 4.12　父层

从图4.12可以看出，Layer层由多个函数构成，基于继承的关系，如果想要实现自定义的层，那么必须实现其中的函数。

2．“父层”函数介绍

所谓的“父层”，就是这里自定义的层继承自哪里，告诉TensorFlow框架代码遵守“父层”的函数。

Layer层中需要自定义的函数有很多，在实际使用时一般只需要定义那些必须使用的函数。例如build、call函数，以及初始化所必需的__init__函数。

- __init__函数：首先是一些必要参数的初始化，这些参数的初始化写在def__init__(self,)中。写法如下：

```
class MyLayer(tf.keras.layers.Layer):                  #显示继承自Layer层
    def __init__(self, output_dim):                    #init中显示确定参数
        self.output_dim = output_dim                   #载入参数进类中
        super(MyLayer, self).__init__()                #向父类注册
```

init函数中最重要的就是显式地确定所需要的一些参数。特别值得注意的是，对于输入到init中的参数，Tensor不会在这里进行标注，init值初始化的是模型参数，输入值不属于“模型参数”。

- build函数：build函数主要是声明需要更新的参数部分，如权重等，一般使用self.kernel = tf.Variable(shape=[ ])等来声明需要更新的参数变量。

```
    def build(self, input_shape): #build函数参数中的input_shape形参是固定不变的写法
        self.weight = tf.Variable(tf.random.normal([input_shape[-1],
self.output_dim]), name="dense_weight")
        self.bias = tf.Variable(tf.random.normal([self.output_dim]),
name="bias_weight",trainable=self.trainable)
```

```
        super(MyLayer, self).build(input_shape)
```

build函数参数中的input_shape形参是固定不变的写法，不要修改，其中自定义的参数需要加上self，表明在类中使用的是全局参数。

代码最后的super(MyLayer, self).build(input_shape)，目前读者只需要记住这种写法即可。在build的最后确定参数定义结束。

- call 函数：最重要的函数，包含主要层的实现。

init函数对参数进行了定义和声明，build函数是对权重可变参数进行声明。

这两个函数只是定义了一些初始化的参数以及一些需要更新的参数变量，而真正实现所定义类的作用是在call方法中。

```
    def call(self, input_tensor):                          #这里声明输入Tensor
    out = tf.matmul(input_tensor,self.weight) + self.bias          #计算
    out = tf.nn.relu(out)                                          #计算
    out = tf.keras.layers.Dropout(0.1)(out)                #计算
    return out                                             #输出结果
```

可以看到call中的一系列操作是对__init__和build中变量参数的应用，所有的计算都在call函数中完成。需要注意的是输入的参数也在这里出现，经过计算后将计算值返回。

```
    class MyLayer(tf.keras.layers.Layer):
        def __init__(self, output_dim, trainable = True):
        self.output_dim = output_dim
        self.trainable = trainable
        super(MyLayer, self).__init__()

   def build(self, input_shape):
        self.weight = tf.Variable(tf.random.normal([input_shape[-1],
self.output_dim]), name="dense_weight")
        self.bias = tf.Variable(tf.random.normal([self.output_dim]),
name="bias_weight")
        super(MyLayer, self).build(input_shape)  # Be sure to call this somewhere!

   def call(self, input_tensor):
        out = tf.matmul(input_tensor,self.weight) + self.bias
        out = tf.nn.relu(out)
        out = tf.keras.layers.Dropout(0.1)(out)
        return out
```

下面我们使用自定义的层修改Iris模型，程序代码如下：

【程序 4-10】

```
    import tensorflow as tf
    import numpy as np
    from sklearn.datasets import load_iris
    data = load_iris()
    iris_data = np.float32(data.data)
    iris_target = (data.target)
```

```
    iris_target = np.float32(tf.keras.utils.to_categorical(iris_target, num_classes=3))
    train_data = tf.data.Dataset.from_tensor_slices((iris_data, iris_target)).batch(128)
    #自定义的层——全连接层
    class MyLayer(tf.keras.layers.Layer):
        def __init__(self, output_dim):
            self.output_dim = output_dim
            super(MyLayer, self).__init__()
        def build(self, input_shape):
            self.weight = tf.Variable(tf.random.normal([input_shape[-1], self.output_dim]), name="dense_weight")
            self.bias = tf.Variable(tf.random.normal([self.output_dim]), name="bias_weight")
            super(MyLayer, self).build(input_shape)  # Be sure to call this somewhere!
        def call(self, input_tensor):
            out = tf.matmul(input_tensor,self.weight) + self.bias
            out = tf.nn.relu(out)
            out = tf.keras.layers.Dropout(0.1)(out)
            return out
    input_xs  = tf.keras.Input(shape=(4,), name='input_xs')
    out = tf.keras.layers.Dense(32, activation='relu', name='dense_1')(input_xs)
    out = MyLayer(32)(out)                         #自定义层
    out = MyLayer(48)(out)                         #自定义层
    out = tf.keras.layers.Dense(64, activation='relu', name='dense_2')(out)
    logits = tf.keras.layers.Dense(3, activation="softmax", name='predictions')(out)
    model = tf.keras.Model(inputs=input_xs, outputs=logits)
    opt = tf.optimizers.Adam(1e-3)
    model.compile(optimizer=tf.optimizers.Adam(1e-3), loss=tf.losses.categorical_crossentropy,metrics = ['accuracy'])
    model.fit(train_data, epochs=1000)
    score = model.evaluate(iris_data, iris_target)
    print("last score:",score)
```

我们首先定义了MyLayer作为全连接层，之后与使用TensorFlow自带的层一样，直接生成类函数并显式指定输入参数，最终将所有的层加入模型中。最终打印结果如图4.13所示。

```
1/2 [==============>...............] - ETA: 0s - loss: 0.1278 - accuracy: 0.9531
2/2 [==============================] - 0s 4ms/step - loss: 0.0812 - accuracy: 0.9600

 32/150 [=====>........................] - ETA: 0s - loss: 3.6322e-07 - accuracy: 1.0000
150/150 [==============================] - 0s 592us/sample - loss: 0.0792 - accuracy: 0.9800
last score: [0.0791539035427498, 0.98]
```

图4.13 打印结果

4.2.3 打印显示已设计的模型结构和参数

在程序4-10中，我们使用自定义层实现了模型。如果读者认真学习了这部分内容，那么相信一定可以实现自己的自定义层。

这里似乎还有一个问题，对于自定义的层来说，这里的参数名，也就是在build中定义的参数名都一样。在层生成的过程中，似乎并没有对每个层进行重新命名或者将其归属于某个命名空间中。这似乎与传统的TensorFlow 1.X模型的设计结果相冲突。

实践是解决疑问的最好办法。TensorFlow中提供了打印模型结构的函数，代码如下：

```
print(model.summary())
```

这个函数置于构建后的模型下就可以打印模型的结构与参数。

【程序 4-11】

```
import tensorflow as tf
import numpy as np
from sklearn.datasets import load_iris
data = load_iris()
iris_data = np.float32(data.data)
iris_target = (data.target)
iris_target = np.float32(tf.keras.utils.to_categorical(iris_target,
num_classes=3))
train_data = tf.data.Dataset.from_tensor_slices((iris_data,
iris_target)).batch(128)
class MyLayer(tf.keras.layers.Layer):
    def __init__(self, output_dim):
        self.output_dim = output_dim
        super(MyLayer, self).__init__()
    def build(self, input_shape):
        self.weight = tf.Variable(tf.random.normal([input_shape[-1],
self.output_dim]), name="dense_weight")
        self.bias = tf.Variable(tf.random.normal([self.output_dim]),
name="bias_weight")
        super(MyLayer, self).build(input_shape)  # Be sure to call this somewhere!
    def call(self, input_tensor):
        out = tf.matmul(input_tensor,self.weight) + self.bias
        out = tf.nn.relu(out)
        out = tf.keras.layers.Dropout(0.1)(out)
        return out
input_xs  = tf.keras.Input(shape=(4,), name='input_xs')
out = tf.keras.layers.Dense(32, activation='relu', name='dense_1')(input_xs)
out = MyLayer(32)(out)
out = MyLayer(48)(out)
out = tf.keras.layers.Dense(64, activation='relu', name='dense_2')(out)
logits = tf.keras.layers.Dense(3, activation="softmax",name=
'predictions')(out)
model = tf.keras.Model(inputs=input_xs, outputs=logits)
print(model.summary())
```

打印结果如图4.14所示。

从打印出的模型结构可以看出，这里每一层都根据层的名称重新命名，而且由于名称相同，TensorFlow框架自动根据命名方式对其进行层数的增加（名称）。

```
Model: "model"
_________________________________________________________________
Layer (type)                 Output Shape              Param #
=================================================================
input_xs (InputLayer)        [(None, 4)]               0
_________________________________________________________________
dense_1 (Dense)              (None, 32)                160
_________________________________________________________________
my_layer (MyLayer)           (None, 32)                1056
_________________________________________________________________
my_layer_1 (MyLayer)         (None, 48)                1584
_________________________________________________________________
dense_2 (Dense)              (None, 64)                3136
_________________________________________________________________
predictions (Dense)          (None, 3)                 195
=================================================================
Total params: 6,131
Trainable params: 6,131
Non-trainable params: 0
```

图 4.14 打印结果

对于读者更为关心的参数问题，从对应行的第三列Param可以看出，不同的层，其参数个数也不相同。在TensorFlow中，重名的模型被自动赋予一个新的名称，并存在于不同的命名空间之中。

4.3 懒人的福音——Keras 模型库

TensorFlow官方使用Keras作为高级接口的一个额外好处就是可以使用大量已编写好的模型作为一个自定义层使用，不需要使用者亲手对模型进行编写。

举例来说，一般常用的深度学习模型，例如VGG和ResNet（重点模型，后面章节会完整详细地介绍）等，可以直接从tf.keras.applications模型导入。图4.15列出了Keras自带的模型数目。

对于大多数图像处理模型，applications模块已经将其打包到内部可以直接调用。本节将以ResNet50为例详细地介绍Keras中ResNet模型的调用和参数载入方式，不过具体使用将在第8章中介绍。

```
from tensorflow.python.keras.api._v2.keras.applications import densenet
from tensorflow.python.keras.api._v2.keras.applications import inception_resnet_v2
from tensorflow.python.keras.api._v2.keras.applications import inception_v3
from tensorflow.python.keras.api._v2.keras.applications import mobilenet
from tensorflow.python.keras.api._v2.keras.applications import mobilenet_v2
from tensorflow.python.keras.api._v2.keras.applications import nasnet
from tensorflow.python.keras.api._v2.keras.applications import resnet50
from tensorflow.python.keras.api._v2.keras.applications import vgg16
from tensorflow.python.keras.api._v2.keras.applications import vgg19
from tensorflow.python.keras.api._v2.keras.applications import xception
from tensorflow.python.keras.applications import DenseNet121
from tensorflow.python.keras.applications import DenseNet169
from tensorflow.python.keras.applications import DenseNet201
from tensorflow.python.keras.applications import InceptionResNetV2
from tensorflow.python.keras.applications import InceptionV3
from tensorflow.python.keras.applications import MobileNet
from tensorflow.python.keras.applications import MobileNetV2
from tensorflow.python.keras.applications import NASNetLarge
from tensorflow.python.keras.applications import NASNetMobile
from tensorflow.python.keras.applications import ResNet50
from tensorflow.python.keras.applications import VGG16
from tensorflow.python.keras.applications import VGG19
from tensorflow.python.keras.applications import Xception
```

图 4.15 Keras 自带的模型数目

4.3.1 ResNet50模型和参数的载入

首先模型的载入，笔者选择ResNet50模型作为载入的目标，导入代码如下：

```
resnet = tf.keras.applications.ResNet50()          #载入可能卡住，下文有解决办法
```

如果是第一次载入这个模型，就会在终端显示如图4.16所示的信息。

```
2020-01-28 20:45:51.049626: I tensorflow/core/common_runtime/gpu/gpu_device.cc:1200] 0:   N
2020-01-28 20:45:51.050203: I tensorflow/core/common_runtime/gpu/gpu_device.cc:1326] Created TensorFlow device (/job:localhost/replica:0/task:0/
Downloading data from https://github.com/fchollet/deep-learning-models/releases/download/v0.2/resnet50_weights_tf_dim_ordering_tf_kernels.h5
```

图4.16 第一次载入时终端显示的信息

这是因为第一次载入时，Keras在载入模型的同时会下载模型默认的参数并载入系统，由于网络原因下载可能会卡住，因此模型终端有可能在此停止运行。解决的办法非常简单，单击图4.16中的链接进行下载，之后告诉Keras参数的位置即可，代码如下：

```
resnet = tf.keras.applications.ResNet50
(weights='C:/Users/xiaohua/Desktop/Tst/resnet50_weights_tf_dim_ordering_tf_kernels_notop.h5')
#如果读者可以自行设置weights读取的方式
```

这里weight函数“告诉”模型所需载入的参数位置。

注 意

由于引入了参数地址，因此地址需要写成绝对地址。

下面看一下ResNet50模型在Keras中的源码定义，代码如图4.17所示。

```
def ResNet50(include_top=True,
             weights='imagenet',
             input_tensor=None,
             input_shape=None,
             pooling=None,
             classes=1000,
             **kwargs):
```

图4.17 ResNet50模型的源码定义

这里classes参数是ResNet基于imagenet数据集预训练的分类数，但一般是将预训练模型用于特征提取，而不是完整地使用模型作为同样的“分类器”，因此直接屏蔽掉最上面一层的分类层即可，代码可以改写成如下形式：

```
resnet = tf.keras.applications.resnet50.ResNet50
(weights='C:/Users/xiaohua/Desktop/Tst/resnet50_weights_tf_dim_ordering_tf_kernels_notop.h5',include_top=False) #如果读者可以自行设置weights读取的方式

print(resnet.summary())
```

使用summary函数可以将ResNet50模型的结构打印出来，如图4.18所示。

```
activation_47 (Activation)      (None, None, None, 5 0          bn5c_branch2b[0][0]
res5c_branch2c (Conv2D)         (None, None, None, 2 1050624    activation_47[0][0]
bn5c_branch2c (BatchNormalizati (None, None, None, 2 8192       res5c_branch2c[0][0]
add_15 (Add)                    (None, None, None, 2 0          bn5c_branch2c[0][0]
                                                                activation_45[0][0]
activation_48 (Activation)      (None, None, None, 2 0          add_15[0][0]
==================================================================================
Total params: 23,587,712
Trainable params: 23,534,592
Non-trainable params: 53,120
__________________________________________________________________________________
None
```

图 4.18 ResNet50 模型的结构

可以看到这里的模型最后几层的名称和参数，这是已经载入模型参数后的模型结构。

可能有读者对include_top=False这个参数的设置有疑问，实际上笔者在这里是基于已训练模型做的“迁移学习”任务。迁移学习是将已训练模型去掉最高层的顶端输出层作为新任务的特征提取器，即这里利用imagenet预训练的特征提取方法迁移到目标数据集上，并根据目标任务追加新层作为特定的“接口层”，从而在目标任务上快速、高效地学习新的任务。

【程序 4-12】

```
    import tensorflow as tf
    #加载预训练模型和预训练参数

    resnet = tf.keras.applications.resnet50.ResNet50(weights='imagenet',
include_top=False)
    #随机生成一个和图片维度相同的数据
    img = tf.random.truncated_normal([1,224,224,3])

    result = resnet(img)                                  #使用模型进行计算
    print(result.shape)                                   #打印模型计算结果的维度
```

4.3.2 使用 ResNet50 作为特征提取层建立模型

下面使用ResNet50作为特征提取层建立一个特定的目标分类器，简单地进行二分类的分类，代码如下：

【程序 4-13】

```
    import tensorflow as tf

    #载入resnet模型和参数
    resnet_layer = tf.keras.applications.resnet50.ResNet50
    (weights='imagenet',include_top=False,pooling = False)

    #使用全局池化层进行数据压缩
```

```
    flatten_layer = tf.keras.layers.GlobalAveragePooling2D()
    drop_out_layer = tf.keras.layers.Dropout(0.1)#使用随机失活（Dropout）防止过拟合
    fc_layer = tf.keras.layers.Dense(2)          #接上分类层

    binary_classes = tf.keras.Sequential([resnet_layer,flatten_layer,
drop_out_layer,fc_layer])                          #组合模型
    print(binary_classes.summary())                #打印模型结构
```

一般来说，预训练的特征提取器放在自定义模型的第一层，主要用作对数据集的特征进行提取，之后的全局池化层是对数据维度进行压缩，将4维的数据特征重新定义成2维，从而将特征从[batch_size,7,7,2048]降维到[batch_size,2048]，读者可以自行打印查看。

drop_out_layer是屏蔽掉某些层用作防止过拟合的层，而fc_layer是用作对特定目标的分类层，这里通过设置unit参数为2定义分类成两个类。

最后一步是对定义的各个层进行组合：

```
    binary_classes = tf.keras.Sequential([resnet_layer,flatten_layer,
drop_out_layr,fc_layer])
```

sequential函数将各个层组合成一个完整的模型，打印结果如图4.19所示。

```
Model: "sequential"
_________________________________________________________________
Layer (type)                 Output Shape              Param #
=================================================================
resnet50 (Model)             (None, None, None, 2048)  23587712
_________________________________________________________________
global_average_pooling2d (Gl (None, 2048)              0
_________________________________________________________________
dropout (Dropout)            (None, 2048)              0
_________________________________________________________________
dense (Dense)                (None, 2)                 4098
=================================================================
Total params: 23,591,810
Trainable params: 23,538,690
Non-trainable params: 53,120
_________________________________________________________________
None
```

图 4.19 组合成一个完整的模型

可以看到经过预训练的ResNet50被作为一个自定义的特征层来使用，因此在打印结果上ResNet50是一个整体，其他相关层依次排列在模型后方。

下面还有一个问题是关于参数的，可以看到基本上所有的参数都是可训练的，也就是在模型训练的过程中所有的参数都参与了计算和更新。对于某些任务来说，预训练模型的参数是不需要更新的，因此可以对ResNet50模型进行设置，代码如下：

【程序 4-14】

```
    import tensorflow as tf
```

```
    resnet_layer = tf.keras.applications.resnet50.ResNet50(weights='imagenet',
include_top=False,pooling = False)
    resnet_layer.trainable = False                    #设置resnet层为不可训练
    flatten_layer = tf.keras.layers.GlobalAveragePooling2D()
    drop_out_layer = tf.keras.layers.Dropout(0.1)
    fc_layer = tf.keras.layers.Dense(2)

    binary_classes = tf.keras.Sequential([resnet_layer,flatten_layer,
drop_out_layer,fc_layer])
    print(binary_classes.summary())
```

相对于上一个代码段，这里额外设置了resnet_layer.trainable = False，标注resnet为不可训练的层，因此resnet的参数在模型中不参与训练。

这里有一个小技巧：通过模型的大概描述比较参数的训练量，显示结果如图4.20所示。

```
Model: "sequential"
_________________________________________________________________
Layer (type)                 Output Shape              Param #
=================================================================
resnet50 (Model)             (None, None, None, 2048)  23587712
_________________________________________________________________
global_average_pooling2d (Gl (None, 2048)              0
_________________________________________________________________
dropout (Dropout)            (None, 2048)              0
_________________________________________________________________
dense (Dense)                (None, 2)                 4098
=================================================================
Total params: 23,591,810
Trainable params: 4,098
Non-trainable params: 23,587,712
_________________________________________________________________
None
```

图 4.20　模型展示

从图4.20可以看到，这里Non-trainable的参数占了大部分，也就是ResNet模型参数不参与训练。读者可以自行比较。

注 意

在使用 ResNet 模型做特征提取器的时候，由于 Keras 中的 ResNet50 模型是使用 imagenet 数据集做的预训练模型，因此输入的数据最小为[224,224,3]。如果使用相同的方法进行预训练模型的自定义，那么输入的数据维度最小要为[224,224,3]。

其他模型的调用有兴趣的读者可自行完成。

4.4 本章小结

本章介绍了TensorFlow的入门知识，为读者演示了TensorFlow高级API Keras的使用与自定义方法。本章最后一部分使用Keras模型库，仅仅是为了告诉读者可以使用预训练模型做特征提取器，但并不鼓励读者完全使用预定义模型去进行特定任务的求解。学习完本章后，相信读者对使用简单的全连接网络去完成一个基本的计算已经得心应手了。

本章只是TensorFlow和深度学习的入门部分，下一章将介绍TensorFlow中重要的“反向传播”算法，它是TensorFlow能够进行权重更新和计算的核心内容。第6章将介绍TensorFlow中另一个重要的层：卷积层。

第5章

深度学习的理论基础

从本章开始，笔者将从反向传播（Back Propagation，BP）神经网络（见图5.1）讲起，介绍其概念、原理及背后的数学原理。如果觉得学习本章的后半部分有一定的困难，读者可以自行决定是否跳过。

图 5.1　BP 神经网络

5.1　BP 神经网络简介

在介绍BP神经网络之前，人工神经网络（Artificial Neural Network，ANN）是必须提到的内容。人工神经网络的发展经历了大约半个世纪，从20世纪40年代初到80年代，神经网络的研究经历了低潮和高潮几起几落的发展过程。

1943年，心理学家W·McCulloch和数理逻辑学家W·Pitts在分析、总结神经元基本特性的基础上提出了神经元的数学模型（McCulloch-Pitts模型，简称MP模型），标志着神经网络研究的开始。受当时研究条件的限制，很多工作不能模拟，在一定程度上影响了MP模型的发展。尽管如此，MP模型对后来的各种神经元模型及网络模型也都有很大的启发作用。1949年，D.O.Hebb从心理学的角度提出了至今仍对神经网络理论有重要影响的Hebb法则。

1945年，冯·诺依曼领导的设计小组试制成功了存储程序式电子计算机，标志着电子计算机时代的开始。1948年，他在研究工作中比较了人脑结构与存储程序式计算机的根本区别，提出了以简单神经元构成的再生自动机网络结构。但是，由于指令存储式计算机技术的发展非常迅速，迫使他放弃了神经网络研究的新途径，继续投身于指令存储式计算机技术的研究，并在此领域做出了巨大贡献。虽然冯·诺依曼的名字是与普通计算机联系在一起的，但他也是人工神经网络研究的先驱（见图5.2）之一。

图 5.2　人工神经网络研究的先驱们

1958年，F·Rosenblatt设计制作了“感知机”，这是一种多层的神经网络。这项工作首次把人工神经网络的研究从理论探讨付诸工程实践。感知机由简单的阈值性神经元组成，初步具备了诸如学习、并行处理、分布存储等神经网络的一些基本特征，从而确立了从系统角度进行人工神经网络研究的基础。

1959年，B.Widrow和M.Hoff提出了自适应线性神经元（ADAptive LINear Neuron，ADALINE，后来的ADAptive LINear Element）网络，这是一种连续取值的线性加权求和阈值网络。后来，在此基础上发展了非线性多层自适应网络。Widrow-Hoff的技术被称为最小均方误差（Least Mean Square，LMS）学习规则。从此神经网络的发展进入了第一个高潮期。

在有限的范围内感知机有较好的功能，并且收敛定理得到证明。单层感知机能够通过学习把线性可分的模式分开，但对于像XOR（异或）这样简单的非线性问题却无法求解，这一点让人们大失所望，甚至开始怀疑神经网络的价值和潜力。

1969年，麻省理工学院著名的人工智能专家M.Minsky和S.Papert出版了颇有影响力的*Perceptron*一书，从数学上剖析了简单神经网络的功能和局限性，并且指出多层感知机还不能找到有效的计算方法。M.Minsky在学术界的地位和影响比较大，其悲观的结论被大多数人所接受（这些人并未做进一步的分析），加上当时以逻辑推理为研究基础的人工智能和数字计算机的辉煌成就，大大降低了人们对神经网络研究的热情。

20世纪60年代末期，人工神经网络的研究进入了低潮。尽管如此，神经网络的研究并未完全停顿下来，仍有不少学者在极其艰难的条件下致力于这一研究。

1972年，T.Kohonen和J.Anderson不约而同地提出了具有联想记忆功能的新神经网络。1973年，S.Grossberg与G.A.Carpenter提出了自适应共振理论（Adaptive Resonance Theory，ART），并在以后的若干年内发展了ART1、ART2、ART3这3个神经网络模型，从而为神经网络研究的发展奠定了理论基础。

20世纪80年代，特别是80年代末期，对神经网络的研究从复兴很快转入了新的热潮。主要是因为：一方面，经过十几年迅速发展的、以逻辑符号处理为主的人工智能理论和冯·诺依曼计算机在诸如视觉、听觉、形象思维、联想记忆等智能信息处理问题上受到了挫折；另一方面，并行分布处理的神经网络本身的研究成果使人们看到了新的希望。

1982年，美国加州工学院的物理学家J.Hoppfield提出了HNN（Hoppfield Neural Network）模型，并首次引入了网络能量函数的概念，使网络稳定性研究有了明确的依据，其电子电路的实现为神经计算机的研究奠定了基础，同时也开拓了神经网络用于联想记忆和优化计算的新途径。

1983年，K.Fukushima等提出了神经认知机网络理论；D.Rumelhart和J.McCelland等提出了PDP（Parallel Distributed Processing）理论，致力于认知微观结构的探索，同时发展了多层网络的BP算法，使BP网络成为目前应用最广的网络。1985年，D.H.Ackley、G.E.Hinton和T.J.Sejnowski将模拟退火概念移植到Boltzmann机模型的学习之中，以保证网络能收敛到全局最小值。

反向传播（Backpropagation，见图5.3）一词的使用出现在1983年，它的广泛使用是在1985年D.Rumelhart和J.McCelland所著的*Parallel Distributed Processing*这本书出版以后。1987年，T.Kohonen提出了自组织映射（Self Organizing Map，SOM）；美国电气和电子工程师学会（Institute for Electrical and Electronic Engineers，IEEE）在圣地亚哥（San Diego）召开了规模盛大的神经网络国际学术会议，国际神经网络学会（International Neural Networks Society）也随之诞生。

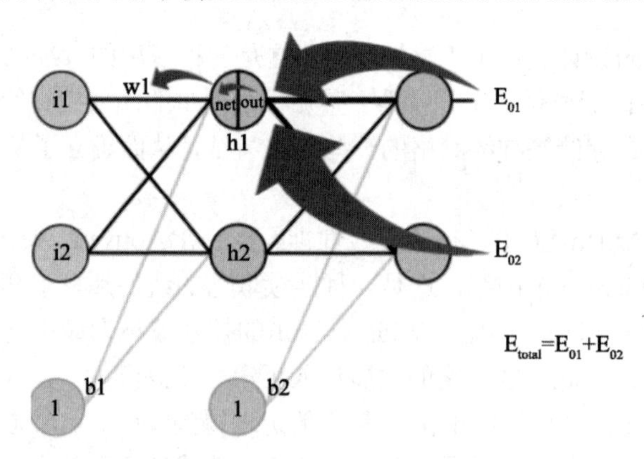

图 5.3 反向传播

1988年，国际神经网络学会的正式杂志*Neural Networks*创刊。从1988年开始，国际神经网络学会和IEEE每年联合召开一次国际学术年会。1990年，IEEE神经网络会刊问世，各种期刊的神经网络特刊层出不穷，神经网络的理论研究和实际应用进入一个蓬勃发展的时期。

BP神经网络（见图5.4）的代表者是D.Rumelhart和J.McCelland，该网络是一种按误差逆传播算法训练的多层前馈网络，是目前应用广泛的神经网络模型之一。

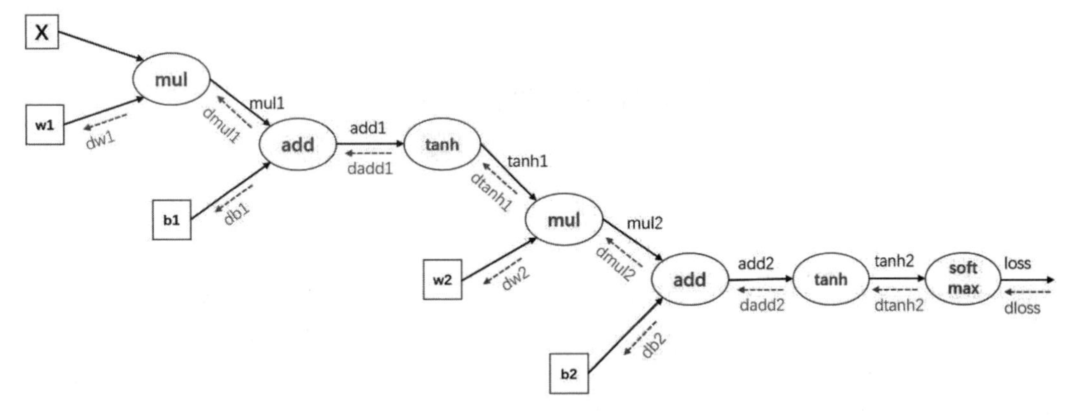

图 5.4　BP 神经网络

BP算法（反向传播算法）的学习过程由信息的正向传播和误差的反向传播两个过程组成。

- 输入层：各神经元负责接收来自外界的输入信息，并传递给中间层各神经元。
- 中间层：中间层是内部信息处理层，负责信息变换，根据信息变化能力的需求，中间层可以设计为单隐藏层或者多隐藏层结构。
- 最后一个隐藏层：传递到输出层各神经元的信息，经进一步处理后，完成一次学习的正向传播处理过程，由输出层向外界输出信息处理结果。

当实际输出与期望输出不符时，进入误差的反向传播阶段。误差通过输出层，按误差梯度下降的方式修正各层的权值，向隐藏层、输入层逐层反传。周而复始的信息正向传播和误差反向传播过程是各层权值不断调整的过程，也是神经网络学习训练的过程。此过程一直进行到网络输出的误差减少到可以接受的程度，或者预先设定的学习次数为止。

目前神经网络的研究方向和应用很多，反映了多学科交叉技术领域的特点。主要的研究工作集中在以下几个方面：

- 生物原型研究。从生理学、心理学、解剖学、脑科学、病理学等生物科学方面研究神经细胞、神经网络、神经系统的生物原型结构及其功能机理。
- 建立理论模型。根据生物原型的研究，建立神经元、神经网络的理论模型，其中包括概念模型、知识模型、物理化学模型、数学模型等。
- 网络模型与算法研究。在理论模型研究的基础上构建具体的神经网络模型，以实现计算机模拟或硬件的仿真，并且还包括网络学习算法的研究。这方面的工作也称为技术模型研究。
- 人工神经网络应用系统。在网络模型与算法研究的基础上，利用人工神经网络组成实际的应用系统。例如，完成某种信号处理或模式识别的功能、构建专家系统、制造机器人等。

纵观当代新兴科学技术的发展历史，人类在征服宇宙空间、基本粒子、生命起源等科学技术领域的进程中经历了崎岖不平的道路。我们也会看到，探索人脑功能和神经网络的研究将伴随着重重困难的克服而日新月异。

5.2 BP 神经网络两个基础算法详解

在正式介绍BP神经网络之前，需要介绍两个非常重要的算法，即随机梯度下降算法和最小二乘法。

最小二乘法是统计分析中常用的逼近计算的一种算法，其交替计算结果使得最终结果尽可能地逼近真实结果。随机梯度下降算法充分利用了TensorFlow框架的图运算特性的迭代和高效性，通过不停地判断和选择当前目标下的最优路径，使得能够在最短路径下达到最优的结果，从而提高大数据的计算效率。

5.2.1 最小二乘法详解

最小二乘法（LS算法）是一种数学优化技术，也是一种机器学习的常用算法。它通过最小化误差的平方和寻找数据的最佳函数匹配。利用最小二乘法可以简便地求得未知的数据，并使得求得的数据与实际数据之间误差的平方和为最小。最小二乘法还可用于曲线拟合。其他一些优化问题也可通过最小化能量或最大化熵用最小二乘法的形式来表达。

最小二乘法不是本章的重点内容，笔者只通过一个图示演示一下LS算法的原理，如图5.5所示。

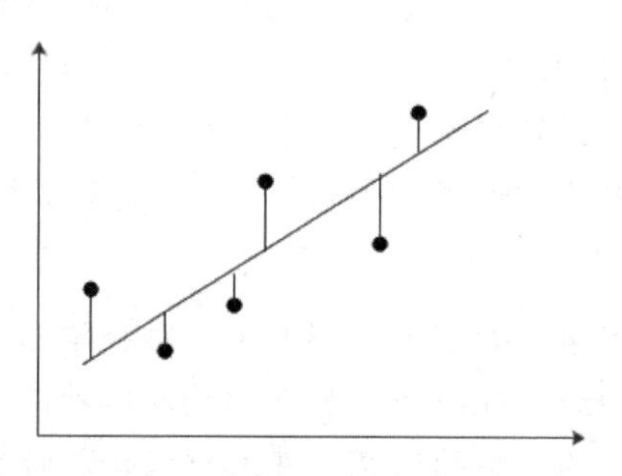

图 5.5　最小二乘法的原理

从图5.5可以看到，若干个点依次分布在向量空间中，如果希望找出一条直线和这些点达到最佳匹配，最简单的方法就是希望这些点到直线的值最小，即下面的最小二乘法实现的公式最小。

$$f(x) = ax + b$$

$$\delta = \sum (f(x_i) - y_i)^2$$

这里直接引用的是真实值与计算值之间的差的平方和，这种差值有一个专门的名称为“残差”。表达残差的方式有以下3种：

- ∞-范数：残差绝对值的最大值为 $\max\limits_{1 \leqslant i \leqslant m} |r_i|$，即所有数据点中残差距离的最大值。
- L1-范数：绝对残差和为 $\sum_{i=1}^{m} |r_i|$，即所有数据点残差距离之和。

- L2-范数：残差平方和为 $\sum_{i=1}^{m} r_i^2$ 。

所谓的最小二乘法，也就是L2范数的一个具体应用。通俗地说，就是看模型计算出的结果与真实值之间的相似性。

因此，最小二乘法可如下定义：

对于给定的数据 $(x_i,y_i)(i=1,\ldots,m)$，在取定的假设空间 H 中，求解 $f(x)\in H$，使得残差 $\delta=\sum(f(x_i)-y_i)^2$ 的2-范数最小。

看到这里，可能有同学会提出疑问，这里的 $f(x)$ 该如何表示呢？

实际上，函数 $f(x)$ 是一条多项式函数曲线：

$$f(x,w)=w_0+w_1x_1$$

由上面的公式可知，所谓的最小二乘法就是找到两个权重 w，使得 $\delta=\sum(f(x_i)-y_i)^2$ 最小。那么如何能使得最小二乘法最小？

对于求出最小二乘法的结果，可以通过数学上的微积分处理方法，这是一个求极值的问题，只需对权值依次求偏导数，最后令偏导数为 0，即可求出极值点。

$$\frac{\partial\delta}{\partial w_0}=2\times\sum(w_0+w_1x-y)=0$$

$$\frac{\partial\delta}{\partial w_1}=2\times\sum(w_0+w_1x-y)\times x=0$$

具体实现最小二乘法的代码如下：

【程序 5-1】

```
import numpy as np
from matplotlib import pyplot as plt
A = np.array([[5],[4]])
C = np.array([[4],[6]])
B = A.T.dot(C)
AA = np.linalg.inv(A.T.dot(A))
l=AA.dot(B)
P=A.dot(l)
x=np.linspace(-2,2,10)
x.shape=(1,10)
xx=A.dot(x)
fig = plt.figure()
ax= fig.add_subplot(111)
ax.plot(xx[0,:],xx[1,:])
ax.plot(A[0],A[1],'ko')
ax.plot([C[0],P[0]],[C[1],P[1]],'r-o')
ax.plot([0,C[0]],[0,C[1]],'m-o')
ax.axvline(x=0,color='black')
ax.axhline(y=0,color='black')
margin=0.1
ax.text(A[0]+margin, A[1]+margin, r"A",fontsize=20)
ax.text(C[0]+margin, C[1]+margin, r"C",fontsize=20)
```

```
ax.text(P[0]+margin, P[1]+margin, r"P",fontsize=20)
ax.text(0+margin,0+margin,r"O",fontsize=20)
ax.text(0+margin,4+margin, r"y",fontsize=20)
ax.text(4+margin,0+margin, r"x",fontsize=20)
plt.xticks(np.arange(-2,3))
plt.yticks(np.arange(-2,3))
ax.axis('equal')
plt.show()
```

最终结果如图5.6所示。

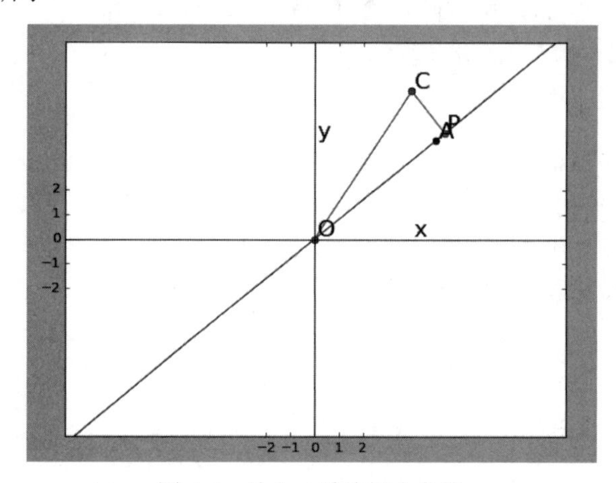

图 5.6　最小二乘法拟合曲线

5.2.2 道士下山的故事——梯度下降算法

在介绍随机梯度下降算法之前，给大家讲一个道士下山的故事。请看图5.7。

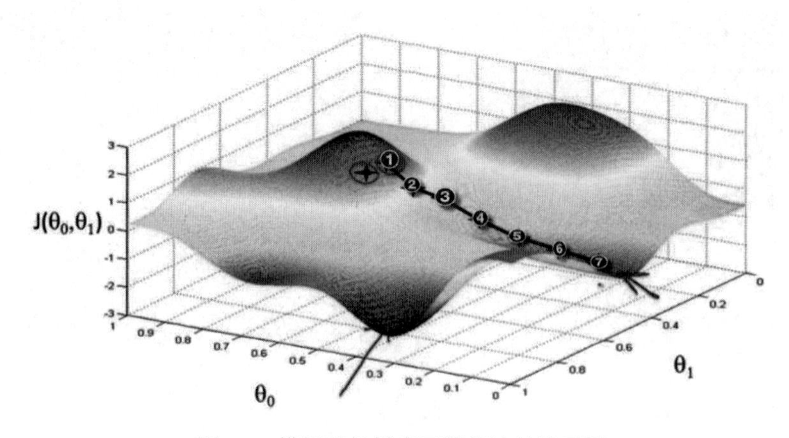

图 5.7　模拟随机梯度下降算法的演示图

这是一个模拟随机梯度下降算法的演示图。为了便于理解，我们将其比喻成道士想要出去游玩的一座山。

设想道士有一天和道友一起到一座不太熟悉的山上去玩，在兴趣盎然中很快登上了山顶。但是天有不测，下起了雨。如果这时道士要和其同来的道友用最快的速度下山，该怎么办呢？

如果想以最快的速度下山，最好的办法就是顺着坡度最陡峭的地方走下去。由于不熟悉路，道士在下山的过程中每走过一段路程就需要停下来观望，从而选择最陡峭的下山路。这样一路走下来的话，就可以在最短的时间内走到山底。

图5.7可以近似地表示为：

①→②→③→④→⑤→⑥→⑦

每个数字代表每次停顿的地点，这样只需要在每个停顿的地点选择最陡峭的下山路即可。

这就是道士下山的故事，随机梯度下降算法和这个类似。如果想要使用最迅捷的下山方法，最简单的办法就是在下降一个梯度的阶层后，寻找一个当前获得的最大坡度继续下降。这就是随机梯度算法的原理。

从上面的例子可以看到，随机梯度下降算法就是不停地寻找某个节点中下降幅度最大的那个趋势进行迭代计算，直到将数据收缩到符合要求的范围为止。通过数学公式计算的话，公式如下：

$$f(\theta)=\theta_0 x_0+\theta_1 x_1+\ldots+\theta_n x_n=\sum\theta_i x_i$$

在上一小节讲最小二乘法的时候，我们通过最小二乘法说明了直接求解最优化变量的方法，也说明了求解的前提条件是计算值与实际值的偏差的平方最小。

在随机梯度下降算法中，对于系数需要不停地计算基于当前位置偏导数的解。使用数学公式表达的话，就是不停地对系数θ求偏导数，即：

$$\frac{\partial f}{\partial\theta}=\frac{\partial}{\partial\theta}((\sum_{i=1}^{n}(f(\theta)-y_i)'\times 2))=\sum_{i=1}^{n}2(f(\theta)-y_i)x_i$$

公式中的θ会向着梯度下降最快的方向减少，从而推断出θ的最优解。

因此，随机梯度下降算法最终可归结为：通过迭代计算特征值，从而求出最合适的值。θ求解的公式如下：

$$\theta=\theta-\alpha(f(\theta)-y_i)x_i$$

公式中α是下降系数，用较为通俗的话表示就是用来计算每次下降的幅度大小。系数越大，每次计算的差值越大；系数越小，每次计算的差值越小，但计算时间也相对延长。

将随机梯度下降算法通过一个迭代模型来表示，如图5.8所示。

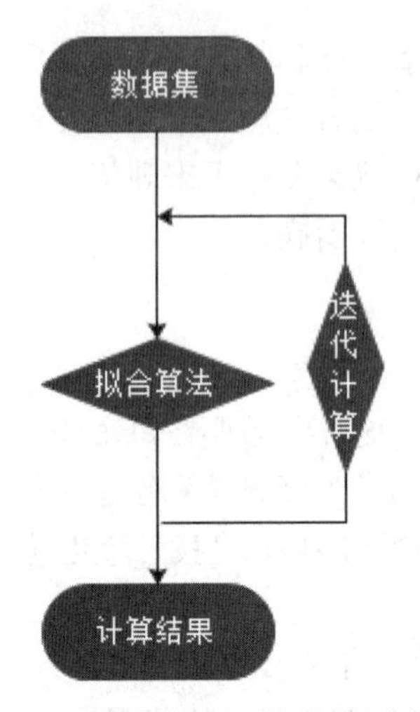

图 5.8 随机梯度下降算法过程

从图5.8中可以看到，随机梯度下降算法的关键是拟合算法的实现。本例的拟合算法的实现较为简单，通过不停地修正数据值来得到数据的最优值。

随机梯度下降算法在神经网络特别是机器学习中应用得较为广泛，由于其天生的缺陷，噪音较多，使得在计算过程中并不是都向着整体最优解的方向优化，往往可能只是一个局部最优解。为了克服这些困难，最好的办法就是增大数据量，在不停地使用数据进行迭代处理的时候能够确保整体的方向朝向全局最优解，或者最优结果在全局最优解附近。

【程序 5-2】

```
    x = [(2, 0, 3), (1, 0, 3), (1, 1, 3), (1,4, 2), (1, 2, 4)]
    y = [5, 6, 8, 10, 11]
    epsilon = 0.002
    alpha = 0.02
    diff = [0, 0]
    max_itor = 1000
    error0 = 0
    error1 = 0
    cnt = 0
    m = len(x)
    theta0 = 0
    theta1 = 0
    theta2 = 0
    while True:
        cnt += 1
        for i in range(m):
            diff[0] = (theta0 * x[i][0] + theta1 * x[i][1] + theta2 * x[i][2]) - y[i]
            theta0 -= alpha * diff[0] * x[i][0]
            theta1 -= alpha * diff[0] * x[i][1]
            theta2 -= alpha * diff[0] * x[i][2]
        error1 = 0
        for lp in range(len(x)):
            error1 += (y[lp] - (theta0 * x[lp][0] + theta1 * x[lp][1] + theta2 * x[lp][2]))
** 2 / 2
```

```
        if abs(error1 - error0) < epsilon:
            break
        else:
            error0 = error1
    print('theta0 : %f, theta1 : %f, theta2 : %f, error1 : %f' % (theta0, theta1,
theta2, error1))
    print('Done: theta0 : %f, theta1 : %f, theta2 : %f' % (theta0, theta1, theta2))
    print('迭代次数: %d' % cnt)
```

最终打印结果如下：

```
theta0 : 0.100684, theta1 : 1.564907, theta2 : 1.920652, error1 : 0.569459
Done: theta0 : 0.100684, theta1 : 1.564907, theta2 : 1.920652
迭代次数: 2118
```

从结果来看，迭代2118次即可获得最优解。

5.2.3 最小二乘法的梯度下降算法以及 Python 实现

下面介绍如何使用梯度下降算法计算最小二乘法。从前一小节的介绍可知，任何一个需要进行梯度下降的函数都可以比作一座山，梯度下降的目标就是找到这座山的底部，也就是函数的最小值。根据之前道士下山的场景，最快的下山方式就是找到最为陡峭的山路，然后沿着这条山路走下去，直到下一个观望点。之后在下一个观望点重复这个过程，寻找最为陡峭的山路，直到山脚。

下面带领读者实现这个过程，求解最小二乘法的最小值。在开始之前，先来了解需要掌握的数学原理。

1. 微分

高等数学中对函数微分的解释主要有两种：

- 函数曲线上某点切线的斜率。
- 函数的变化率。

因此，对于一个二元微分的计算如下：

$$\frac{\partial(x^2y^2)}{\partial x} = 2xy^2d(x)$$

$$\frac{\partial(x^2y^2)}{\partial y} = 2x^2yd(y)$$

$$(x^2y^2)' = 2xy^2d(x) + 2x^2yd(y)$$

2. 梯度

所谓梯度，就是微分的一般形式，对于多元微分来说，微分是各个变量变化率的总和，例如：

$$J(\theta) = 2.17 - (17\theta_1 + 2.1\theta_2 - 3\theta_3)$$

$$\nabla J(\theta) = \left[\frac{\partial J}{\partial \theta_1}, \frac{\partial J}{\partial \theta_2}, \frac{\partial J}{\partial \theta_3}\right] = [17,2.1,-3]$$

可以看到，求解梯度值就是分别对每个变量进行微分计算，之后用逗号隔开。这里用中括号“[]”将每个变量的微分值包裹在一起，形成一个3维向量，因此可以将微分计算后的梯度认为是一个向量。

可以得出梯度的定义：在多元函数中，梯度是一个向量，向量具有方向性，梯度的方向指出了函数在给定点上升最快的方向（见图5.9）。

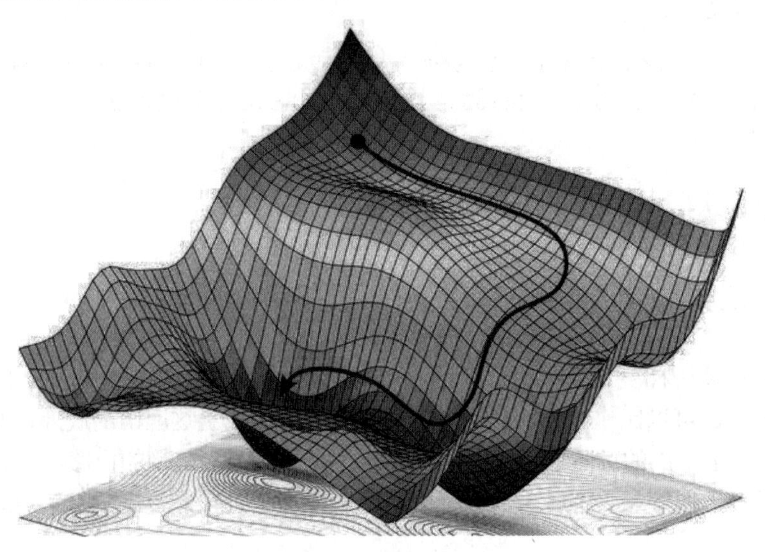

图 5.9 梯度的方向性

与上面道士下山的过程联系在一起，如果需要到达山底，就需要在每一个观望点寻找梯度最陡峭的地方。梯度计算的值在当前点上升最快的方向，那么反方向就是给定点下降最快的方向。梯度的计算就是得出这个点具体的向量值。

3. 梯度下降的数学计算

前面已经给出了梯度下降的公式，此时对其进行变形：

$$\theta' = \theta - \alpha\frac{\partial}{\partial\theta}f(\theta) = \theta - \alpha\nabla J(\theta)$$

此公式中参数的含义如下：

J是关于参数θ的函数，假设当前点为θ，如果需要找到这个函数的最小值，也就是山底，那么首先需要确定行进的方向，也就是梯度计算的反方向，之后走α的步长，走完这个步长之后，就到了下一个观望点。

α的意义在前面已经介绍过了，是学习率或者步长，使用α来控制每一步走的距离。α值过小会使得拟合时间过长，而α值过大会导致下降幅度太大而错过最低点（见图5.10）。

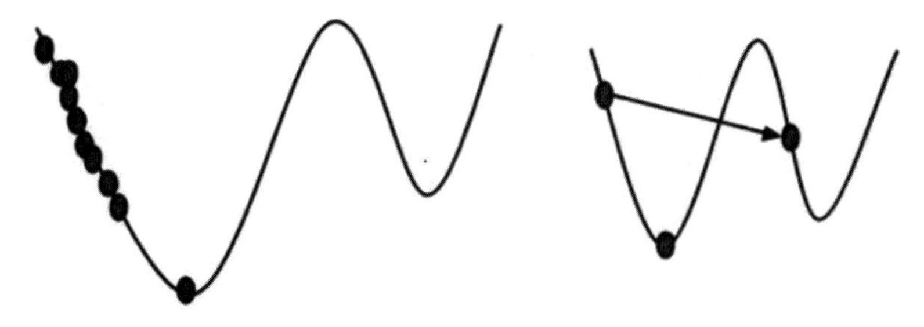

图 5.10　学习率太小（左）与学习率太大（右）

需要注意的是，在梯度下降公式中，$\nabla J(\theta)$求出的是斜率的最大值，也就是梯度上升最大的方向，而这里所需要的是梯度下降最大的方向，因此在$\nabla J(\theta)$前加了一个负号。下面用一个例子演示梯度下降法的计算。

假设公式为：

$$J(\theta) = \theta^2$$

此时的微分公式为：

$$\nabla J(\theta) = 2\theta$$

设第一个值$\theta^0 = 1$，$\alpha = 0.3$，根据梯度下降公式依次进行计算：

$$\theta^1 = \theta^0 - \alpha * 2\theta^0 = 1 - \alpha * 2 * 1 = 1 - 0.6 = 0.4$$
$$\theta^2 = \theta^1 - \alpha * 2\theta^1 = 0.4 - \alpha * 2 * 0.4 = 0.4 - 0.24 = 0.16$$
$$\theta^3 = \theta^2 - \alpha * 2\theta^2 = 0.16 - \alpha * 2 * 0.16 = 0.16 - 0.096 = 0.064$$

即可到$J(\theta)$的最小值，也就是“山底”（见图5.11）。

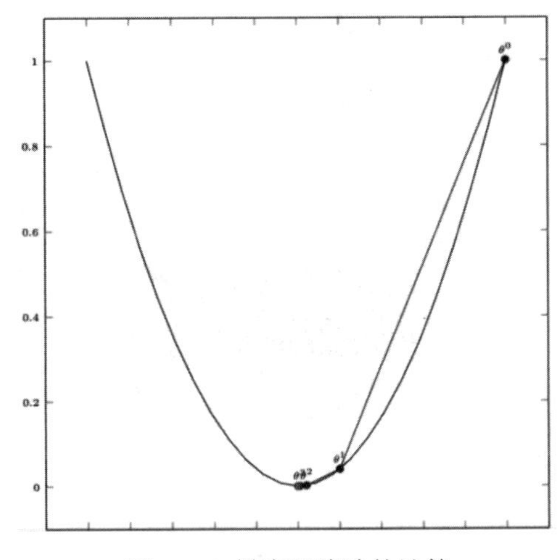

图 5.11　梯度下降法的计算

具体的实现程序如下：

```
import numpy as np

x = 1
```

```
def chain(x,gama = 0.1):
    x = x - gama * 2 * x
    return x

for _ in range(4):
    x = chain(x)
    print(x)
```

多变量的梯度下降方法和前文所述的多元微分求导类似。例如一个二元函数如下：

$$J(\theta) = \theta_1^2 + \theta_2^2$$

对其的梯度微分为：

$$\nabla J(\theta) = 2\theta_1 + 2\theta_2$$

此时设置：

$$J(\theta^0) = (2,5), \alpha = 0.3$$

则依次计算的结果如下：

$$\nabla J(\theta^1) = (\theta_{1\_0} - \alpha 2\theta_{1_0}, \theta_{2_0} - \alpha 2\theta_{2_0}) = (0.8,4.7)$$

剩下的计算请读者自行完成。

如果把二元函数用图像的方式展示出来，就可以很明显地看到梯度下降的每个“观望点”坐标，如图5.12所示。

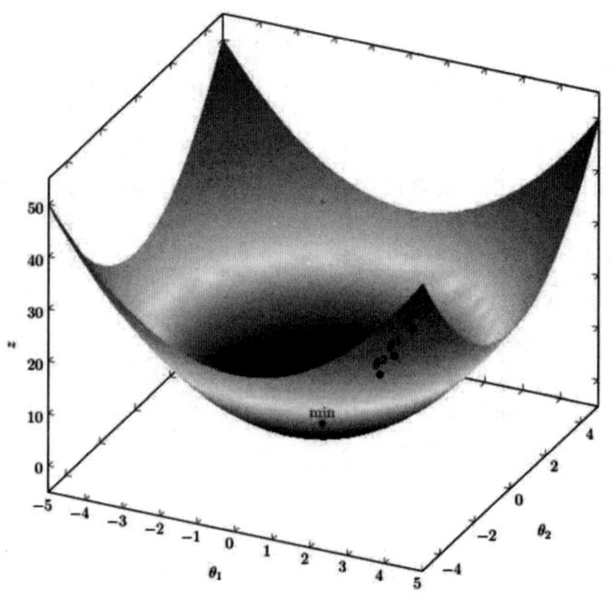

图 5.12　梯度下降的可视化展示

4．使用梯度下降法求解最小二乘法

下面是本小节的实战部分，使用梯度下降算法计算最小二乘法。假设最小二乘法的公式如下：

$$J(\theta)=\frac{1}{2m}\sum_{1}^{m}(h_{\theta}(x)-y)^2$$

其中参数解释如下：

- m 是数据点总数。
- $\frac{1}{2}$ 是一个常量，这是为了在求梯度的时候，二次方微分后的结果与½抵消，自然就没有多余的常数系数，方便后续的计算，同时对结果不会有影响。
- y 是数据集中每个点的真实 y 坐标的值。
- 其中$h_{\theta}(x)$为预测函数，形式如下：

$$h_{\theta}(x)=\theta_0+\theta_1 x$$

根据每个输入x，都有一个经过参数计算后的预测值输出。

$h_{\theta}(x)$的Python实现如下：

```
h_pred = np.dot(x,theta)
```

其中x是输入的维度为[-1,2]的二维向量，-1的意思是维度不定。这里使用了一个技巧，就是将$h_{\theta}(x)$的公式转化成矩阵相乘的形式，而theta是一个维度为[2,1]的二维向量。

实现最小二乘法的Python程序代码如下：

```
def error_function(theta,x,y):
    h_pred = np.dot(x,theta)
    j_theta = (1./2*m) * np.dot(np.transpose(h_pred), h_pred)
    return j_theta
```

这里j_theta的实现同样是将原始公式转化成矩阵计算，即：

$$(h_{\theta}(x)-y)^2=(h_{\theta}(x)-y)^T*(h_{\theta}(x)-y)$$

下面分析一下最小二乘法公式$J(\theta)$，此时如果求$J(\theta)$的梯度，则需要对其中涉及的两个参数θ_0和θ_1进行微分：

$$\nabla J(\theta)=[\frac{\partial J}{\partial\theta_0},\frac{\partial J}{\partial\theta_1}]$$

下面使用求导公式分别对两个参数求导：

$$\frac{\partial J}{\partial\theta_0}=\frac{1}{2m}*2\sum_{1}^{m}(h_{\theta}(x)-y)*\frac{\partial(h_{\theta}(x))}{\partial\theta_0}=\frac{1}{m}\sum_{1}^{m}(h_{\theta}(x)-y)$$

$$\frac{\partial J}{\partial\theta_1}=\frac{1}{2m}*2\sum_{1}^{m}(h_{\theta}(x)-y)*\frac{\partial(h_{\theta}(x))}{\partial\theta_1}=\frac{1}{m}\sum_{1}^{m}(h_{\theta}(x)-y)*x$$

将分开求导的参数合并成新的公式：

$$\frac{\partial J}{\partial\theta}=\frac{\partial J}{\partial\theta_0}+\frac{\partial J}{\partial\theta_1}=\frac{1}{m}\sum_{1}^{m}(h_{\theta}(x)-y)+\frac{1}{m}\sum_{1}^{m}(h_{\theta}(x)-y)*x=\frac{1}{m}\sum_{1}^{m}(h_{\theta}(x)-y)*(1+x)$$

公式最右边的常数1可以被去掉，此时公式变为：

$$\frac{\partial J}{\partial \theta} = \frac{1}{m} * (x) * \sum_{1}^{m}(h_\theta(x) - y)$$

依旧采用矩阵相乘的方式，表示的公式为：

$$\frac{\partial J}{\partial \theta} = \frac{1}{m} * (x)^T * (h_\theta(x) - y)$$

这里$(x)^T * (h_\theta(x) - y)$已经转化为矩阵相乘的表示形式。Python程序代码如下：

```
def gradient_function(theta, X, y):
    h_pred = np.dot(X, theta) - y
    return (1./m) * np.dot(np.transpose(X), h_pred)
```

对于np.dot(np.transpose(X),h_pred)，如果读者对此理解有难度，可以将公式逐个使用X值的形式列出来，这里就不罗列了。

实现梯度下降的Python程序代码如下：

```
def gradient_descent(X, y, alpha):
    theta = np.array([1, 1]).reshape(2, 1)  #[2,1] 这里的theta是参数
    gradient = gradient_function(theta,X,y)
    for i in range(17):
        theta = theta - alpha * gradient
        gradient = gradient_function(theta, X, y)
    return theta
```

或者使用如下代码：

```
def gradient_descent(X, y, alpha):
    theta = np.array([1, 1]).reshape(2, 1)  #[2,1] 这里的theta是参数
    gradient = gradient_function(theta,X,y)
    while not np.all(np.absolute(gradient) <= 1e-4):
    #采用abs是因为gradient计算的是负梯度
        theta = theta - alpha * gradient
        gradient = gradient_function(theta, X, y)
        print(theta)

    return theta
```

这两组程序代码段的区别在于：第一个代码段是固定循环次数，可能会造成欠下降或者过下降；第二个代码段使用的是数值判定，可以设置阈值或者停止条件。

完成的程序代码如下：

```
import numpy as np

m = 20

# 生成数据集x，此时的数据集x是一个二维矩阵
x0 = np.ones((m, 1))
x1 = np.arange(1, m+1).reshape(m, 1)
x = np.hstack((x0, x1)) #【20,2】
```

```
    y = np.array([
        3, 4, 5, 5, 2, 4, 7, 8, 11, 8, 12,
        11, 13, 13, 16, 17, 18, 17, 19, 21
    ]).reshape(m, 1)

    alpha = 0.01

    #这里的theta是一个[2,1]大小的矩阵，用来与输入x进行计算，获得计算的预测值y_pred，y_pred是与y计算的误差
    def error_function(theta,x,y):
        h_pred = np.dot(x,theta)
        j_theta = (1./2*m) * np.dot(np.transpose(h_pred), h_pred)
        return j_theta

    def gradient_function(theta, X, y):
        h_pred = np.dot(X, theta) - y
        return (1./m) * np.dot(np.transpose(X), h_pred)

    def gradient_descent(X, y, alpha):
        theta = np.array([1, 1]).reshape(2, 1)  #[2,1] 这里的theta是参数
        gradient = gradient_function(theta,X,y)
        while not np.all(np.absolute(gradient) <= 1e-6):
            theta = theta - alpha * gradient
            gradient = gradient_function(theta, X, y)
        return theta

    theta = gradient_descent(x, y, alpha)
    print('optimal:', theta)
    print('error function:', error_function(theta, x, y)[0,0])
```

打印结果和拟合曲线请读者自行完成。

现在回到前面的道士下山问题，该问题实际上就代表了反向传播算法，要寻找的下山路径其实就代表着算法中一直在寻找的参数θ，山上当前点最陡峭的方向就代表函数在这一点的梯度方向，在场景中观察最陡峭方向所用的工具就是微分。

5.3 反馈神经网络反向传播算法

反向传播算法是神经网络的核心与精髓，在神经网络算法中具有举足轻重的作用。

用通俗的话说，反向传播算法就是复合函数的链式求导法则的强大应用，而且实际上的应用比理论上的推导强大得多。本节将主要介绍反向传播算法的一个简单模型的推导，虽然模型简单，但是这个简单的模型是其应用的基础。

5.3.1 深度学习基础

机器学习在理论上可以看作统计学在计算机科学上的一个应用。在统计学上，一个非常重要的内容就是拟合和预测，即基于以往的数据，建立光滑的曲线模型，实现数据结果与数据变量的对应关系。

深度学习是统计学的应用，同样是为了寻找结果与影响因素的一一对应关系，只不过样本点由狭义的x和y扩展到向量、矩阵等广义的对应点。此时，由于数据的复杂度，对应关系模型的复杂度也随之增加，而不能使用一个简单的函数表达。

数学上通过建立复杂的高次多元函数解决复杂模型拟合的问题，但是大多数都会失败，因为过于复杂的函数式是无法进行求解的，也就是无法获取其公式。

基于前人的研究，科研工作人员发现可以通过神经网络来表示这样的一一对应关系，而神经网络的本质就是一个多元复合函数，通过增加神经网络的层次和神经单元，可以更好地表达函数的复合关系。

图5.13是一个多层神经网络的图形表示方式，通过设置输入层、隐藏层与输出层可以形成一个多元函数以求解相关问题。

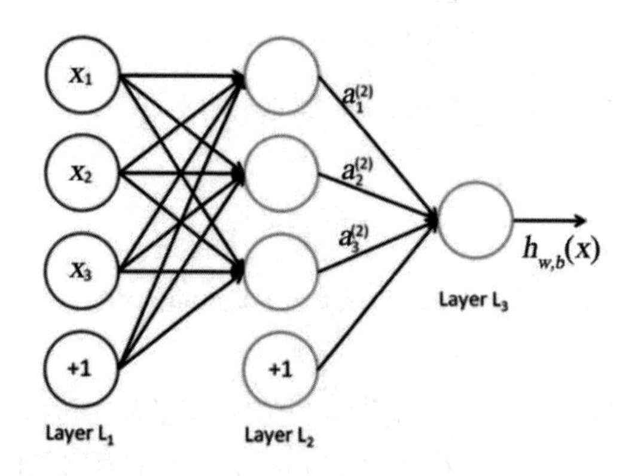

图 5.13 多层神经网络的图形表示

通过数学表达式将多层神经网络模型表达出来，公式如下：

$$a_1 = f(w_{11} \times x_1 + w_{12} \times x_2 + w_{13} \times x_3 + b_1)$$
$$a_2 = f(w_{21} \times x_1 + w_{22} \times x_2 + w_{23} \times x_3 + b_2)$$
$$a_3 = f(w_{31} \times x_1 + w_{32} \times x_2 + w_{33} \times x_3 + b_3)$$
$$h(x) = f(w_{11} \times a_1 + w_{12} \times a_2 + w_{13} \times a_3 + b_1)$$

其中，x是输入数值，w是相邻神经元之间的权重，也就是神经网络在训练过程中需要学习的参数。与线性回归类似的是，神经网络学习同样需要一个“损失函数”，即训练目标通过调整每个权重值w使得损失函数最小。前面在讲解梯度下降算法的时候已经讲过，如果权重过大或者指数过大，直接求解系数是不可能的事情，因此梯度下降算法是求解权重问题比较好的方法。

5.3.2　链式求导法则

在前面的梯度下降算法的介绍中，没有对其背后的原理做出更为详细的介绍。实际上，梯度下降算法就是链式法则的一个具体应用，如果把前面公式中的损失函数以向量的形式表示为：

$$h(x) = f(w_{11}, w_{12}, w_{13}, w_{14}, \dots, w_{ij})$$

那么其梯度向量为：

$$\nabla h = \frac{\partial f}{\partial W_{11}} + \frac{\partial f}{\partial W_{12}} + \dots + \frac{\partial f}{\partial W_{ij}}$$

可以看到，其实所谓的梯度向量，就是求出函数在每个向量上的偏导数之和。这也是链式法则善于解决的方面。

下面以$e=(a+b)\times(b+1)$为例子，其中$a = 2$、$b = 1$为例，计算其偏导数，如图5.14所示。

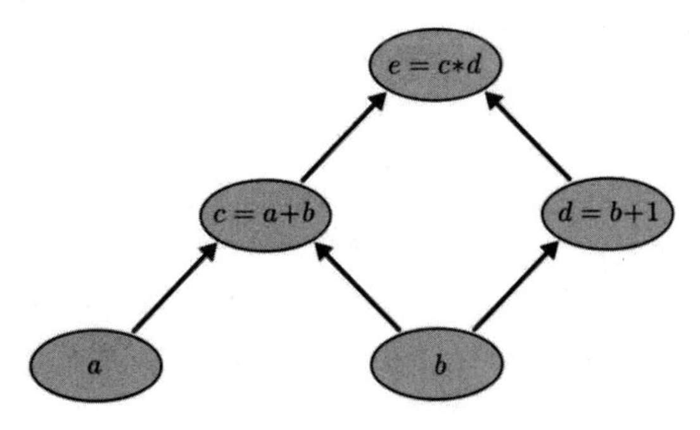

图 5.14　$e=(a+b)\times(b+1)$的示意图

本例中为了求得最终值e对各个点的梯度，需要将各个点与e联系在一起，例如期望求得e对输入点a的梯度，则只需要求得：

$$\frac{\partial e}{\partial a} = \frac{\partial e}{\partial c} \times \frac{\partial c}{\partial a}$$

这样就把e与a的梯度联系在一起，同理可得：

$$\frac{\partial e}{\partial b} = \frac{\partial e}{\partial c} \times \frac{\partial c}{\partial b} + \frac{\partial e}{\partial d} \times \frac{\partial d}{\partial b}$$

用图表示如图5.15所示。

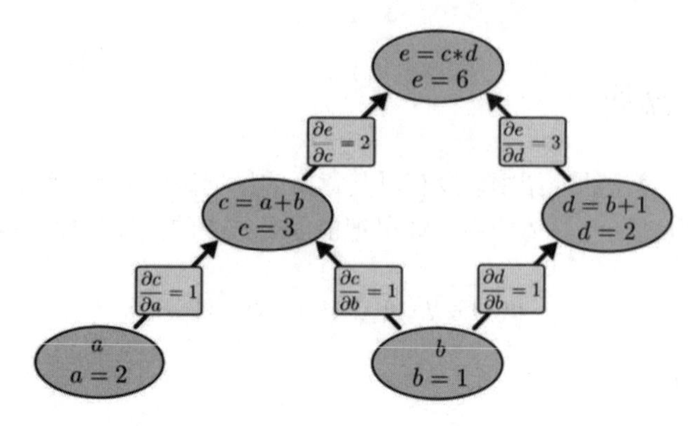

图 5.15 链式法则的应用

这样做的好处是显而易见的，求e对a的偏导数只要建立一个e到a的路径，图中经过c，通过相关的求导链接就可以得到所需要的值。对于求e对b的偏导数，也只需要建立所有e到b路径中的求导路径，从而获得需要的值。

5.3.3 反馈神经网络原理与公式推导

在求导过程中，可能有读者已经注意到，如果拉长了求导过程或者增加了其中的单元，就会大大增加其中的计算过程，即很多偏导数的求导过程会被反复地计算，因此实际对于权值达到十万或者上百万的神经网络来说，这样的重复冗余所导致的计算量是很大的。

同样是为了求得对权重的更新，反馈神经网络算法将训练误差E看作以权重向量每个元素为变量的高维函数，通过不断更新权重，寻找训练误差的最低点，按误差函数梯度下降的方向更新权值。

提　示
反馈神经网络算法具体的计算公式在本小节后半部分进行推导。

首先求得最后的输出层与真实值之间的差距，如图5.16所示。

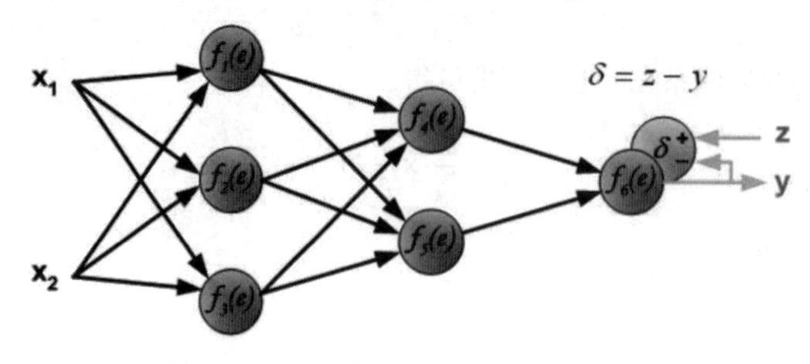

图 5.16 反馈神经网络最终误差的计算

之后以计算出的测量值与真实值为起点，反向传播到上一个节点，并计算出节点的误差值，如图5.17所示。

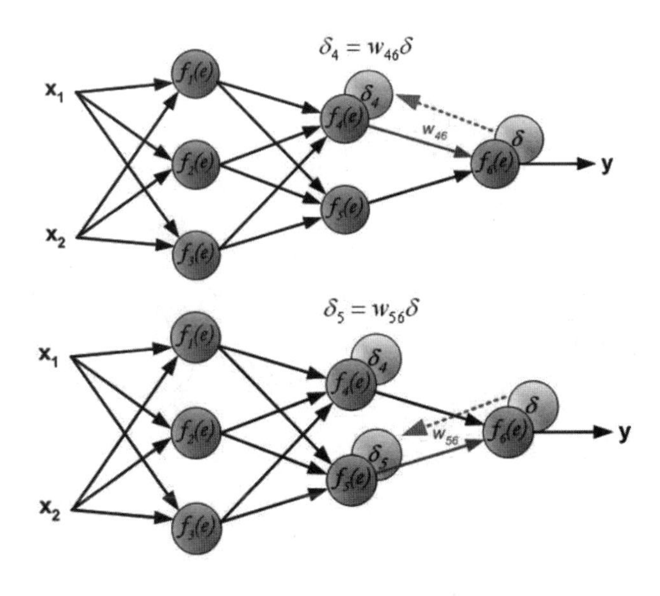

图 5.17　反馈神经网络输出层误差的反向传播

以后将计算出的节点误差重新设置为起点，依次向后传播误差，如图5.18所示。

注　意

对于隐藏层，误差并不是像输出层一样由单个节点确定的，而是由多个节点确定的，因此对它的计算应求得所有的误差值之和。

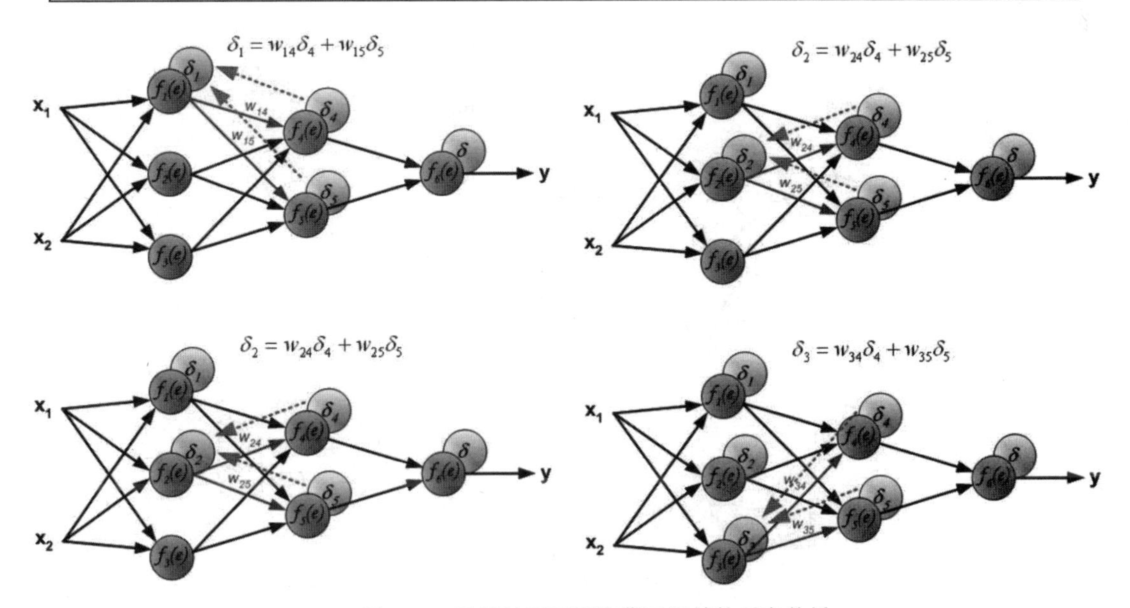

图 5.18　反馈神经网络隐藏层误差的反向传播

通俗地解释，一般情况下误差的产生是由于输入值与权重的计算产生了错误，而对于输入值来说，往往是固定不变的，因此对于误差的调节，需要对权重进行更新。权重的更新又是以输入值与真实值的偏差为基础的，当最终层的输出误差被反向一层层地传递回来后，每个节点被相应地分配适合其在神经网络地位中所负担的误差，即只需要更新其所需承担的误差量，如图5.19所示。

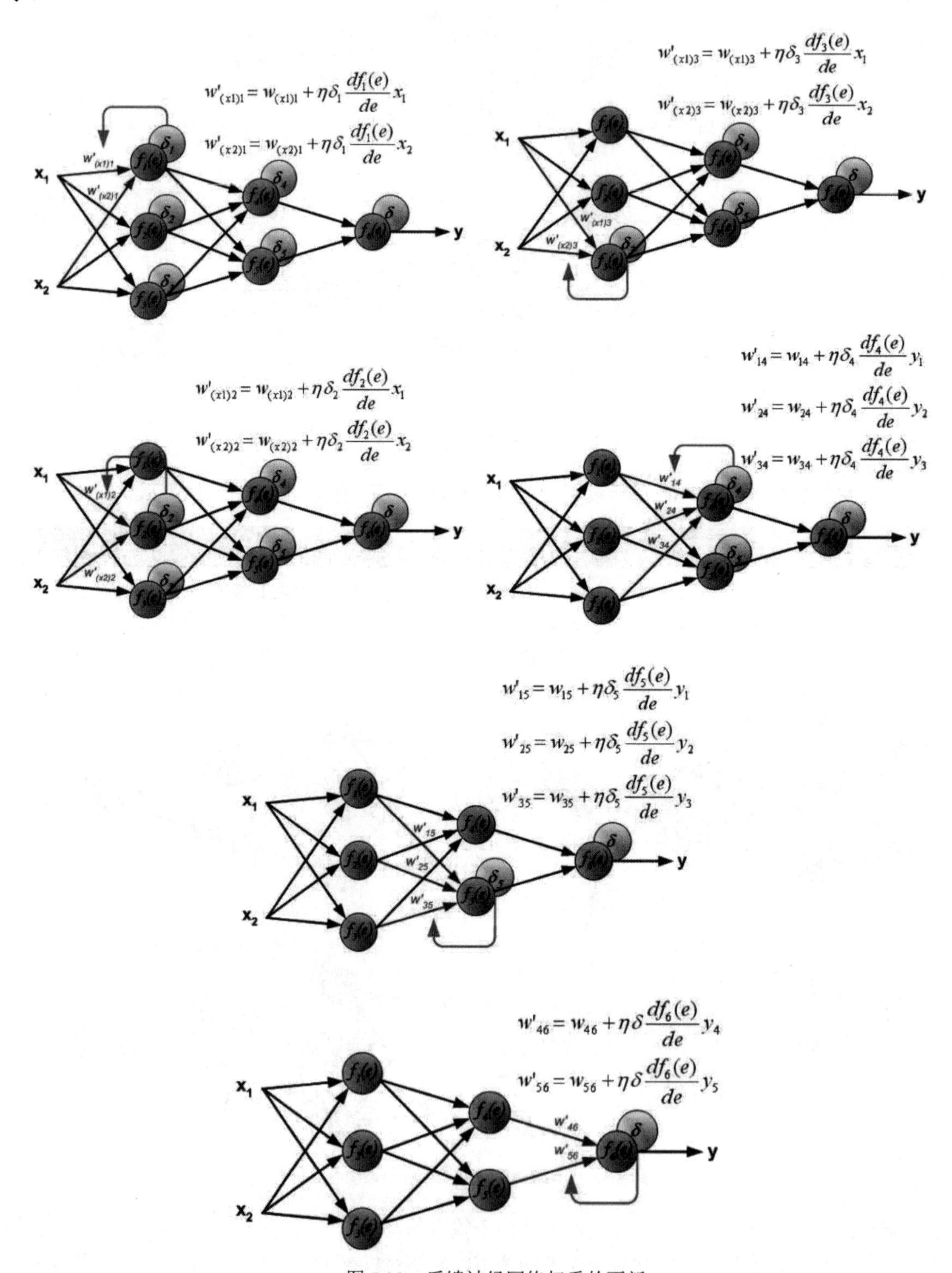

图 5.19　反馈神经网络权重的更新

在每一层，需要维护输出对当前层的微分值，该微分值相当于被复用于之前每一层中权值的微分计算。因此，空间复杂度没有变化。同时也没有重复计算，每一个微分值都在之后的迭代中使用。

下面介绍公式的推导。公式的推导要用到一些高等数学的知识，读者可以自由选择学习这一部分。

首先是算法的分析，前面已经讲过，反馈神经网络算法主要需要知道输出值与真实值之间的差值。

- 对于输出层单元，误差项是真实值与模型计算值之间的差值。
- 对于隐藏层单元，由于缺少直接的目标值来计算隐藏层单元的误差，因此需要以间接的方式来计算隐藏层的误差项，即对受隐藏层单元影响的每一个单元的误差进行加权求和。
- 权值的更新方面，主要依靠学习速率、该权值对应的输入以及单元的误差项。

定义一：前向传播算法

对于前向传播的值传递，隐藏层输出值的定义如下：

$$a_h^{H1} = W_h^{H1} \times X_i$$
$$b_h^{H1} = f(a_h^{H1})$$

其中，X_i 是当前节点的输入值，W_h^{H1} 是连接到此节点的权重，a_h^{H1} 是输出值。f是当前阶段的激活函数，b_h^{H1} 为当前节点的输入值经过计算后被激活的值。

对于输出层，定义如下：

$$a_k = \sum W_{hk} \times b_h^{H1}$$

其中，W_{hk} 为输入的权重，b_h^{H1} 为将节点输入数据经过计算后的激活值作为输入值。这里对所有输入值进行权重计算后求和，作为神经网络的最后输出值 a_k。

定义二：反向传播算法

与前向传播类似，首先需要定义两个值 δ_k 与 δ_h^{H1}：

$$\delta_k = \frac{\partial L}{\partial a_k} = (Y - T)$$
$$\delta_h^{H1} = \frac{\partial L}{\partial a_h^{H1}}$$

其中，δ_k 为输出层的误差项，其计算值为真实值与模型计算值之间的差值；Y是计算值，T是真实值；δ_h^{H1} 为输出层的误差。

提 示

对于 δ_k 与 δ_h^{H1} 来说，无论定义在哪个位置，都可以看作当前的输出值对于输入值的梯度计算。

通过前面的分析可知，所谓的神经网络反馈算法就是逐层地将最终误差进行分解，即每一层只与下一层打交道，如图5.20所示。据此可以假设每一层均为输出层的前一个层级，通过计算前一个层级与输出层的误差得到权重的更新。

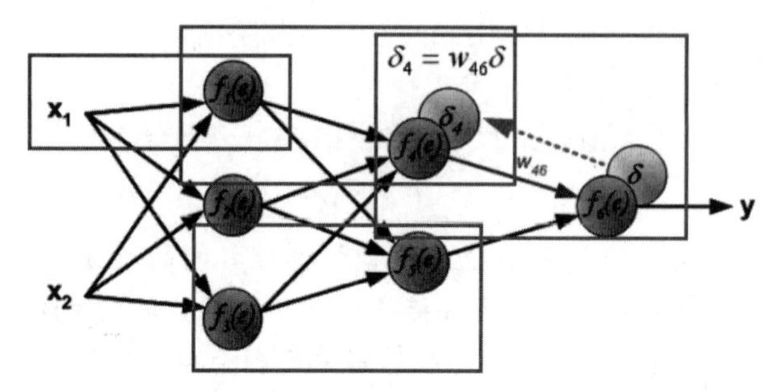

图 5.20　权重的逐层反向传导

因此，反馈神经网络计算公式定义为：

$$\begin{aligned}\delta_h^{H1} &= \frac{\partial L}{\partial a_h^{H1}} \\ &= \frac{\partial L}{\partial b_h^{H1}} \times \frac{\partial b_h^{H1}}{\partial a_h^{H1}} \\ &= \frac{\partial L}{\partial b_h^{H1}} \times f'(a_h^{H1}) \\ &= \frac{\partial L}{\partial a_k} \times \frac{\partial a_k}{\partial b_h^{H1}} \times f'(a_h^{H1}) \\ &= \delta_k \times \sum W_{hk} \times f'(a_h^{H1}) \\ &= \sum W_{hk} \times \delta_k \times f'(a_h^{H1})\end{aligned}$$

即当前层输出值对误差的梯度可以通过下一层的误差与权重和输入值的梯度乘积来获得。在公式$\sum W_{hk} \times \delta_k \times f'(a_h^{H1})$中，若$\delta_k$为输出层，则$\delta_k$可以通过$\delta_k = \frac{\partial L}{\partial a_k} = (Y-T)$求得；若$\delta_k$为非输出层，则可以使用逐层反馈的方式求得$\delta_k$的值。

提　示

千万要注意，对于δ_k与δ_h^{H1}来说，其计算结果都是当前的输出值对于输入值的梯度计算，是权重更新过程中一个非常重要的数据计算内容。

或者换一种表述形式将前面的公式表示为：

$$\delta^1 = \sum W_{ij}^1 \times \delta_j^{1+1} \times f'(a_i^1)$$

可以看到，通过更为泛化的公式，把当前层的输出对输入的梯度计算转化成求下一个层级的梯度计算值。

定义三：权重的更新

反馈神经网络计算的目的是对权重的更新，因此与梯度下降算法类似，其更新可以仿照梯度下降对权值的更新公式：

$$\theta = \theta - \alpha(f(\theta) - y_i)x_i$$

即：

$$W_{ji} = W_{ji} + \alpha \times \delta_j^l \times x_{ji}$$

$$b_{ji} = b_{ji} + \alpha \times \delta_j^l$$

其中ji表示为反向传播时对应的节点系数，通过对δ_j^l的计算，就可以更新对应的权重值。W_{ji}的计算公式如上所示。

对于没有推导的b_{ji}，其推导过程与W_{ji}类似，但是在推导过程中输入值是被消去的，请读者自行学习。

5.3.4　反馈神经网络原理的激活函数

现在回到反馈神经网络的函数：

$$\delta^1 = \sum W_{ij}^1 \times \delta_j^{l+1} \times f'(a_i^1)$$

对于此公式中的W_{ij}^1、δ_j^{l+1}以及所需要计算的目标δ^1已经做了较为详尽的解释，但是对于$f'(a_i^1)$则一直没有介绍。

回到前面生物神经元的图示中，传递进来的电信号通过神经元进行传递，由于神经元的突触强弱是有一定的敏感度的，也就是只会对超过一定范围的信号进行反馈，即这个电信号必须大于某个阈值，神经元才会被激活引起后续的传递。

在训练模型中同样需要设置神经元的阈值，即神经元被激活的频率用于传递相应的信息，模型中这种能够确定是否为当前神经元节点的函数被称为“激活函数”，如图5.21所示。

激活函数代表生物神经元中接收到的信号强度，目前应用范围较广的是sigmoid函数。因为其在运行过程中只接收一个值，输出也是一个经过公式计算后的值，且其输出值在0~1。

$$y = \frac{1}{1+e^{-x}}$$

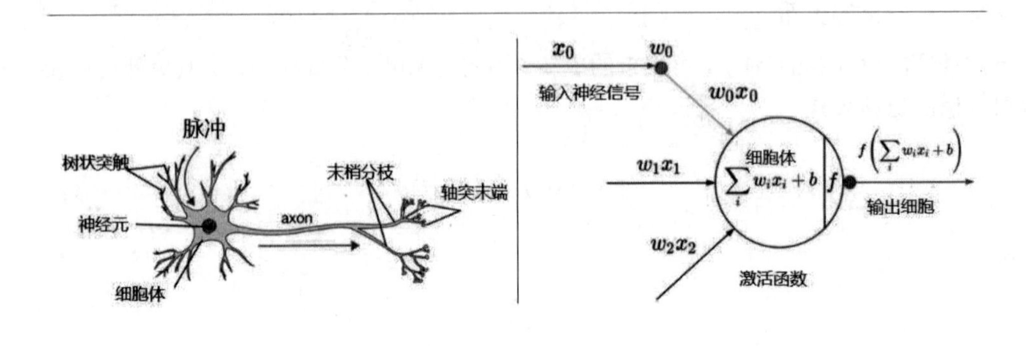

图 5.21　激活函数示意图

sigmoid激活函数图如图5.22所示。

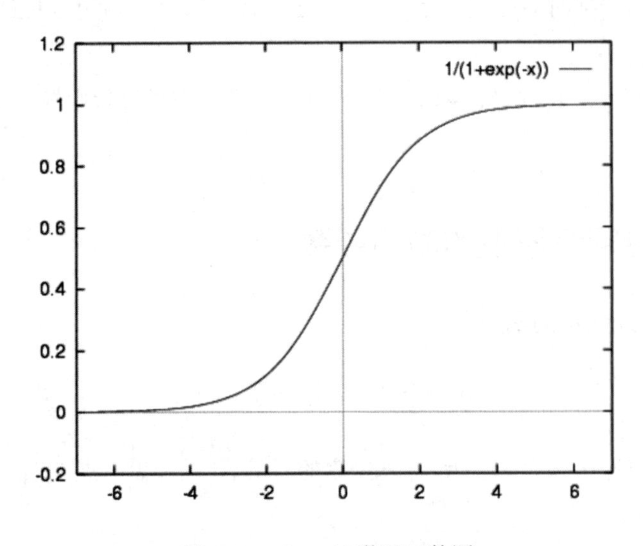

图 5.22　sigmoid 激活函数图

其导函数求法较为简单，即：

$$y' = \frac{e^{-x}}{(1+e^{-x})^2}$$

换一种表示方式为：

$$f(x)' = f(x) \times (1 - f(x))$$

sigmoid输入一个实值的数，之后将其压缩到0~1，较大值的负数被映射成0，较大的正数被映射成1。

顺带说一句，sigmoid函数在神经网络模型中占据了很长时间的一段统治地位，但是目前已经不常使用，主要原因是其非常容易进入饱和区，当输入开始非常大或者非常小的时候，sigmoid

会产生一个平缓区域，在这个区域中的梯度值几乎为0，会造成梯度传播过程中产生接近0的传播梯度。这样在后续传播时会造成梯度消散的现象，因此并不适用于现代的神经网络模型。

除此之外，近年来涌现出大量新的激活函数模型，例如Maxout、tanh和ReLU模型，这些都是为了解决传统的sigmoid模型在更深的神经网络所产生的各种不良影响。

提　示

sigmoid 函数的具体使用和影响会在后文的 TensorFlow 实战中进行介绍。

5.3.5　反馈神经网络原理的 Python 实现

本小节将使用Python语言实现神经网络的反馈算法。经过前几节的介绍，读者应该对神经网络的算法和描述有了一定的理解，本小节将使用Python代码实现一个反馈神经网络。

为了简化起见，这里的神经网络设置成三层，即只有一个输入层、一个隐藏层以及最终的输出层。

（1）首先是辅助函数的确定：

```
def rand(a, b):
     return (b - a) * random.random() + a
def make_matrix(m,n,fill=0.0):
     mat = []
     for i in range(m):
        mat.append([fill] * n)
     return mat
def sigmoid(x):
     return 1.0 / (1.0 + math.exp(-x))
def sigmod_derivate(x):
     return x * (1 - x)
```

在上述代码中首先定义了随机值，调用random包中的random函数生成了一系列随机数，之后调用make_matrix函数生成了相对应的矩阵。sigmoid和sigmod_derivate分别是激活函数和激活函数的导函数。这也是前文所定义的内容。

（2）在BP神经网络类的正式定义中需要对数据内容进行设置：

```
def __init__(self):
     self.input_n = 0
     self.hidden_n = 0
     self.output_n = 0
     self.input_cells = []
     self.hidden_cells = []
     self.output_cells = []
     self.input_weights = []
     self.output_weights = []
```

init函数对数据内容进行初始化，即在其中设置了输入层、隐藏层以及输出层中节点的个数；各个cell是各个层中节点的数值；weights代表各个层的权重。

（3）setup函数的作用是对init函数中设置的数据进行初始化：

```
    def setup(self,ni,nh,no):
        self.input_n = ni + 1
        self.hidden_n = nh
        self.output_n = no
        self.input_cells = [1.0] * self.input_n
        self.hidden_cells = [1.0] * self.hidden_n
        self.output_cells = [1.0] * self.output_n
        self.input_weights = make_matrix(self.input_n,self.hidden_n)
        self.output_weights = make_matrix(self.hidden_n,self.output_n)
        # random activate
        for i in range(self.input_n):
            for h in range(self.hidden_n):
                self.input_weights[i][h] = rand(-0.2, 0.2)
        for h in range(self.hidden_n):
            for o in range(self.output_n):
                self.output_weights[h][o] = rand(-2.0, 2.0)
```

注 意

输入层节点个数被设置成 ni+1，这是由于其中包含 bias 偏置数。各个节点与 1.0 相乘是初始化节点的数值。各个层的权重值根据输入层、隐藏层以及输出层中节点的个数被初始化并被赋值。

（4）定义完各个层的数目后，下面进入正式的神经网络内容的定义，首先是对于神经网络前向的计算。

```
    def predict(self,inputs):
        for i in range(self.input_n - 1):
            self.input_cells[i] = inputs[i]
        for j in range(self.hidden_n):
            total = 0.0
            for i in range(self.input_n):
                total += self.input_cells[i] * self.input_weights[i][j]
            self.hidden_cells[j] = sigmoid(total)
        for k in range(self.output_n):
            total = 0.0
            for j in range(self.hidden_n):
                total += self.hidden_cells[j] * self.output_weights[j][k]
            self.output_cells[k] = sigmoid(total)
        return self.output_cells[:]
```

上述代码段将数据输入函数中，通过隐藏层和输出层的计算最终以数组的形式输出。案例的完整代码如下：

【程序 5-3】

```
import numpy as np
import math
import random
def rand(a, b):
    return (b - a) * random.random() + a
```

```
def make_matrix(m,n,fill=0.0):
    mat = []
    for i in range(m):
        mat.append([fill] * n)
    return mat
def sigmoid(x):
return 1.0 / (1.0 + math.exp(-x))
def sigmod_derivate(x):
    return x * (1 - x)
class BPNeuralNetwork:
    def __init__(self):
        self.input_n = 0
        self.hidden_n = 0
        self.output_n = 0
        self.input_cells = []
        self.hidden_cells = []
        self.output_cells = []
        self.input_weights = []
        self.output_weights = []
    def setup(self,ni,nh,no):
        self.input_n = ni + 1
        self.hidden_n = nh
        self.output_n = no
        self.input_cells = [1.0] * self.input_n
        self.hidden_cells = [1.0] * self.hidden_n
        self.output_cells = [1.0] * self.output_n
        self.input_weights = make_matrix(self.input_n,self.hidden_n)
        self.output_weights = make_matrix(self.hidden_n,self.output_n)
        # random activate
        for i in range(self.input_n):
            for h in range(self.hidden_n):
                self.input_weights[i][h] = rand(-0.2, 0.2)
        for h in range(self.hidden_n):
            for o in range(self.output_n):
                self.output_weights[h][o] = rand(-2.0, 2.0)
    def predict(self,inputs):
        for i in range(self.input_n - 1):
            self.input_cells[i] = inputs[i]
        for j in range(self.hidden_n):
            total = 0.0
            for i in range(self.input_n):
                total += self.input_cells[i] * self.input_weights[i][j]
            self.hidden_cells[j] = sigmoid(total)
        for k in range(self.output_n):
            total = 0.0
            for j in range(self.hidden_n):
                total += self.hidden_cells[j] * self.output_weights[j][k]
            self.output_cells[k] = sigmoid(total)
        return self.output_cells[:]
    def back_propagate(self,case,label,learn):
```

```
        self.predict(case)
        #计算输出层的误差
        output_deltas = [0.0] * self.output_n
        for k in range(self.output_n):
            error = label[k] - self.output_cells[k]
            output_deltas[k] = sigmod_derivate(self.output_cells[k]) * error
        #计算隐藏层的误差
        hidden_deltas = [0.0] * self.hidden_n
        for j in range(self.hidden_n):
            error = 0.0
            for k in range(self.output_n):
                error += output_deltas[k] * self.output_weights[j][k]
            hidden_deltas[j] = sigmod_derivate(self.hidden_cells[j]) * error
        #更新输出层权重
        for j in range(self.hidden_n):
            for k in range(self.output_n):
               self.output_weights[j][k] += learn * output_deltas[k] *
self.hidden_cells[j]
        #更新隐藏层权重
        for i in range(self.input_n):
            for j in range(self.hidden_n):
                self.input_weights[i][j] += learn * hidden_deltas[j] *
self.input_cells[i]
        error = 0
        for o in range(len(label)):
            error += 0.5 * (label[o] - self.output_cells[o]) ** 2
        return error
    def train(self,cases,labels,limit = 100,learn = 0.05):
        for i in range(limit):
            error = 0
            for i in range(len(cases)):
                label = labels[i]
                case = cases[i]
                error += self.back_propagate(case, label, learn)
        pass
    def test(self):
        cases = [
            [0, 0],
            [0, 1],
            [1, 0],
            [1, 1],
        ]
        labels = [[0], [1], [1], [0]]
        self.setup(2, 5, 1)
        self.train(cases, labels, 10000, 0.05)
        for case in cases:
            print(self.predict(case))
if __name__ == '__main__':
    nn = BPNeuralNetwork()
    nn.test()
```

5.4　本章小结

本章偏理论基础，主要讲解深度学习的核心算法：反向传播算法。虽然在编程中可能并不需要读者自己编写反向传播算法（由框架自动完成反向传播的计算），但是了解和掌握反向传播算法能使得读者在程序的编写过程中事半功倍。

第6章

卷积层与 MNIST 实战

卷积神经网络是从信号处理衍生过来的一种对数字信号处理的方式，发展到图像信号处理上就演变成一种专门用来处理具有矩阵特征的网络结构。卷积神经网络在很多应用上都有独特的优势，甚至可以说是无可比拟，例如音频处理和图像处理。

本章将介绍卷积运算、卷积函数池化运算和softmax函数等。

6.1 卷积运算的基本概念

在数字图像处理中有一种基本的处理方法，即线性滤波。它将待处理的二维数字看作一个大型矩阵，图像中的每个像素可以看作矩阵中的每个元素，像素的大小就是矩阵中的元素值。

使用的滤波工具是另一个小型矩阵，这个矩阵被称为卷积核。卷积核的大小远远小于图像矩阵，具体的计算方式就是对于图像大矩阵中的每个像素，计算其周围的像素和卷积核对应位置的乘积，之后将结果相加，最终得到的终值就是该像素的值，这样就完成了一次卷积运算。最简单的图像卷积运算如图6.1所示。

本节将详细介绍卷积的运算、定义等，这些都是卷积运算中必不可少的内容。

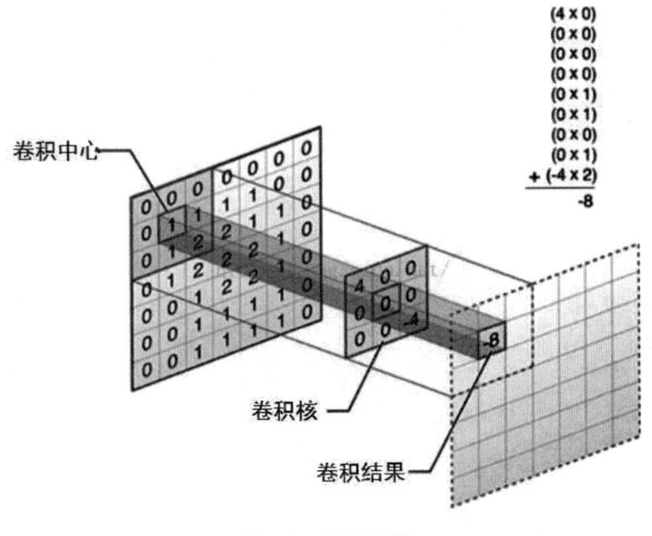

图 6.1　卷积运算

6.1.1　卷积运算

前面已经讲过了，卷积实际上是使用两个大小不同的矩阵进行的一种数学运算。为了便于读者理解，我们从一个例子开始。

假如我们需要对高速公路上的跑车进行位置追踪，这是卷积神经网络图像处理的一个非常重要的应用。摄像头接收到的信号被计算为$x(t)$，表示跑车在时刻t所处的位置。

实际上处理往往没那么简单，因为在自然界会面临各种影响，包括摄像头传感器的滞后。为了得到跑车位置的实时数据，采用的方法就是对测量结果进行均值化处理。对于运动中的目标，时间越久的位置越不可靠，时间离计算时越短的位置则与真实值的相关性越高。因此，可以对不同的时间段赋予不同的权重，即通过一个权值定义来计算，可以表示为：

$$s(t) = \int x(a)\omega(t-a)\mathrm{d}a$$

这种运算方式被称为卷积运算，换个符号表示为：

$$s(t) = (x * \omega)(t)$$

在卷积公式中，第一个参数x被称为“输入数据”，第二个参数ω被称为“核函数”； $s(t)$ 是输出，即特征映射。

首先对于稀疏矩阵（见图6.2）来说，卷积网络具有稀疏性，即卷积核的大小远远小于输入数据矩阵的大小。例如，当输入一个图片信息时，数据的大小可能为上万的结构，但是使用的卷积核却只有几十，这样能够在计算后获取更少的参数特征，极大地减少后续的计算量。

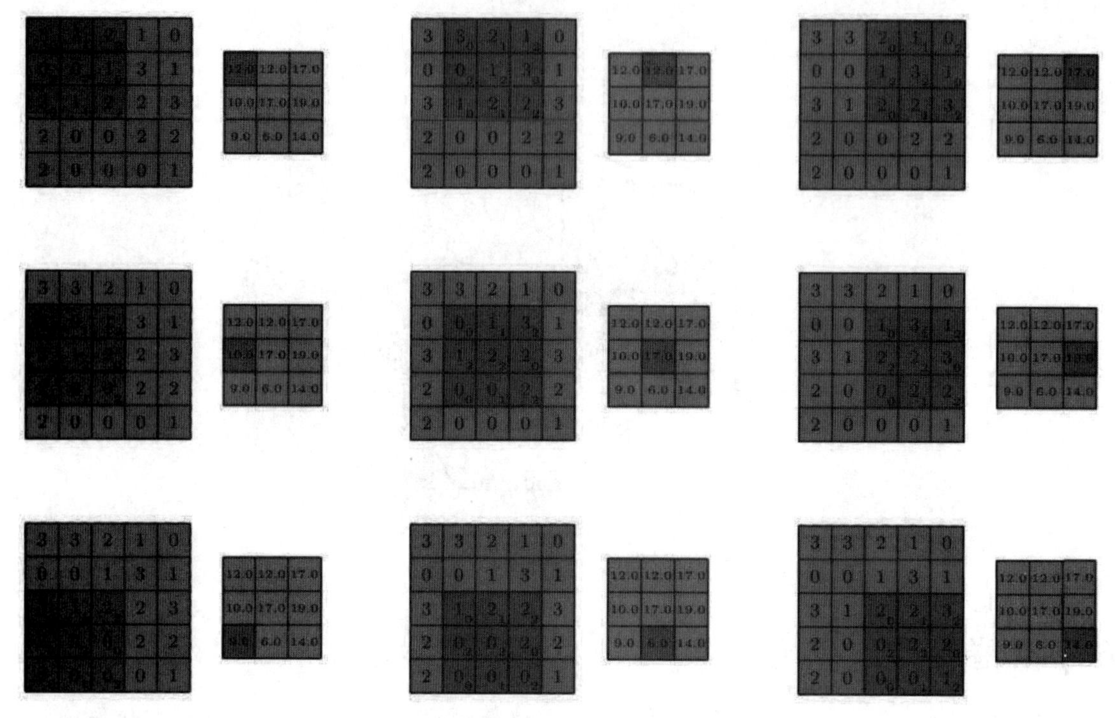

图 6.2 稀疏矩阵

参数共享指的是在特征提取过程中不同输入值的同一个位置区域上会使用同一组参数，在传统的神经网络中每个权重只对其连接的输入输出起作用，当其连接的输入输出元素结束后就不会再用到。而在卷积神经网络中，卷积核的每一个元素都被用在输入的同一个位置上，在过程中只需学习一个参数集合，就能把这个参数应用到所有的图片元素中。

【程序 6-1】

```
    import struct
    import matplotlib.pyplot as plt
    import  numpy as np
    dateMat = np.ones((7,7))
    kernel = np.array([[2,1,1],[3,0,1],[1,1,0]])
    def convolve(dateMat,kernel):
        m,n = dateMat.shape
        km,kn = kernel.shape
        newMat = np.ones(((m - km + 1),(n - kn + 1)))
        tempMat = np.ones(((km),(kn)))
        for row in range(m - km + 1):
            for col in range(n - kn + 1):
                for m_k in range(km):
                    for n_k in range(kn):
                        tempMat[m_k,n_k] = dateMat[(row + m_k),(col + n_k)] *
kernel[m_k,n_k]
                newMat[row,col] = np.sum(tempMat)
        return newMat
```

程序6-1是由Python实现的卷积操作，这里卷积核从左到右、从上到下进行卷积计算，最后返回新的矩阵。

6.1.2　TensorFlow 中卷积函数的实现

前面章节通过Python实现了卷积的计算，TensorFlow为了框架计算的迅捷，同样使用专门的函数Conv2D(Conv)作为卷积计算函数。这个函数是搭建卷积神经网络核心的函数之一，非常重要（卷积层的具体内容读者可参考相关资料自行学习，本书将不再展开讲解）。

```
    class Conv2D(Conv):
    def __init__(self, filters, kernel_size, strides=(1, 1), padding='valid',
data_format=None, dilation_rate=(1, 1), activation=None, use_bias=True,
kernel_initializer='glorot_uniform', bias_initializer='zeros',
kernel_regularizer=None, bias_regularizer=None, activity_regularizer=None,
kernel_constraint=None, bias_constraint=None, **kwargs):
```

Conv2D(Conv)是TensorFlow的卷积层自带的函数，重要的5个参数如下：

- filters：卷积核数目，卷积计算时使用的空间维度。
- kernel_size：卷积核大小，要求是一个输入向量，具有[filter_height, filter_width, in_channels, out_channels]这样的维度，具体含义是[卷积核的高度，卷积核的宽度，图像通道数，卷积核个数]，要求类型与参数 input 相同。有一个地方需要注意，第三维 in_channels 就是参数 input 的第四维。
- strides：步进大小，卷积时在图像每一维的步长，这是一个一维的向量，第一维和第四维默认为 1，而第三维和第四维分别是平行和竖直滑行的步进长度。
- padding：填充方式，string 类型的量，只能是 SAME、VALID 其中之一，这个值决定了不同的卷积方式。
- activation：激活函数，一般使用 ReLU 作为激活函数。

【程序 6-2】

```
import tensorflow as tf
input = tf.Variable(tf.random.normal([1, 3, 3, 1]))
conv = tf.keras.layers.Conv2D(1,2)(input)
print(conv)
```

程序6-2展示了一个使用TensorFlow高级API进行卷积计算的例子。在这里随机生成了一个[3,3]大小的矩阵，之后使用一个大小为[2,2]的卷积核对其进行计算，打印结果如图6.3所示。

```
tf.Tensor(
[[[[ 0.43207052]
   [ 0.4494554 ]]

  [[-1.5294989 ]
   [ 0.9994287 ]]]], shape=(1, 2, 2, 1), dtype=float32)
```

图 6.3　打印结果

可以看到，卷积对生成的随机数据进行计算，重新生成了一个[1,2,2,1]大小的卷积结果。这是由于卷积在工作时边缘被处理而消失，因此生成的结果小于原有的图像。

有时候需要生成的卷积结果和原输入矩阵的大小一致，需要将参数padding的值设为VALID，当其为SAME时，表示图像边缘将由一圈0填充，使得卷积后的图像大小和输入大小一致，示意如下：

00000000000
0xxxxxxxxx0
0xxxxxxxxx0
0xxxxxxxxx0
00000000000

这里x是图片的矩阵信息，外面一圈是填充的0，而0在卷积处理时对最终结果没有任何影响。这里略微对其进行修改，如程序6-3所示。

【程序 6-3】

```
import tensorflow as tf
input = tf.Variable(tf.random.normal([1, 5, 5, 1]))      #输入图像大小变化
conv = tf.keras.layers.Conv2D(1,2,padding="SAME")(input)#卷积核大小
print(conv .shape)
```

这里只打印最终卷积计算的维度大小，结果如下：

```
(1, 5, 5, 1)
```

最终生成了一个[1,5,5,1]大小的结果，这是由于在填充方式上笔者采用了SAME的模式。

下面换一个参数，在前面的代码中，stride的大小使用的是默认值[1,1]，这里把stride替换成[2,2]，即步进大小设置成2，如程序6-4所示。

【程序 6-4】

```
import tensorflow as tf
input = tf.Variable(tf.random.normal([1, 5, 5, 1]))
conv = tf.keras.layers.Conv2D(1,2,strides=[2,2],padding="SAME")(input)
#strides的大小被替换
print(conv.shape)
```

最终打印结果：

```
(1, 3, 3, 1)
```

可以看到，即使是采用padding="SAME"模式填充，生成的结果也不再是原输入的大小，维度有了变化。

最后总结一下经过卷积计算后结果图像的大小变化公式：

$$N = (W-F+2P) / S + 1$$

- 输入图片大小 $W\times W$。
- Filter 大小为 $F\times F$。
- 步长为 S。
- padding 的像素数为 P，一般情况下 P=1。

读者可以自行验证。

6.1.3　池化运算

在通过卷积获得了特征（Feature）之后，下一步希望利用这些特征进行分类。从理论上讲，人们可以用所有提取到的特征去训练分类器，例如softmax分类器，但这样做面临计算量的挑战。例如，对于一个96×96像素的图像，假设已经学习得到了400个定义在8×8输入上的特征，每一个特征和图像卷积都会得到一个(96−8+1)×(96−8+1)=7 921维的卷积特征，由于有400个特征，因此每个样例（Example）都会得到一个892×400=3 168 400维的卷积特征向量。学习一个拥有超过300万个特征输入的分类器十分不便，并且容易出现过拟合（Over-Fitting）。

这个问题的产生是因为卷积后的图像具有一种“静态性”的属性，也就意味着在一个图像区域有用的特征极有可能在另一个区域同样适用。因此，为了描述大的图像，一个很自然的想法就是对不同位置的特征进行聚合统计。

例如，特征提取可以计算图像一个区域上的某个特定特征的平均值（或最大值），如图6.4所示。这些概要统计特征不仅具有低得多的维度（相比使用所有提取得到的特征），同时还会改善结果（不容易过拟合）。这种聚合的操作叫作池化（Pooling），有时也称为平均池化或者最大池化（Max-Pooling，取决于计算池化的方法）。

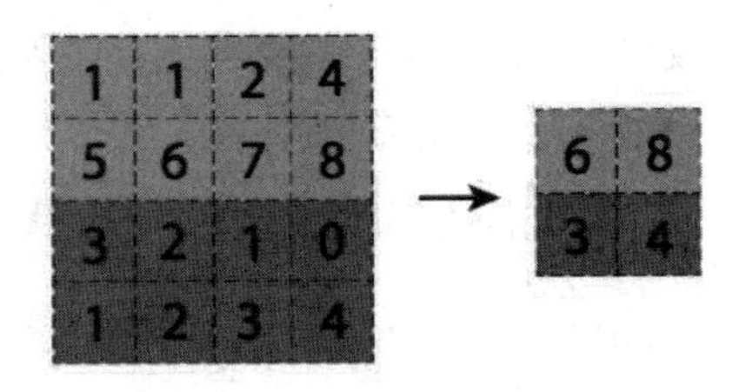

图 6.4　最大池化后的图片

如果选择图像中的连续范围作为池化区域，并且只是池化相同（重复）的隐藏单元产生的特征，那么这些池化单元就具有平移不变性（Translation Invariant）。也就意味着即使图像经历了一个小的平移，之后依然会产生相同的（池化的）特征。在很多任务中（例如物体检测、声音识别），我们都更希望得到具有平移不变性的特征，因为即使图像经过了平移，样例（图像）的标记仍然保持不变。

在TensorFlow中，池化运算的函数如下：

```
class MaxPool2D (Pooling2D):
def __init__(self, pool_size=(2, 2), strides=None,
              padding='valid', data_format=None, **kwargs):
```

重要的参数如下：

- pool_size：池化窗口的大小，默认大小一般是[2, 2]。
- strides：和卷积类似，窗口在每一个维度上滑动的步长，默认大小一般是[2,2]。
- padding：和卷积类似，可以取值 VALID 或者 SAME，返回一个输入向量，类型不变，维度仍然是[batch, height, width, channels]这种形式。

池化非常重要的一个作用就是能够帮助输入的数据表示近似不变性。平移不变性指的是对输入的数据进行少量平移时，经过池化后的输出结果并不会发生改变。局部平移不变性是一个很有用的性质，尤其是当关心某个特征是否出现，而不关心它出现的具体位置时。

例如，当判定一幅图像中是否包含人脸时，并不需要判定眼睛的位置，而只需要知道有一只眼睛出现在脸部的左侧，另一只眼睛出现在脸部的右侧就可以了。

6.1.4 softmax 激活函数

softmax函数在前面已经介绍过了，并且笔者使用NumPy自定义实现了softmax函数的功能。softmax是一个对概率进行计算的模型，因为在真实的计算模型系统中对一个实物的判定并不是100%，而是有一定的概率，并且在所有的结果标签上都可以求出一个概率。

$$f(x)=\sum_{i}^{j}w_{ij}x_j+b$$

$$\text{softmax}=\frac{e^{x_i}}{\sum_{0}^{j}e^{x_i}}$$

$$y=\text{softmax}(f(x))=\text{softmax}(w_{ij}x_j+b)$$

其中，第一个公式是人为定义的训练模型，这里采用的是输入数据与权重的乘积加上一个偏置b的方式。偏置b存在的意义是为了加上一定的噪音。

对于求出的$f(x)=\sum_{i}^{j}w_{ij}x_j+b$，softmax的作用是将其转化成概率。换句话说，这里的softmax可以被看作一个激励函数，将计算的模型输出转换为在一定范围内的数值，并且在总体上这些数值的和为1，而每个单独的数据结果都有其特定的概率分布。

用更为正式的语言表述就是softmax是模型函数定义的一种形式：把输入值当成幂指数求值，再正则化这些结果值。这个幂运算表示更大的概率计算结果对应更大的假设模型中的乘数权重值。反之，拥有更小的概率计算结果意味着在假设模型里面拥有更小的乘数权重值。

假设模型中的权值不可以是0或者负值。softmax会正则化这些权重值，使它们的总和等于1，以此构造一个有效的概率分布。

对于最终的公式$y=\text{softmax}(f(x))=\text{softmax}(w_{ij}x_j+b)$来说，可以将其认为是如图6.5所示的形式。

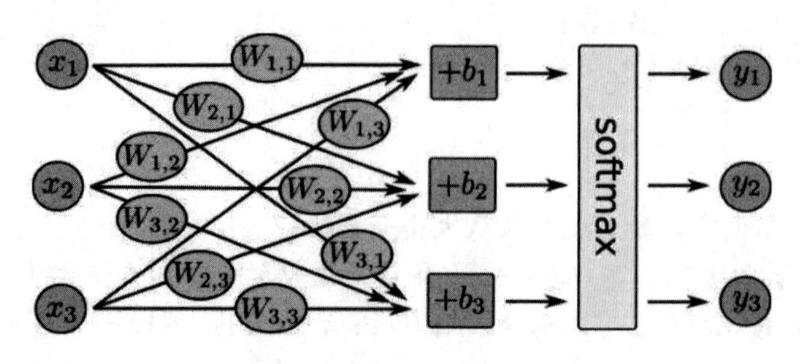

图 6.5 softmax 计算形式

图6.5演示了softmax的计算公式，实际上就是输入的数据通过与权重乘积之后，对其进行softmax计算得到的结果。将其用数学方法表示出来，如图6.6所示。

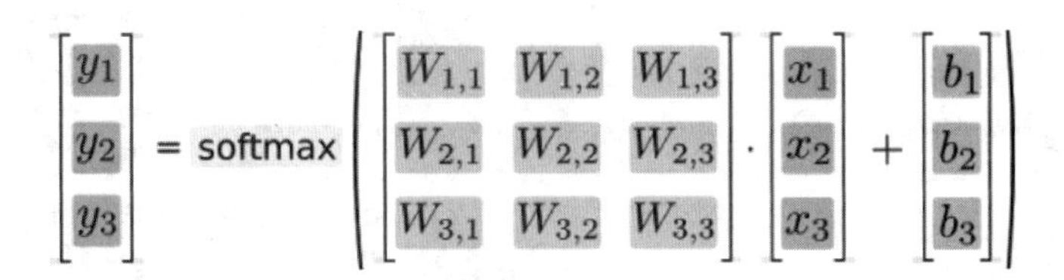

$$\begin{bmatrix} y_1 \\ y_2 \\ y_3 \end{bmatrix} = \text{softmax}\left(\begin{bmatrix} W_{1,1} & W_{1,2} & W_{1,3} \\ W_{2,1} & W_{2,2} & W_{2,3} \\ W_{3,1} & W_{3,2} & W_{3,3} \end{bmatrix} \cdot \begin{bmatrix} x_1 \\ x_2 \\ x_3 \end{bmatrix} + \begin{bmatrix} b_1 \\ b_2 \\ b_3 \end{bmatrix}\right)$$

图 6.6　softmax 矩阵表示

将这个计算过程用矩阵的形式表示出来，即矩阵乘法和向量加法，这样有利于使用TensorFlow内置的数学公式进行计算，极大地提高了程序效率。

6.1.5　卷积神经网络的原理

前面介绍了卷积运算的基本原理和概念，从本质上来说，卷积神经网络就是将图像处理中的二维离散卷积运算和神经网络相结合。这种卷积运算可以用于自动提取特征，而卷积神经网络主要应用于二维图像的识别。下面将采用图示的方法更加直观地介绍卷积神经网络的工作原理。

一个卷积神经网络如果包含一个输入层、一个卷积层和一个输出层，在真正使用的时候一般会使用多层卷积神经网络不断地提取特征，特征越抽象，越有利于识别（分类）。通常卷积神经网络也包含池化层、全连接层以及输出层。

图6.7展示了一幅图片进行卷积神经网络处理的过程。其中主要包含4个步骤：

- 输入层：获取输入的图像数据。
- 卷积层：对图像特征进行提取。
- 池化层：用于缩小在卷积时获取的图像特征。
- 全连接层：用于对图像进行分类。

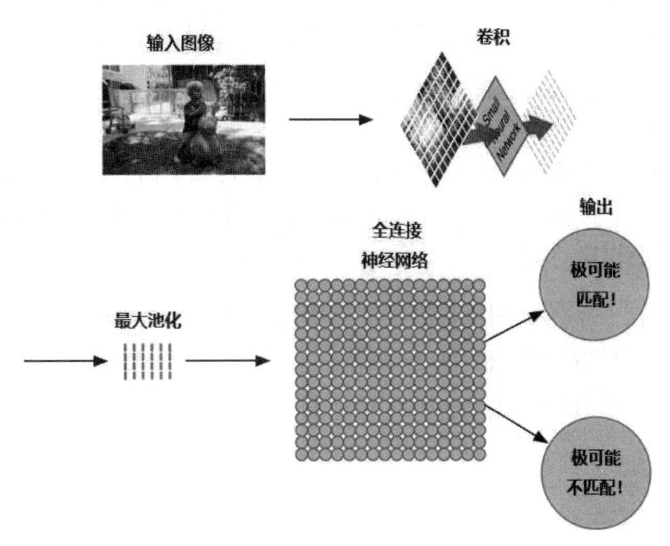

图 6.7　卷积神经网络处理图像的步骤

这几个步骤依次进行，分别具有不同的作用。经过卷积层的图像被分别提取特征后获得分块的、同样大小的图片，如图6.8所示。

图 6.8 卷积处理的分解图像

可以看到，经过卷积处理后的图像被分为若干个大小相同的、只具有局部特征的图片。

图6.9表示对分解后的图片使用一个小型神经网络进行进一步的处理，即将二维矩阵转化成一维数组。

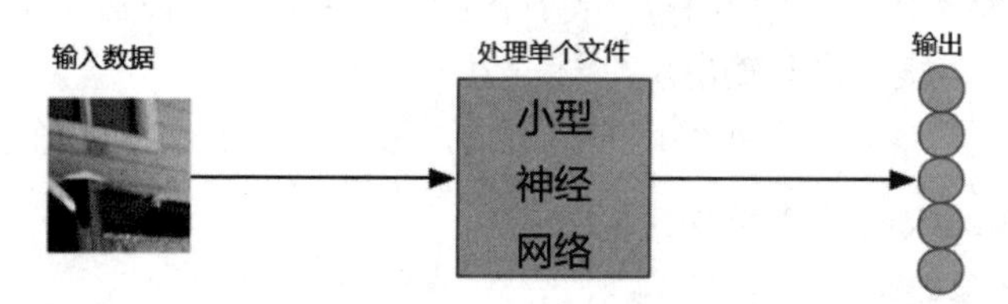

图 6.9 分解后图像的处理

需要说明的是，在这个步骤中，也就是对图片进行卷积化处理时卷积算法对所有的分解后的局部特征进行同样的计算，这个步骤称为“权值共享”。这样做的依据如下：

- 对图像等数组数据来说，局部数组的值经常是高度相关的，可以形成容易被探测到的独特的局部特征。
- 图像和其他信号的局部统计特征与其位置是不太相关的，如果特征图能在图片的一个部分出现，也能出现在任何地方。所以不同位置的单元共享同样的权重，并在数组的不同部分探测相同的模式。

在数学上，这种由一个特征图执行的过滤操作是一个离散的卷积，卷积神经网络由此得名。

池化层的作用是对获取的图像特征进行缩减，从前面的例子可以看出，使用[2,2]大小的矩阵来处理特征矩阵，使得原有的特征矩阵可以缩减到1/4大小，特征提取的池化效应如图6.10所示。

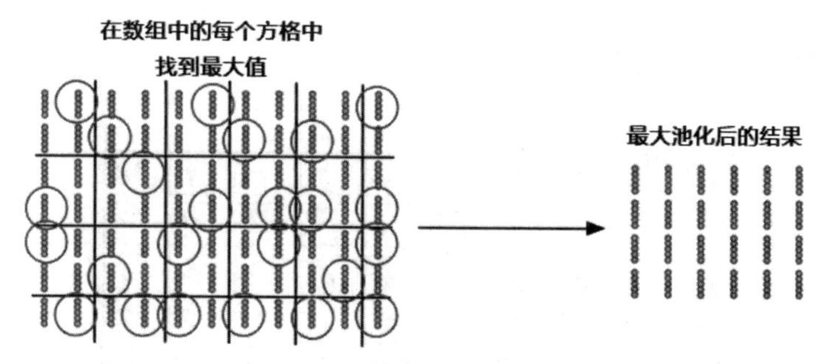

图 6.10　池化处理后的图像

经过池化处理的矩阵作为下一层神经网络的输入，使用一个全连接层对输入的数据进行分类计算（见图6.11），从而计算出这个图像所对应位置最大的概率类别。

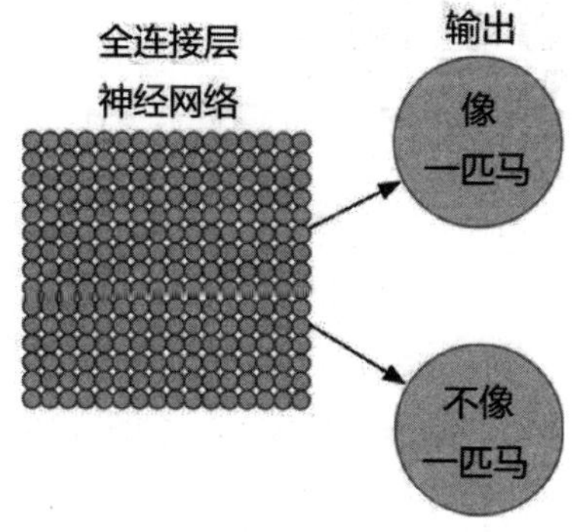

图 6.11　全连接层判断

简而言之，卷积神经网络是一个层级递增的结构，也可以将其认为是一个人在读报纸，首先一字一句地读取，之后整段地理解，最后获得全文的中心思想。卷积神经网络是从边缘、结构和位置等一起感知物体的形状。

6.2　编程实战：MNIST 手写体识别

下面将进行卷积神经网络实战，即使用TensorFlow进行MNIST手写体的识别。

6.2.1　MNIST 数据集

“HelloWorld”是编程语言入门的基础程序，任何一位同学在开始学习编程时，打印的第一句话往往就是“HelloWorld”。在前面的章节中，笔者也带领读者学习和掌握了TensorFlow的第一个程序——打印出“HelloWorld”。

在深度学习编程中也有其特有的“HelloWorld”，即MNIST手写体的识别。

MNIST是一个图片数据集，其分类更多，难度也更大。

对于好奇的读者，一定有一个疑问，MNIST究竟是什么？

实际上，MNIST是一个手写数字的数据库，它有60 000个训练样本集和10 000个测试样本集。

打开MNIST数据集，它的样子如图6.12所示。

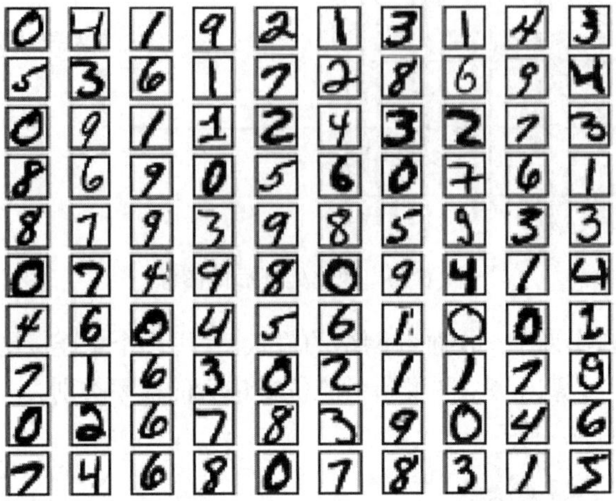

图 6.12　MNIST 文件手写体

MNIST数据库官方网址如下：

```
http://yann.lecun.com/exdb/mnist/
```

可以直接下载train-images-idx3-ubyte.gz、train-labels-idx1-ubyte.gz等数据集，如图6.13所示。

Four files are available on this site:

train-images-idx3-ubyte.gz:	training set images (9912422 bytes)
train-labels-idx1-ubyte.gz:	training set labels (28881 bytes)
t10k-images-idx3-ubyte.gz:	test set images (1648877 bytes)
t10k-labels-idx1-ubyte.gz:	test set labels (4542 bytes)

图 6.13　MNIST 文件中包含的数据集

下载4个文件，解压缩后会发现这些文件并不是标准的图像格式，这4个文件对应一个训练图片集、一个训练标签集、一个测试图片集和一个测试标签集，它们都是二进制文件，其中训练图片集的内容部分如图6.14所示。

```
0000 0803 0000 ea60 0000 001c 0000 001c
0000 0000 0000 0000 0000 0000 0000 0000
0000 0000 0000 0000 0000 0000 0000 0000
0000 0000 0000 0000 0000 0000 0000 0000
0000 0000 0000 0000 0000 0000 0000 0000
0000 0000 0000 0000 0000 0000 0000 0000
0000 0000 0000 0000 0000 0000 0000 0000
0000 0000 0000 0000 0000 0000 0000 0000
0000 0000 0000 0000 0000 0000 0000 0000
0000 0000 0000 0000 0000 0000 0000 0000
```

图 6.14　MNIST 的二进制文件

MNIST训练集内部的文件结构如图6.15所示。

```
TRAINING SET IMAGE FILE (train-images-idx3-ubyte):

[offset] [type]          [value]          [description]
0000     32 bit integer  0x00000803(2051) magic number
0004     32 bit integer  60000            number of images
0008     32 bit integer  28               number of rows
0012     32 bit integer  28               number of columns
0016     unsigned byte   ??               pixel
0017     unsigned byte   ??               pixel
........
xxxx     unsigned byte   ??               pixel
```

图 6.15 MNIST 文件结构图

图6.15所示是训练集的文件结构，其中有60 000个实例。也就是说，这个文件中包含60 000个标签内容，每一个标签的值为0~9的一个数。下面先解析每一个属性的含义，首先该数据是以二进制格式存储的，要以rb方式读取；其次，真正的数据只有[value]这一项，其他的[type]等只是用来描述的，并不是真正在数据文件中。

也就是说，在读取真实数据之前，要读取4个32 bit的整型数据。由[offset]可以看出，真正的pixel是从0016开始的，这是一个整型32位的数据，所以在读取pixel之前要读取4个参数，也就是魔数（magic number）、图片（number of images）、行数（number of rows）和列数（number of columns）。

继续对图片进行分析。在MNIST图片集中，所有的图片都是28×28的，也就是每个图片都有28×28个像素。如图6.16所示的train-images-idx3-ubyte文件中偏移量为0字节处有一个4字节的数为0000 0803，表示魔数；接下来是0000 ea60，值为60000，代表容量（图片数）；接下来从第8字节开始有一个4字节数，值为28，也就是0000 001c，表示每个图片的行数；从第12字节开始有一个4字节数，值也为28，也就是0000 001c，表示每个图片的列数；从第16字节开始才是像素值。

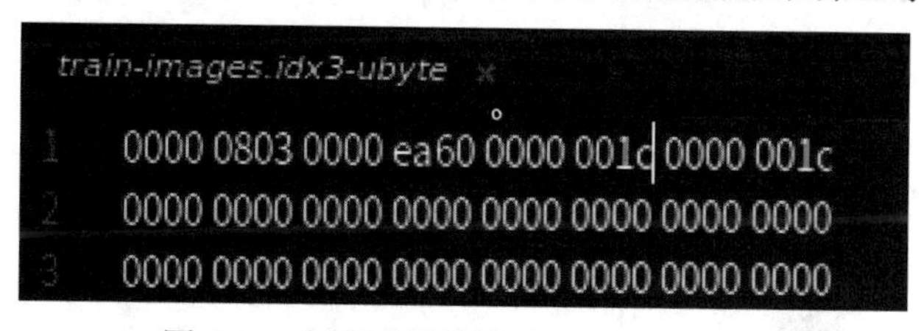

图 6.16 每个手写体被分成 28×28 像素

这里使用每784字节代表一幅图片。

6.2.2 MNIST 数据集的特征和标签

前面已经通过一个简单的Iris数据集的例子实现了对3个类别的分类问题。现在加大难度，尝试使用TensorFlow去预测10个分类。实际上难度并不大，如果读者已经掌握了前面的3分类的程序编写，那么这个就不在话下。

首先是对数据库的获取。读者可以通过前面的地址下载正式的MNIST数据集，然而在TensorFlow 2.3中，集成的Keras高级API带有已经处理成.npy格式的MNIST数据集，可以直接将其载入和对其进行计算：

```
mnist = tf.keras.datasets.mnist
(x_train, y_train), (x_test, y_test) = mnist.load_data()
```

这里Keras能够自动连接到互联网下载所需要的MNIST数据集，最终下载的是.npz格式的数据集mnist.npz。

无法连接到互联网下载数据，本书自带的代码库中提供了对应的mnist.npz数据的副本，只要将其复制到目标位置，之后在load_data函数中提供绝对地址即可，代码如下：

```
(x_train, y_train), (x_test, y_test) = mnist.load_data
(path='C:/Users/wang_xiaohua/Desktop/TF2.0/dataset/mnist.npz')
```

需要注意的是，这里输入的是数据集的绝对地址。load_data函数会根据输入的地址对数据进行处理，并自动将其分解成训练集和验证集。打印训练集的维度如下：

```
(60000, 28, 28)
(60000,)
```

这是使用Keras自带的API进行数据处理的第一个步骤，有兴趣的读者可以自行完成数据的读取和划分的代码。

在上面的代码段中，load_data函数可以按既定的格式把数据读取出来。与Iris数据库一样，每个MNIST实例的数据单元也是由两部分构成的：一幅包含手写数字的图片和一个与其对应的标签。可以将其中的标签特征设置成y，而图片特征矩阵以x来代替，所有的训练集和测试集中都包含x和y。

图6.17用更为一般化的形式展示MNIST数据实例的展开形式。图片数据被展开成矩阵的形式，矩阵的大小为28×28。

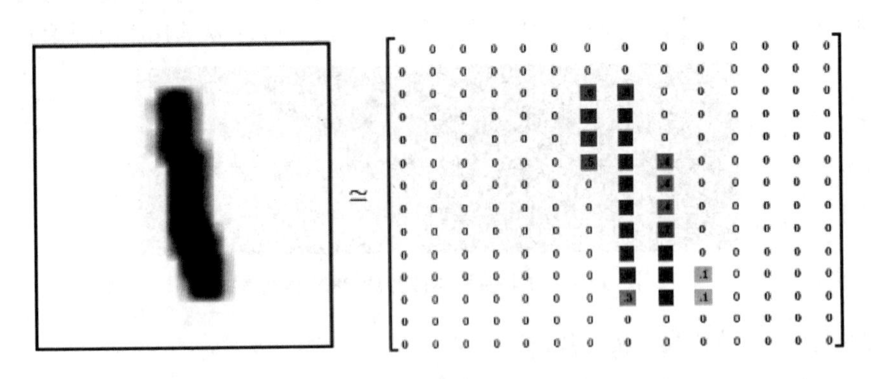

图 6.17　图片转换为向量模式

下面回到对数据的读取，前面介绍过MNIST数据集实际上就是一个包含60 000张图片的60000×28×28大小的矩阵张量[60000,28,28]，如图6.18所示。

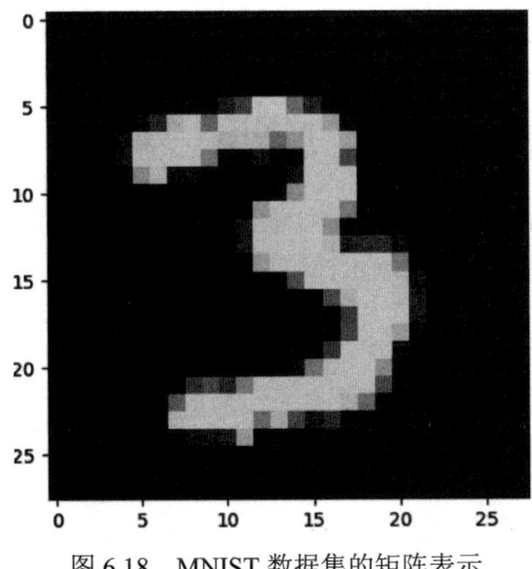

图 6.18　MNIST 数据集的矩阵表示

矩阵中的行数指的是图片的索引，用以对图片进行提取。后面的28×28个向量用以对图片特征进行标注。实际上这些特征向量就是图片中的像素点，每张手写图片是[28,28]的大小，每个像素转化为0~1的一个浮点数。

如同前面的例子，每个实例的标签对应0~9的任意一个数字，用以对图片进行标注。需要注意的是，对于提取出来的MNIST的特征值，默认使用一个0~9的数值进行标注，但是这种标注方法并不能使得损失函数获得一个好的结果，因此常用的是独热编码（one hot）计算方法，会把值具体落在某个标注区间。

独热编码的标注方法请读者自行掌握。这里主要介绍将单一序列转化成独热编码的方法。一般情况下，TensorFlow自带了转化函数，即tf.one_hot函数，但是这个转化函数生成的是Tensor格式的数据，因此并不适合直接输入。

如果读者能够自行编写将序列值转化成独热编码的函数，那么读者的编程功底真是不错，不过Keras已经提供了编写好的转换函数：

```
tf.keras.utils.to_categorical
```

其作用是将一个序列转化成以独热编码形式表示的数据集，格式如图6.19所示。

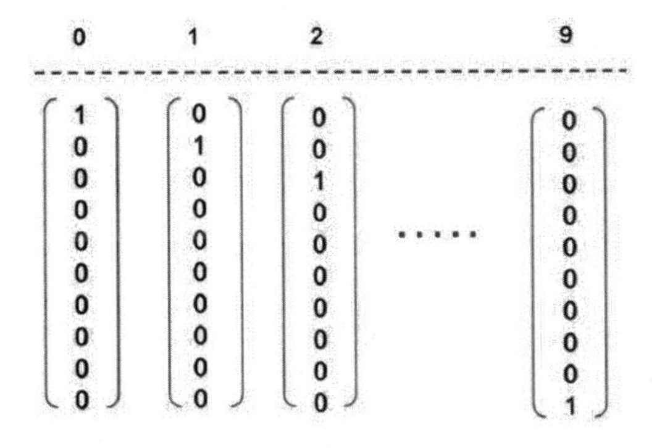

图 6.19　独热编码形式的数据集

对于MNIST数据集的标签来说，实际上就是一个60 000张图片的60 000×10大小的矩阵张量

[60000,10]。前面的行数指的是数据集中图片的个数为60 000，后面的10指的是10个列向量。

6.2.3 TensorFlow 2 编程实战：MNIST 数据集

上一小节中，笔者对MNIST数据做了介绍，描述了其构成方式及数据的特征和标签的含义等。了解这些有助于编写适当的程序来对MNIST数据集进行分析和识别。下面将一步一步分析和编写代码，以对数据集进行处理。

第一步：数据的获取

对于MNIST数据的获取，实际上有很多渠道。读者可以使用TensorFlow 2自带的数据获取方式获得MNIST数据集并进行处理，代码如下：

```
    mnist = tf.keras.datasets.mnist
    (x_train, y_train), (x_test, y_test) = mnist.load_data()
    (
    x_train, y_train), (x_test, y_test) #下载MNIST.npy文件要注明绝对地址
    = mnist.load_data(path='C:/Users/wang_xiaohua/Desktop/
TF2.0/dataset/mnist.npz')
```

实际上，对于TensorFlow来说，它提供了常用的API并收集整理了一些数据集，为模型的编写和验证带来了很大限度的方便。

不过，对于软件自带的API和自己实现的API，选择哪一个？选择自带的API。除非能肯定自带的API不适合我们的代码。因为大多数自带的API在底层都会进行一定程度的优化，调用不同的库包最大效率地实现功能，因此，即使自己的API与其功能一样，内部实现还是有所不同。请牢记不要“重复发明轮子”。

第二步：数据的处理

可以参考Iris数集据的处理方式进行处理，即首先将label进行独热编码处理，之后使用TensorFlow自带的Data API进行打包，方便地组合成train与label的配对数据集。

```
    x_train = tf.expand_dims(x_train,-1)
    y_train = np.float32(tf.keras.utils.to_categorical(y_train,num_classes=10))
    x_test = tf.expand_dims(x_test,-1)
    y_test = np.float32(tf.keras.utils.to_categorical(y_test,num_classes=10))
    bacth_size = 512
    train_dataset = tf.data.Dataset.from_tensor_slices((x_train,y_train)).
batch(bacth_size).shuffle(bacth_size * 10)
    test_dataset = tf.data.Dataset.from_tensor_slices((x_test,y_test)).
batch(bacth_size)
```

需要注意的是，在数据被读出后，x_train与x_test分别是训练集与测试集的数据特征部分，它们是两个维度为[x,28,28]大小的矩阵，但是在6.1节介绍卷积计算时，卷积的输入是一个4维的数据，还需要一个“通道”的标注，因此对其使用tf的扩展函数，修改了维度的表示方式。

第三步：模型的确定与各模块的编写

对于使用深度学习构建一个分辨MNIST的模型来说，最简单、最常用的方法是建立一个基于

卷积神经网络+分类层的模型，如图6.20所示。

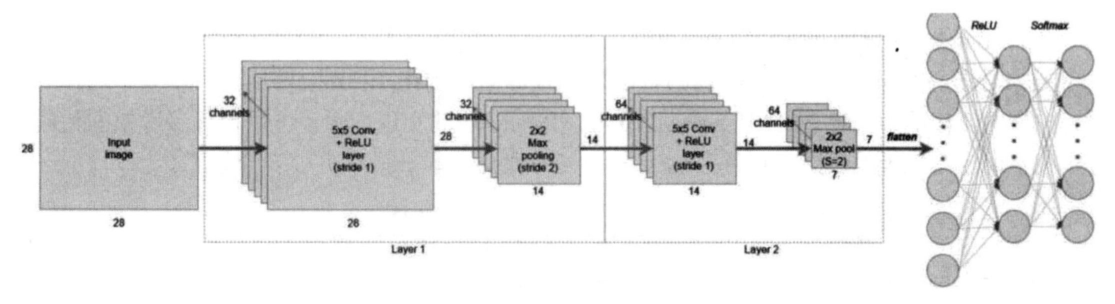

图 6.20　基于卷积神经网络+分类层的模型

一个简单的卷积神经网络模型是由卷积层、池化层、dropout层（随机失活层）以及作为分类的全连接层构成的，同时每一层之间使用ReLU激活函数进行分割，batch_normalization作为正则化的工具也被用于各个层之间的连接。

模型代码如下：

```
    input_xs = tf.keras.Input([28,28,1])
    conv = tf.keras.layers.Conv2D(32,3,padding="SAME",
activation=tf.nn.relu)(input_xs)
    conv = tf.keras.layers.BatchNormalization()(conv)
    conv = tf.keras.layers.Conv2D(64,3,padding="SAME",
activation=tf.nn.relu)(conv)
    conv = tf.keras.layers.MaxPool2D(strides=[1,1])(conv)
    conv = tf.keras.layers.Conv2D(128,3,padding="SAME",
activation=tf.nn.relu)(conv)
    flat = tf.keras.layers.Flatten()(conv)
    dense = tf.keras.layers.Dense(512, activation=tf.nn.relu)(flat)
    logits = tf.keras.layers.Dense(10, activation=tf.nn.softmax)(dense)
    model = tf.keras.Model(inputs=input_xs, outputs=logits)
    print(model.summary())
```

下面分步进行解释。

（1）输入的初始化

输入的初始化使用的是Input类，这里根据输入的数据大小将输入的数据维度做成[28,28,1]，其中的batch_size不需要设置，TensorFlow会在后台自行推断。

```
    input_xs = tf.keras.Input([28,28,1])
```

（2）卷积层

TensorFlow中自带了卷积层实现类对卷积的计算，这里首先创建一个类，通过设置卷积核数据、卷积核大小、padding方式和激活函数初始化整个卷积类。

```
    conv = tf.keras.layers.Conv2D(32,3,padding="SAME", activation=tf.nn.relu)
(input_xs)
```

TensorFlow中卷积层的定义在绝大多数情况下直接调用给定的实现好的卷积类即可。顺便说一句，卷积核大小等于3的话，TensorFlow中专门给予优化。现在只需要牢记卷积类的初始化和卷积层的使用即可。

（3）BatchNormalization和Maxpool层

Batch_normalization和Maxpool层的目的是输入数据正则化，最大限度地减少模型的过拟合和增大模型的泛化能力。对于Batch_normalization和Maxpool的实现，读者可以自行参考模型代码的写法去实现，有兴趣的读者可以深入学习其相关的理论，本书就不再过多介绍了。

```
conv = tf.keras.layers.BatchNormalization()(conv)
    …
conv = tf.keras.layers.MaxPool2D(strides=[1,1])(conv)
```

（4）起分类作用的全连接层

全连接层的作用是对卷积层所提取的特征做最终分类。这里首先使用flat函数将提取计算后的特征值平整化，之后的两个全连接层起到特征提取和分类的作用，最终做出分类。

```
dense = tf.keras.layers.Dense(512, activation=tf.nn.relu)(flat)
logits = tf.keras.layers.Dense(10, activation=tf.nn.softmax)(dense)
```

同样使用TensorFlow对模型进行打印，可以将所涉及的各个层级都打印出来，如图6.21所示。

```
Model: "model"
_________________________________________________________________
Layer (type)                 Output Shape              Param #
=================================================================
input_1 (InputLayer)         [(None, 28, 28, 1)]       0
_________________________________________________________________
conv2d (Conv2D)              (None, 28, 28, 32)        320
_________________________________________________________________
batch_normalization (BatchNo (None, 28, 28, 32)        128
_________________________________________________________________
conv2d_1 (Conv2D)            (None, 28, 28, 64)        18496
_________________________________________________________________
max_pooling2d (MaxPooling2D) (None, 27, 27, 64)        0
_________________________________________________________________
conv2d_2 (Conv2D)            (None, 27, 27, 128)       73856
_________________________________________________________________
flatten (Flatten)            (None, 93312)             0
_________________________________________________________________
dense (Dense)                (None, 512)               47776256
_________________________________________________________________
dense_1 (Dense)              (None, 10)                5130
=================================================================
Total params: 47,874,186
Trainable params: 47,874,122
Non-trainable params: 64
```

图 6.21　打印各个层级

可以看到各个层依次被计算，所用的参数也打印出来了。

【程序 6-5】

```
import numpy as np
# 下面使用MNIST数据集
import tensorflow as tf
mnist = tf.keras.datasets.mnist
#这里先调用上面的函数再下载数据包，记得要填上绝对路径
#需要等TensorFlow自动下载MNIST数据集
(x_train, y_train), (x_test, y_test) = mnist.load_data()
```

```
    x_train, x_test = x_train / 255.0, x_test / 255.0
    x_train = tf.expand_dims(x_train,-1)
    y_train = np.float32(tf.keras.utils.to_categorical
(y_train,num_classes=10))
    x_test = tf.expand_dims(x_test,-1)
    y_test = np.float32(tf.keras.utils.to_categorical(y_test,num_classes=10))
    #为了shuffle数据，单独定义了每个batch的大小batch_size，与下方的shuffle对应
    bacth_size = 512
    train_dataset = tf.data.Dataset.from_tensor_slices((x_train,
y_train)).batch(bacth_size).shuffle(bacth_size * 10)
    test_dataset = tf.data.Dataset.from_tensor_slices((x_test,
y_test)).batch(bacth_size)
    input_xs = tf.keras.Input([28,28,1])
    conv = tf.keras.layers.Conv2D(32,3,padding="SAME",
activation=tf.nn.relu)(input_xs)
    conv = tf.keras.layers.BatchNormalization()(conv)
    conv = tf.keras.layers.Conv2D(64,3,padding="SAME",
activation=tf.nn.relu)(conv)
    conv = tf.keras.layers.MaxPool2D(strides=[1,1])(conv)
    conv = tf.keras.layers.Conv2D(128,3,padding="SAME",
activation=tf.nn.relu)(conv)
    flat = tf.keras.layers.Flatten()(conv)
    dense = tf.keras.layers.Dense(512, activation=tf.nn.relu)(flat)
    logits = tf.keras.layers.Dense(10, activation=tf.nn.softmax)(dense)
    model = tf.keras.Model(inputs=input_xs, outputs=logits)

    model.compile(optimizer=tf.optimizers.Adam(1e-3),
loss=tf.losses.categorical_crossentropy,metrics = ['accuracy'])
    model.fit(train_dataset, epochs=10)
    model.save("./saver/model.h5")
    score = model.evaluate(test_dataset)
    print("last score:",score)
```

最终打印结果如图6.22所示。

```
 1/20 [>.............................] - ETA: 2s - loss: 0.0461 - accuracy: 0.9844
 3/20 [===>..........................] - ETA: 1s - loss: 0.0815 - accuracy: 0.9805
 5/20 [======>.......................] - ETA: 0s - loss: 0.0901 - accuracy: 0.9805
 7/20 [=========>....................] - ETA: 0s - loss: 0.0918 - accuracy: 0.9807
 9/20 [============>.................] - ETA: 0s - loss: 0.0833 - accuracy: 0.9816
11/20 [===============>..............] - ETA: 0s - loss: 0.0765 - accuracy: 0.9828
13/20 [==================>...........] - ETA: 0s - loss: 0.0691 - accuracy: 0.9841
15/20 [=====================>........] - ETA: 0s - loss: 0.0604 - accuracy: 0.9859
17/20 [========================>.....] - ETA: 0s - loss: 0.0539 - accuracy: 0.9874
19/20 [===========================>..] - ETA: 0s - loss: 0.0510 - accuracy: 0.9881
20/20 [==============================] - 1s 47ms/step - loss: 0.0512 - accuracy: 0.9879
last score: [0.051227264245972036, 0.9879]
```

图 6.22　打印结果

可以看到，经过模型的训练，在测试集上最终的准确率达到0.9879，即98%以上，而损失率在0.05左右。

6.2.4 使用自定义的卷积层实现 MNIST 识别

利用已有的卷积层已经能够较好地达到目标，使得准确率在0.98以上。这是一个非常不错的准确率。为了获得更高的准确率，还有没有别的方法能够在这个基础上做进一步的提高呢？

一个非常简单的思想是建立short-cut，即建立数据通路，使得输入的数据和经过卷积计算的数据连接在一起，从而解决卷积层在层数过多的情况下出现梯度下降或者梯度消失的问题，模型如图6.23所示。

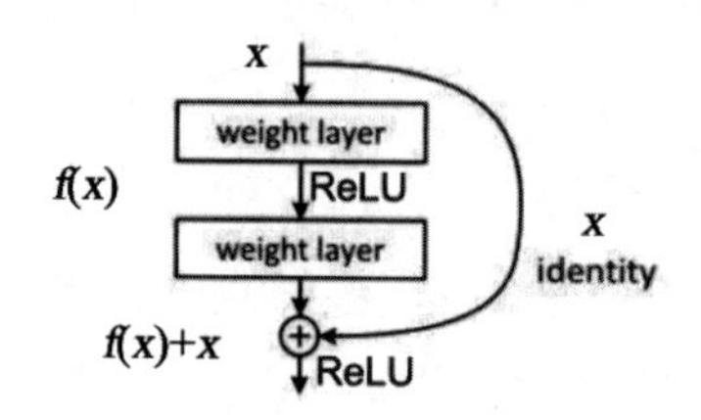

图 6.23 残差网络

这是一个“残差网络”的部分示意图，就是将输入的数据经过计算后重新与未经过计算的数据通过“叠加”的方式连接在一起，从而建立一个能够保留更多细节内容的卷积结构。

遵循计算Iris数据集的自定义层级的方法，在继承Layers层后，TensorFlow自定义的一个层级需要实现3个函数：init、build和call函数。

第一步：初始化参数

init的作用是初始化所有的参数，通过分析模型可知目前需要定义的参数为卷积核数目和卷积核大小。

```
class MyLayer(tf.keras.layers.Layer):
    def __init__(self,kernel_size ,filter):
        self.filter = filter
        self.kernel_size = kernel_size
        super(MyLayer, self).__init__()
```

第二步：定义可变参数

模型的参数定义在build中，这里是对所有可变参数的定义，代码如下：

```
def build(self, input_shape):
    self.weight = tf.Variable(tf.random.normal([self.kernel_size,self.
kernel_size,input_shape[-1],self.filter]))
    self.bias = tf.Variable(tf.random.normal([self.filter]))
    super(MyLayer, self).build(input_shape)  # Be sure to call this somewhere!
```

第三步：模型的计算

模型的计算定义在call函数中，对于残差网络的简单表示如下：

```
conv = conv(input)
out = relu(conv) + input
```

这里分段实现结果，就是将卷积计算后的函数结果经过激活函数后叠加输入值作为输出，代码如下：

```
    def call(self, input_tensor):
    conv = tf.nn.conv2d(input_tensor, self.weight, strides=[1, 2, 2, 1],
padding="SAME")
    conv = tf.nn.bias_add(conv, self.bias)
    out = tf.nn.relu(conv) + conv
    return out
```

全部代码段如下：

```
    class MyLayer(tf.keras.layers.Layer):
        def __init__(self,kernel_size ,filter):
            self.filter = filter
            self.kernel_size = kernel_size
            super(MyLayer, self).__init__()
        def build(self, input_shape):
            self.weight = tf.Variable(tf.random.normal([self.kernel_size,self.
kernel_size,input_shape[-1],self.filter]))
            self.bias = tf.Variable(tf.random.normal([self.filter]))
            super(MyLayer, self).build(input_shape)  # Be sure to call this somewhere!
        def call(self, input_tensor):
            conv = tf.nn.conv2d(input_tensor, self.weight, strides=[1, 2, 2, 1],
padding="SAME")
            conv = tf.nn.bias_add(conv, self.bias)
            out = tf.nn.relu(conv) + conv
            return out
```

下面的代码将自定义的卷积层替换为对应的卷积层。

【程序 6-6】

```
    # 下面使用MNIST数据集
    import numpy as np
    import tensorflow as tf
    mnist = tf.keras.datasets.mnist
    #调用上面的函数再下载数据包
    (x_train, y_train), (x_test, y_test) = mnist.load_data()
    x_train, x_test = x_train / 255.0, x_test / 255.0
    x_train = tf.expand_dims(x_train,-1)
    y_train = np.float32(tf.keras.utils.to_categorical(y_train,num_classes=10))
    x_test = tf.expand_dims(x_test,-1)
    y_test = np.float32(tf.keras.utils.to_categorical(y_test,num_classes=10))
    bacth_size = 512
    train_dataset = tf.data.Dataset.from_tensor_slices((x_train,
y_train)).batch(bacth_size).shuffle(bacth_size * 10)
    test_dataset = tf.data.Dataset.from_tensor_slices((x_test,
y_test)).batch(bacth_size)

    class MyLayer(tf.keras.layers.Layer):
        def __init__(self,kernel_size ,filter):
```

```
        self.filter = filter
        self.kernel_size = kernel_size
        super(MyLayer, self).__init__()
    def build(self, input_shape):
        self.weight = tf.Variable(tf.random.normal([self.kernel_size,
self.kernel_size,input_shape[-1],self.filter]))
        self.bias = tf.Variable(tf.random.normal([self.filter]))
        super(MyLayer, self).build(input_shape)  # Be sure to call this somewhere!
    def call(self, input_tensor):
        conv = tf.nn.conv2d(input_tensor, self.weight, strides=[1, 2, 2, 1],
padding="SAME")
        conv = tf.nn.bias_add(conv, self.bias)
        out = tf.nn.relu(conv) + conv
        return out

    input_xs = tf.keras.Input([28,28,1])
    conv = tf.keras.layers.Conv2D(32,3,padding="SAME",
activation=tf.nn.relu)(input_xs)
    #使用自定义的层替换TensorFlow的卷积层
    conv = MyLayer(32,3)(conv)
    conv = tf.keras.layers.BatchNormalization()(conv)
    conv = tf.keras.layers.Conv2D(64,3,padding="SAME",
activation=tf.nn.relu)(conv)
    conv = tf.keras.layers.MaxPool2D(strides=[1,1])(conv)
    conv = tf.keras.layers.Conv2D(128,3,padding="SAME",
activation=tf.nn.relu)(conv)
    flat = tf.keras.layers.Flatten()(conv)
    dense = tf.keras.layers.Dense(512, activation=tf.nn.relu)(flat)
    logits = tf.keras.layers.Dense(10, activation=tf.nn.softmax)(dense)
    model = tf.keras.Model(inputs=input_xs, outputs=logits)
    print(model.summary())
    model.compile(optimizer=tf.optimizers.Adam(1e-3),
loss=tf.losses.categorical_crossentropy,metrics = ['accuracy'])
    model.fit(train_dataset, epochs=10)
    model.save("./saver/model.h5")
    score = model.evaluate(test_dataset)
    print("last score:",score)
```

最终打印结果如图6.24所示。

```
11/20 [===============>.............] - ETA: 0s - loss: 0.0771 - accuracy: 0.9903
12/20 [=================>...........] - ETA: 0s - loss: 0.0755 - accuracy: 0.9905
13/20 [==================>..........] - ETA: 0s - loss: 0.0732 - accuracy: 0.9914
14/20 [====================>.........] - ETA: 0s - loss: 0.0695 - accuracy: 0.9924
15/20 [=====================>........] - ETA: 0s - loss: 0.0653 - accuracy: 0.9935
16/20 [=======================>......] - ETA: 0s - loss: 0.0614 - accuracy: 0.9944
17/20 [========================>.....] - ETA: 0s - loss: 0.0580 - accuracy: 0.9948
18/20 [==========================>...] - ETA: 0s - loss: 0.0511 - accuracy: 0.9952
19/20 [===========================>..] - ETA: 0s - loss: 0.0471 - accuracy: 0.9955
20/20 [==============================] - 3s 137ms/step - loss: 0.0405 - accuracy: 0.9913
last score: [0.04711936466246843, 0.9913]
```

图6.24 打印结果

6.3　激活、分类以及池化函数简介（选学）

单纯地使用卷积对图像进行采样和特征提取并不能解决所面对的问题，卷积的作用是对特征提取，事实上并不是所有的特征都是神经网络在计算时所需的。例如，在人脸识别的过程中，人脸上的一些特征会予以保留，而对于额外的一些特征（如所处的背景、发型的改变以及表情的喜悲这些不重要的信息）予以剔除。

这就要求除了仅仅使用单一的卷积层（仅对卷积神经网络）外，还需要额外的一些函数对所采样的特征进行处理，例如激活函数、池化函数以及最后用作分类的分类函数。

6.3.1　别偷懒——激活函数是分割器

首先给激活函数一个定义：神经网络中的每个神经元节点接收上一层神经元的输出值作为本神经元的输入值，并将输入值传递给下一层，输入层神经元节点会将输入属性值直接传递给下一层（隐藏层或输出层）。在多层神经网络中，上层节点的输出和下层节点的输入之间具有一个函数关系，这个函数称为激活函数（又称激励函数）。

在深度学习中，如果不使用激活函数，每一层节点的输入就是上一层输出的线性函数，即无论神经网络有多少层，输出都是输入的线性组合，与没有隐藏层效果相当，网络的逼近能力就相当有限。

举一个简单的例子，假设单个输入为向量x，那么第一层的输出为xW_1，第二层的输出为xW_1W_2，第三层的输出为$xW_1W_2W_3$，以此类推，无论深度学习是多少层，结果均为：

$$xW_1W_2W_3 \dots W_n = x\prod_0^n W_n$$

其中，Π为连乘的符号。$\prod_0^n W_n$本身就是一个独立的矩阵，这样就可以认为无论多少层的深度学习最终都是一个线性变换操作。为了将线性函数转化成非线性函数，这里引入“激活函数”来进行转换，如图6.25所示。

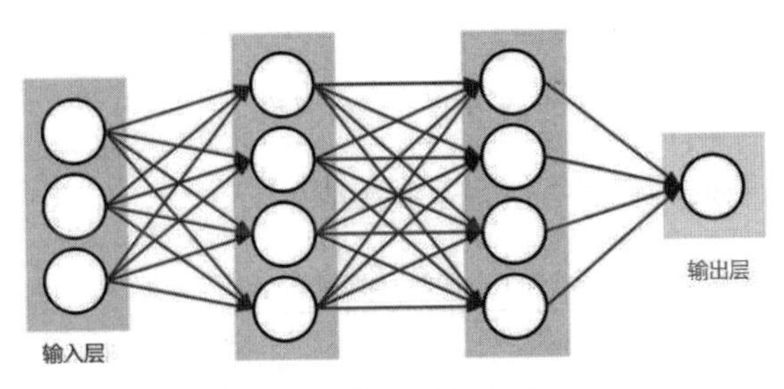

图 6.25　激活函数的表示

激活函数的作用就是将线性函数变形成非线性函数，如图6.26所示。

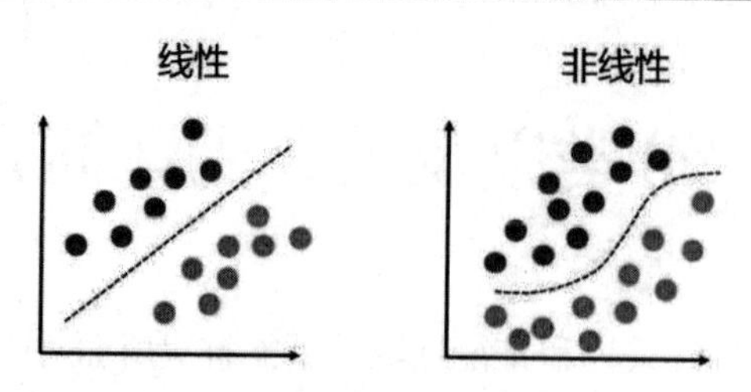

图 6.26 激活函数的非线性分割

这样做一个最直观的好处就是使函数能够更好地拟合不同的数据分布，从而获得一个线性无法达到的结果。

常用的激活函数有以下几种：

- sigmoid
- tanh
- ReLU
- Leaky ReLU
- Maxout
- ELU

注 意
Maxout 本身无图。

上述激活函数的公式和对应的图形和公式如图6.27所示。

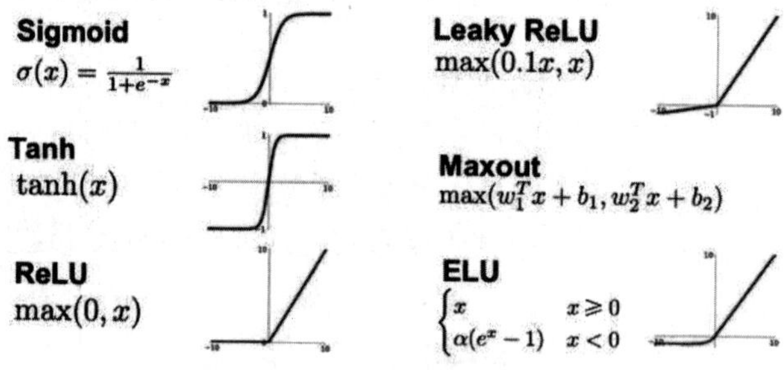

图 6.27 激活函数

每个激活函数都有着不同的优点和缺点，参见表6.1。

表 6.1 激活函数的优缺点

名 称	优 点	缺 点
sigmoid	（1）能够把输入的连续实值变换为 0~1 的输出值。如果是非常大的负数，那么输出值是 0；如果是非常大的正数，输出值就是 1 （2）输出均值非 0	在深度神经网络中，梯度反向传递时导致梯度爆炸和梯度消失，其中梯度爆炸发生的概率非常小，梯度消失发生的概率比较大

（续表）

名 称	优 点	缺 点
tanh	解决了 sigmoid 输出均值非 0 的问题	梯度消失和梯度爆炸依旧存在
ReLU	解决了梯度消失问题（在正区间）。计算速度非常快，只需要判断输入是否大于 0，收敛速度远快于 sigmoid 和 tanh	输出也是非 0 均值，部分神经元可能永远无法正常激活
Leaky ReLU	保留了 ReLU 的优点	解决了 ReLU 存在的问题
Maxout	采用更多的神经元参数	计算量较大，速度较慢
ELU	解决了 ReLU 所有问题，而不存在 ReLU 的缺点	计算量较大

下面给出使用sigmoid激活函数进行计算的例子，代码如下：

【程序 6-7】

```
import numpy as np

def sigmoid(x):
    return 1/(1 + np.exp(-x))

inputs = np.array([0.7, -0.3])
weights = np.array([0.1, 0.8])
bias = -0.1

output = sigmoid(np.dot(weights, inputs) + bias)

print('Output:', output)
```

也可以替换掉sigmoid函数，例如替换成ReLU函数。下面的程序展示三种不同激活函数的图形：

```
from matplotlib import pyplot as plt
import numpy as np

def sigmoid(x):
    return 1. / (1 + np.exp(-x))

def tanh(x):
    return (np.exp(x) - np.exp(-x)) / (np.exp(x) + np.exp(-x))

def relu(x):
    return np.where(x < 0, 0, x)

def plot_sigmoid():
    x = np.arange(-10, 10, 0.1)
    y = sigmoid(x)
    plt.plot(x, y)
    plt.show()

def plot_tanh():
```

```
    x = np.arange(-10, 10, 0.1)
    y = tanh(x)
    plt.plot(x, y)
    plt.show()

def plot_relu():
    x = np.arange(-10, 10, 0.1)
    y = relu(x)
    plt.plot(x, y)
    plt.show()


if __name__ == "__main__":
    plot_sigmoid()
    plot_tanh()
plot_relu()
```

其他的激活函数请读者自行实现和完成。顺便说一下激活函数的选择：

- 深度学习往往需要大量时间来处理大量数据，模型的收敛速度尤为重要。总体来讲，训练深度学习网络尽量使用 0 均值数据(可以经过数据预处理来实现)和 0 均值输出。所以，要尽量选择输出具有这个特点的激活函数以加快模型的收敛速度。
- 如果使用 ReLU，那么一定要小心设置学习率（Learning Rate），而且要注意不要让网络出现很多“死掉的”神经元。如果这个问题不好解决，那么可以试试 Leaky ReLU、PReLU 或者 Maxout。
- 最好不要用 Sigmoid，可以试试 Tanh，不过可以预期它的效果比不上 ReLU 和 Maxout。

6.3.2 太多了，我只要一个——池化运算

通过卷积获得了特征之后，下一步希望利用这些特征去进行分类。从理论上来讲，人们可以用所有提取到的特征去训练分类器，例如softmax分类器，但这样做面临计算量的挑战。例如，对于一个96×96像素的图像，假设我们已经学习得到了400个定义在8×8输入上的特征，每一个特征和图像卷积都会得到一个 $(96-8+1)\times(96-8+1)=7921$ 维的卷积特征，由于有 400 个特征，因此每个样例都会得到一个 $892\times400=3\,168\,400$ 维的卷积特征向量。学习一个拥有超过300万特征输入的分类器十分不便，并且容易出现过拟合。

【程序 6-8】

```
def max_pooling(data, m, n):
    a,b = data.shape
    img_new = []
    for i in range(0,a,m):
        line = []
        for j in range(0,b,n):
            x = data[i:i+m,j:j+n]
            line.append(np.max(x))
        img_new.append(line)
```

```
    return np.array(img_new)
```

最大池化后的图片如图6.28所示。

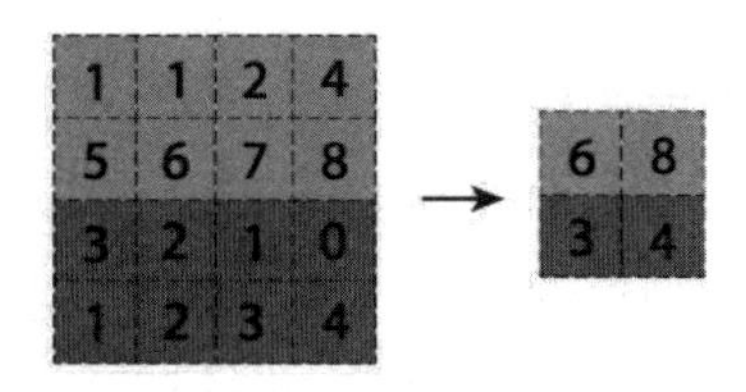

图 6.28　最大池化后的图片

6.3.3　全连接层详解

全连接层就是把前面经过卷积、激活、池化后的图像元素一个接一个串联在一起，但是有一个非常严重的问题——这里所有的函数或者模块的作用都是用以对特征进行提取，那么对这些特征直接进行分类可以吗？答案是可以的。在深度学习中可以对所提取的特征直接进行分类。但是这样做会使模型的拟合效果较差，训练时间大大延长，同时还会降低模型的泛化能力。

全连接层在整个卷积神经网络中起到“整合-分类”的作用。如果说卷积层、池化层和激活函数层等操作是将原始数据映射到隐藏层特征空间，那么全连接层则起到将学到的“分布式特征表示”映射到样本标记空间的作用。

下面用图6.29简单地介绍一下全连接层。

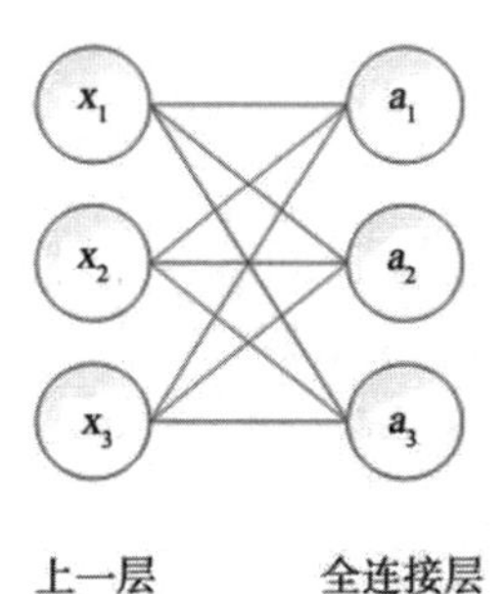

图 6.29　全连接层图示

这里全连接层与上一层中的所有神经元节点相连，从而实现对所有节点的连接计算。其中，x_1、x_2、x_3为全连接层的输入，a_1、a_2、a_3为输出，用公式表述为：

$$a_1 = W_{11}x_1 + W_{12}x_2 + W_{13}x_3 + b_1$$
$$a_2 = W_{21}x_1 + W_{22}x_2 + W_{23}x_3 + b_2$$
$$a_3 = W_{31}x_1 + W_{32}x_2 + W_{33}x_3 + b_3$$

下面是对全连接层的实现。这里分别设计了3种全连接层：large、normal与small。

【程序 6-9】

```
import numpy as np

def ReLU(x):
```

```
        return max(0, x)


    def logistic(x):
        return 1 / (1 + np.exp(-x))


    def logistic_derivative(x):
    return logistic(x) * (1 - logistic(x))

    class FullConnectLayer:
        """全连接层"""

        def __init__(self, n_in, n_out, action_fun=logistic,
action_fun_der=logistic_derivative,flag = "noraml"):
            """
            n_in输入层的单元数
            n_out输出单元个数及紧邻下一层的单元数
            action_fun激活函数
            action_fun_der激活函数的导函数
            flag初始化权值和偏置项的标记normal，larger，smaller
            """
            self.action_fun = action_fun
            self.action_fun_der = action_fun_der
            self.n_in = n_in
            self.n_out = n_out
            self.init_weight_biase(init_flag = flag)

        def init_weight_biase(self, init_flag):
            if (init_flag == "normal"):
                # weight取值服从N(0,1)分布
                self.weight = np.random.randn(self.n_in,self.n_out )
                self.biase = np.random.randn(self.n_out)
            elif (init_flag == "larger"):
                # weight取值范围（-1,1）
                self.weight = 2 * np.random.randn(self.n_in,self.n_out ) - 1
                # b取值范围（-1,1）
                self.biases = 2 * np.random.randn(self.n_out) - 1
            elif (init_flag == "smaller"):
                self.weight = np.random.randn(self.n_in,self.n_out ) /
np.sqrt(self.n_out)  # weight取值服从N(0,1/x) 分布
                self.biase = np.random.randn(self.n_out)

        def __call__(self, inpt):
            """全连接层的前馈传播"""
            self.inpt = np.dot(inpt,self.weight) + self.biase
            outpt = self.action_fun(self.inpt)
            return outpt
```

在卷积神经网络中，经多个卷积层和池化层后，连接着一个或一个以上的全连接层。全连接

层中的每个神经元与其前一层的所有神经元进行全连接。全连接层可以整合卷积层或者池化层中具有类别区分性的局部信息。

为了提升卷积神经网络的性能，全连接层每个神经元的激励函数一般采用ReLU函数。经过全连接层计算的结果通过softmax分类后进行输出，该层也可称为softmax层，这是下一小节介绍的内容。

6.3.4　最终的裁判——分类函数

分类函数一般用在深度学习模型的最后一层，作用是对提取的特征进行最终分类，一般常用的分类函数有softmax和sigmoid，现在也有通过卷积直接进行池化计算后，根据不同的维度进行分类的方法。这里以softmax为主要目标对分类函数进行介绍。

softmax在深度学习中有着非常广泛的应用。了解之后读者就会发现softmax计算简单、效果显著。

softmax的计算公式如下：

$$S_i = \frac{e^{Z_i}}{\sum_0^L e^{Z_i}}$$

其中，Z_i是长度为L的序列中的一个节点。公式的含义实际上是对每个节点计算以e为底Z_i为指数的值，然后除以序列中所有节点之和进行归一化，从而得到一个介于[0,1]的值，代表节点某个类别的概率，或者称作似然（Likelihood）。

从图6.30给出的数值可知，softmax实际上就是将输出值映射到[0,1]之间，并确保其和为1（满足概率的性质）。

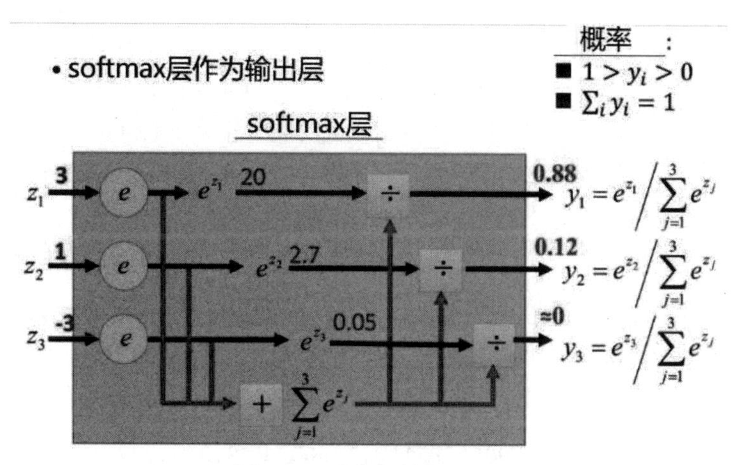

图 6.30　分类函数 softmax

根据这个计算结果，可以将最终的数值理解成概率。在最后选取输出节点的时候，我们可以选取概率最大（值最大）的节点作为预测目标。

下面以一个数字图片分类为例对softmax进行更加详细的介绍。

如果需要实现基于卷积神经网络的数字图片分类，图片经过卷积层的特征提取以及全连接层的分类计算后，最终生成10个输出神经元进入softmax层进行最终的分类，那么可以认为有10个数字类别（数字1，数字2，数字3，…，数字10），具体数值就是这个图片对于每个类别的最终概率，如图6.31所示。

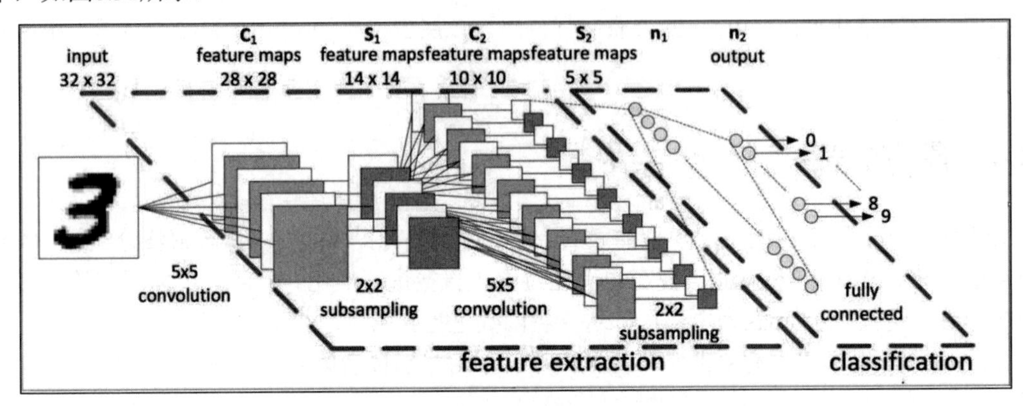

图 6.31　基于卷积神经网络的数字图片分类

计算代码如下：

【程序 6-10】

```
import numpy as np
import math

def softmax(inMatrix):
    m,n = np.shape(inMatrix)
    outMatrix = np.mat(np.zeros((m,n)))
    soft_sum = 0
    for idx in range(0,n):
        outMatrix[0,idx] = math.exp(inMatrix[0,idx])
        soft_sum += outMatrix[0,idx]
    for idx in range(0,n):
        outMatrix[0,idx] = outMatrix[0,idx] / soft_sum
return outMatrix

output_feature = np.array([[1,2,1,4,3,2,1,2,3,5]])#经过全连接层计算后的特征计算值

outMatrix = softmax(output_feature) #softmax负责对特征计算值进行计算
print(outMatrix)
```

最终结果如下：

```
[[0.00993871 0.02701622 0.00993871 0.1996244  0.07343771 0.02701622
  0.00993871 0.02701622 0.07343771 0.54263537]]
```

其中，数值最大的是最后一个，即类别10，其值为0.54263537，因此可以认为输入的数字图片应该属于类别10。

实际上对于分类函数来说，除了使用softmax作为分类函数外，使用sigmoid作为分类函数也可以，具体选用哪个作为模型使用的具体组件需要根据目标的特征来确定。

6.3.5　随机失活层

随机失活（Dropout）层将丢弃（Drop Out）该层中一个随机的激活参数集，也就是在“前向传递”（Forward Pass）中将这些激活参数集设置为0，过程如图6.32所示。

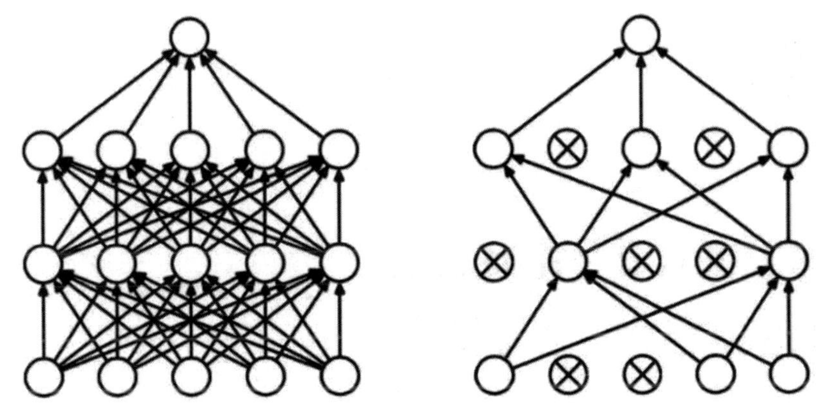

图 6.32　随机失活层

深度学习所使用的神经网络有以下两个缺点：

- 训练时间较长。
- 对于小规模的数据容易产生过拟合。

因此，对于一个有较多个节点（*N*个）的神经网络，有了随机失活层后，就可以看作是 2^N 个模型的集合，但此时要训练的参数数目却是不变的，这就缓解了费时的问题。

随机失活强迫一个神经单元和随机挑选出来的其他神经单元共同工作，消除减弱了神经元节点间的联合适应性，增强了泛化能力。

实际上，随机失活作为一种新的拟合手段效果是比较好的。随着人们对深度学习神经网络研究的深入，直接对深度学习中某一个层进行随机失活也有了一些研究，请读者在后续的学习中自行研究。

6.4　本章小结

本章主要介绍了使用卷积对MNIST数据集进行识别，包括一个入门案例，使用多种不同的层和类构建一个较为复杂的卷积神经网络。本章还介绍了部分类和层的使用。

本章通过自定义“残差卷积”的过程介绍了TensorFlow 2自定义层的写法和用法。在本章的补充内容中，逐一介绍了神经网络模型中所需要的组件。

第7章

TensorFlow Datasets和 TensorBoard 详解

训练TensorFlow模型的时候，需要先找数据集，下载，安装数据集……太麻烦了，比如MNIST这种全世界都在用的数据集，能不能一键加载呢？

吴恩达老师说过，公共数据集为机器学习研究这枚火箭提供了动力，但将这些数据集放入机器学习管道就已经够难的了。编写供下载的一次性脚本，准备要用的源格式和复杂性不一的数据集，相信这种痛苦每个程序员都有过切身体会。

对于大多数TensorFlow初学者来说，选择一个合适的数据集是初始练手时非常重要的。为了帮助初学者方便迅捷地获取合适的数据集，并作为一个评分测试标准，TensorFlow推出了一个新的功能，叫作TensorFlow Datasets，可以轻松地将公共数据集加载到TensorFlow中。

当使用TensorFlow训练大量深层的神经网络时，使用者希望跟踪神经网络的整个训练过程中的信息，比如迭代的过程中每一层的参数是如何变化与分布的，以及每次循环参数更新后模型在测试集与训练集上的准确率、损失值的变化情况等。如果能在训练的过程中将一些信息加以记录并可视化地表现出来，那么对探索模型会有更深的帮助与理解。

本章将详细介绍TensorFlow Datasets和TensorBoard的使用。

7.1 TensorFlow Datasets 简介

目前来说，已经有85个数据集可以通过TensorFlow Datasets加载，读者可以通过打印的方式获取全部的数据集名称（数据集仍在不停地添加中，显示结果以打印为准）：

```
import tensorflow_datasets as tfds
print(tfds.list_builders())
```

结果如下：

```
['abstract_reasoning', 'bair_robot_pushing_small', 'bigearthnet',
'caltech101', 'cats_vs_dogs', 'celeb_a', 'celeb_a_hq', 'chexpert', 'cifar10',
'cifar100', 'cifar10_corrupted', 'clevr', 'cnn_dailymail', 'coco', 'coco2014',
'colorectal_histology', 'colorectal_histology_large',
'curated_breast_imaging_ddsm', 'cycle_gan', 'definite_pronoun_resolution',
'diabetic_retinopathy_detection', 'downsampled_imagenet', 'dsprites', 'dtd',
'dummy_dataset_shared_generator', 'dummy_mnist', 'emnist', 'eurosat',
'fashion_mnist', 'flores', 'glue', 'groove', 'higgs', 'horses_or_humans',
'image_label_folder', 'imagenet2012', 'imagenet2012_corrupted', 'imdb_reviews',
'iris', 'kitti', 'kmnist', 'lm1b', 'lsun', 'mnist', 'mnist_corrupted', 'moving_mnist',
'multi_nli', 'nsynth', 'omniglot', 'open_images_v4', 'oxford_flowers102',
'oxford_iiit_pet', 'para_crawl', 'patch_camelyon', 'pet_finder', 'quickdraw_bitmap',
'resisc45', 'rock_paper_scissors', 'shapes3d', 'smallnorb', 'snli', 'so2sat',
'squad', 'starcraft_video', 'sun397', 'super_glue', 'svhn_cropped',
'ted_hrlr_translate', 'ted_multi_translate', 'tf_flowers', 'titanic', 'trivia_qa',
'uc_merced', 'ucf101', 'voc2007', 'wikipedia', 'wmt14_translate', 'wmt15_translate',
'wmt16_translate', 'wmt17_translate', 'wmt18_translate', 'wmt19_translate',
'wmt_t2t_translate', 'wmt_translate', 'xnli']。
```

可能有读者对这些数据集不熟悉，当然笔者也不建议读者一一去查看和测试这些数据集。下面列举了TensorFlow Datasets较为常用的6种类型29个数据集，分别涉及音频、图像、结构化数据、文本、翻译和视频类数据，如表7.1所示。

表 7.1　TensorFlow Datasets 数据集

分　类	数 据 集
音频类	nsynth
图像类	cats_vs_dogs
	celeb_a
	celeb_a_hq
	cifar10
	cifar100
	coco2014
	colorectal_histology
	colorectal_histology_large
	diabetic_retinopathy_detection
	fashion_mnist
	image_label_folder
	imagenet2012
	lsun
	mnist
	omniglot
	open_images_v4

（续表）

分　类	数 据 集
图像类	quickdraw_bitmap
	svhn_cropped
	tf_flowers
结构化数据集	titanic
文本类	imdb_reviews
	lm1b
	squad
翻译类	wmt_translate_ende
	wmt_translate_enfr
视频类	bair_robot_pushing_small
	moving_mnist
	starcraft_video

7.1.1 Datasets 数据集的安装

安装好TensorFlow以后，TensorFlow Datasets是默认安装的。如果读者没有安装TensorFlow Datasets，可以通过如下代码段进行安装：

```
pip install tensorflow_datasets
```

7.1.2 Datasets 数据集的使用

下面以MNIST数据集为例介绍Datasets数据集的基本使用情况。MNIST数据集展示代码如下：

```
import tensorflow as tf
import tensorflow_datasets as tfds
mnist_data = tfds.load("mnist")
mnist_train, mnist_test = mnist_data["train"], mnist_data["test"]
assert isinstance(mnist_train, tf.data.Dataset)
```

这里首先导入了tensorflow_datasets作为数据的获取接口，之后调用load函数获取MNIST数据集的内容，再按照train和test数据的不同将其分割成训练集和测试集。运行效果如图7.1所示。

第一次下载时，tfds连接数据的下载点获取数据的下载地址和内容，此时只需静待数据下载完毕即可。打印数据集的维度和一些说明的代码如下：

```
import tensorflow_datasets as tfds
mnist_data = tfds.load("mnist")
mnist_train, mnist_test = mnist_data["train"], mnist_data["test"]

print(mnist_train)
print(mnist_test)
```

```
  from ._conv import register_converters as _register_converters
Downloading and preparing dataset mnist (11.06 MiB) to C:\Users\xiaohua\tensorflow_datasets\mnist\1.0.0...
Dl Completed...: 0 url [00:00, ? url/s]
Dl Size...: 0 MiB [00:00, ? MiB/s]

Dl Completed...:   0%|          | 0/1 [00:00<?, ? url/s]
Dl Size...: 0 MiB [00:00, ? MiB/s]

Dl Completed...:   0%|          | 0/2 [00:00<?, ? url/s]
Dl Size...: 0 MiB [00:00, ? MiB/s]

Dl Completed...:   0%|          | 0/3 [00:00<?, ? url/s]
Dl Size...: 0 MiB [00:00, ? MiB/s]

Dl Completed...:   0%|          | 0/4 [00:00<?, ? url/s]
Dl Size...: 0 MiB [00:00, ? MiB/s]

Extraction completed...: 0 file [00:00, ? file/s]C:\Anaconda3\lib\site-packages\urllib3\connectionpool.py:858: Insecu
  InsecureRequestWarning)
```

图 7.1　运行效果

根据下载的数据集的具体内容，数据集已经被调整成相应的维度和数据格式，显示结果如图7.2所示。

```
WARNING: Logging before flag parsing goes to stderr.
W1026 21:23:09.729100 15344 dataset_builder.py:439] Warning: Setting shuffle_files=True because split=TRAIN and shuffle_f
<_OptionsDataset shapes: {image: (28, 28, 1), label: ()}, types: {image: tf.uint8, label: tf.int64}>
<_OptionsDataset shapes: {image: (28, 28, 1), label: ()}, types: {image: tf.uint8, label: tf.int64}>
```

图 7.2　数据集效果

可以看到，MNIST数据集中的数据大小是[28,28,1]维度的图片，数据类型是uint8，label类型为int64。有读者可能奇怪，以前MNIST数据集的图片数据很多，这时只显示了一条数据的类型，实际上当数据集输出结果如图7.2所示时已经将数据集内容下载到本地。

tfds.load是一种方便的方法，是构建和加载tf.data.Dataset最简单的方法。其获取的是一个不同的字典类型的文件，根据不同的键（Key）获取不同的值（Value）。

为了方便那些在程序中需要简单NumPy数组的用户，可以使用tfds.as_numpy返回一个生成NumPy数组记录的生成器tf.data.Dataset。这允许使用tf.data接口构建高性能输入管道。

```
import tensorflow as tf
import tensorflow_datasets as tfds

train_ds = tfds.load("mnist", split=tfds.Split.TRAIN)
train_ds = train_ds.shuffle(1024).batch(128).repeat(5).prefetch(10)
for example in tfds.as_numpy(train_ds):
    numpy_images, numpy_labels = example["image"], example["label"]
```

还可以使用tfds.as_numpy结合batch_size=-1从返回的tf.Tensor对象中获取NumPy数组中的完整数据集：

```
train_ds = tfds.load("mnist", split=tfds.Split.TRAIN, batch_size=-1)
numpy_ds = tfds.as_numpy(train_ds)
numpy_images, numpy_labels = numpy_ds["image"], numpy_ds["label"]
```

注　意

load 函数中还额外添加了一个 split 参数，这里是将数据在传入的时候直接进行了分割，按数据的类型分割成 image 和 label 值。

如果需要对数据集进行更细的划分，按配置将其分成训练集、验证集和测试集，代码如下：

```
import tensorflow_datasets as tfds
splits = tfds.Split.TRAIN.subsplit(weighted=[2, 1, 1])
(raw_train, raw_validation, raw_test), metadata = tfds.load('mnist',
split=list(splits),with_info=True, as_supervised=True)
```

这里tfds.Split.TRAIN.subsplit函数按传入的权重将其分成训练集占50%，验证集占 25%，测试集占25%。

metadata属性获取了MNIST数据集的基本信息，如图7.3所示。

```
tfds.core.DatasetInfo(
    name='mnist',
    version=1.0.0,
    description='The MNIST database of handwritten digits.',
    urls=['https://storage.googleapis.com/cvdf-datasets/mnist/'],
    features=FeaturesDict({
        'image': Image(shape=(28, 28, 1), dtype=tf.uint8),
        'label': ClassLabel(shape=(), dtype=tf.int64, num_classes=10),
    }),
    total_num_examples=70000,
    splits={
        'test': 10000,
        'train': 60000,
    },
    supervised_keys=('image', 'label'),
    citation="""@article{lecun2010mnist,
      title={MNIST handwritten digit database},
      author={LeCun, Yann and Cortes, Corinna and Burges, CJ},
      journal={ATT Labs [Online]. Available: http://yann. lecun. com/exdb/mnist},
      volume={2},
      year={2010}
    }""",
    redistribution_info=,
)
```

图 7.3　MNIST 数据集

这里记录了数据的种类、大小以及对应的格式，请读者自行调阅查看。

7.2　Datasets 数据集的使用——FashionMNIST

FashionMNIST是一个替代MNIST手写数字集的图像数据集。它是由Zalando（一家德国的时尚科技公司）旗下的研究部门提供的，涵盖来自10种类别的共7万个不同商品的正面图片。

FashionMNIST的大小、格式、训练集和测试集的划分与原始的MNIST完全一致。60000/10000的训练测试数据划分（28×28的灰度图片）如图7.4所示。它一般直接用于测试机器学习和深度学习算法的性能，且不需要改动任何代码。

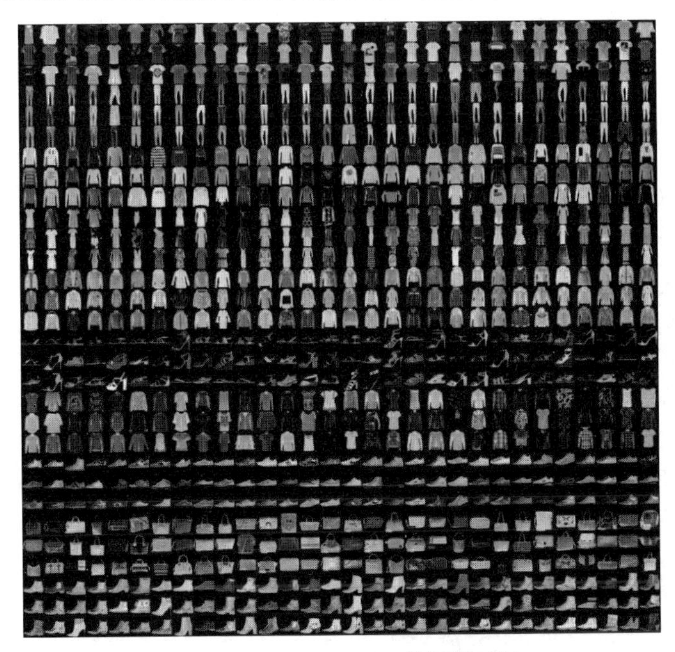

图 7.4　FashionMNIST 数据集示例

7.2.1　FashionMNIST 数据集下载与展示

读者通过搜索"FashionMNIST"关键字就可以很容易地下载相应的数据集，同时TensorFlow中也自带了相应的FashionMNIST数据集，可以通过如下代码将数据集下载到本地，下载过程如图7.5所示。

```
    import tensorflow_datasets as tfds
    dataset,metadata = tfds.load('fashion_mnist',as_supervised=True,
with_info=True)
    train_dataset,test_dataset = dataset['train'],dataset['test']
```

```
Extraction completed...:   0%|          | 0/1 [04:06<?, ? file/s]

Dl Completed...:  50%|█████     | 1/2 [04:06<04:06, 246.23s/ url]
Dl Size...:  31%|███       | 9/29 [04:06<08:07, 24.35s/ MiB]

Extraction completed...: 100%|██████████| 1/1 [04:06<00:00, 246.34s/ file]
Dl Completed...:  50%|█████     | 1/2 [04:51<04:06, 246.23s/ url]
Dl Size...:  34%|███▍      | 10/29 [04:51<10:22, 32.76s/ MiB]

Extraction completed...: 100%|██████████| 1/1 [04:51<00:00, 246.34s/ file]
```

图 7.5　FashionMNIST 数据集下载过程

首先导入tensorflow_datasets库作为下载的辅助库，load()函数中定义了所需要下载的数据集的名称，在这里只需将其定义成本例中的目标数据库fashion_mnist即可。

该函数需要特别注意一个参数as_supervised，将其设置为as_supervised=True，这样函数就会返回一个二元组（input, label），而不是返回FeaturesDict，因为二元组的形式更方便理解和使用。接下来，指定with_info=True，可以得到函数处理的信息，以便加深对数据的理解。

下面根据下载的数据创建对应的标签。

标注编号描述：

```
0: T-shirt/top（T恤）
1: Trouser（裤子）
2: Pullover（套衫）
3: Dress（裙子）
4: Coat（外套）
5: Sandal（凉鞋）
6: Shirt（汗衫）
7: Sneaker（运动鞋）
8: Bag（包）
9: Ankle boot（踝靴）
```

下面查看训练样本的个数，代码如下：

```
num_train_examples = metadata.splits['train'].num_examples
num_test_examples = metadata.splits['test'].num_examples
print("训练样本个数:{}".format(num_train_examples))
print("测试样本个数:{}".format(num_test_examples))
```

结果如下：

```
训练样本个数:60000
测试样本个数:10000
```

下面是对样本的展示，这里输出前25个样本，代码如下：

```
import matplotlib.pyplot as plt
plt.figure(figsize=(10,10))
i = 0
for (image, label) in test_dataset.take(25):
    image = image.numpy().reshape((28,28))
    plt.subplot(5,5,i+1)
    plt.xticks([])
    plt.yticks([])
    plt.grid(False)
    plt.imshow(image, cmap=plt.cm.binary)
    plt.xlabel(class_names[label])
    i += 1
plt.show()
```

图7.6显示了数据集前25个图像的内容，并用[5,5]的矩阵将其展示出来。

图 7.6 FashionMNIST 数据集展示结果

7.2.2 模型的建立与训练

模型的建立非常简单，在这里使用TensorFlow 2.3中的“顺序结构”建立一个基本的4层判别模型，即一个输入层、两个隐藏层、一个输出层的模型结构，代码如下：

```
model = tf.keras.Sequential([
        tf.keras.layers.Flatten(input_shape=(28,28,1)),           #输入层
        tf.keras.layers.Dense(256,activation=tf.nn.relu),         #隐藏层1
        tf.keras.layers.Dense(128,activation=tf.nn.relu),         #隐藏层2
        tf.keras.layers.Dense(10,activation=tf.nn.softmax)        #输出层
])
```

下面对模型进行说明。

- 输入层：tf.keras.layers.Flatten 这一层将图像从 2D 数组转换为一个 784（28×28）像素的一维数组。将这一层想象为将图像中的逐行像素拆开，并将它们排列起来。该层没有需要学习的参数，因为只是重新格式化数据。
- 隐藏层：tf.keras.layers.Dense 是由 256 或 128 个神经元组成的密集连接层。每个神经元（或节点）从前一层的所有 784 个节点获取输入，根据训练过程中学习到的隐藏层参数对输入进行加权，并将单个值输出到下一层。
- 输出层：同样由 tf.keras.layers.Dense 构成，不同的是此层的激活函数是由 softmax 提供的，将输入转化成 10 个节点，每个节点表示一组服装。与前一层一样，每个节点从其前面层的 128 个节点获取输入。每个节点根据学习到的参数对输入进行加权，然后输出，输出层所有 10 个节点值之和为 1（具体请参考 softmax 的讲解）。

接下来定义优化器和损失函数。

TensorFlow提供了多种优化器供用户使用，一般常用的是SGD与ADAM。在这里不介绍SGD和ADAM的具体内容，而是直接使用ADAM作为本例中的优化器，推荐读者在后续的实验中将其作为默认的优化器模型。

对于本例中的FashionMNIST分类，可以按模型计算的结果将其分解到不同的类别分布中，因此选择“交叉熵”作为对应的损失函数，代码如下：

```
    model.compile(optimizer='adam', loss='sparse_categorical_crossentropy',
metrics=['accuracy'])
```

注意，在compile函数中，优化器optimizer的定义是adam；损失函数的定义为sparse_categorical_crossentropy，而不是传统的categorical_crossentropy，这是因为sparse_categorical_crossentropy函数能够将输入的序列转化成与模型对应的分布函数，无须手动调节，可以在数据的预处理过程中较好地减少显存的占用和数据交互的时间。

当然，也可以使用categorical_crossentropy“交叉熵”函数作为损失函数的定义，不过需要在数据的预处理过程中加上tf.one_hot函数对标签的分布做出预处理。本书推荐使用sparse_categorical_crossentropy作为损失函数的定义。

最后设置样本的轮次和batch_size的大小，这里根据不同的硬件配置可以对其进行不同的设置，代码如下：

```
    batch_size = 256
    train_dataset = train_dataset.repeat().shuffle(num_train_examples)
.batch(batch_size)
    test_dataset = test_dataset.batch(batch_size)
```

batch_size的大小可以根据不同机器的配置情况进行设置。最后一步是模型对样本的训练，代码如下：

```
    model.fit(train_dataset, epochs=5, steps_per_epoch = math.ceil
(num_train_examples / batch_size))
```

完整代码如下：

【程序 7-1】

```
    import tensorflow_datasets as tfds
    import tensorflow as tf
    import math
    dataset,metadata = tfds.load('fashion_mnist',as_supervised=True,
with_info=True)
    train_dataset,test_dataset = dataset['train'],dataset['test']

    model = tf.keras.Sequential([
           tf.keras.layers.Flatten(input_shape=(28,28,1)),        #输入层
           tf.keras.layers.Dense(256,activation=tf.nn.relu),      #隐藏层1
           tf.keras.layers.Dense(128,activation=tf.nn.relu),      #隐藏层2
           tf.keras.layers.Dense(10,activation=tf.nn.softmax)     #输出层
    ])

    model.compile(optimizer='adam', loss='sparse_categorical_crossentropy',
```

```
metrics=['accuracy'])

    batch_size = 256
    train_dataset = train_dataset.repeat().shuffle(50000).batch(batch_size)
    test_dataset = test_dataset.batch(batch_size)

    model.fit(train_dataset, epochs=5,
steps_per_epoch=math.ceil(50000//batch_size))
```

最终结果请读者自行完成。

7.3 使用Keras对FashionMNIST数据集进行处理

Keras作为TensorFlow 2强力推荐的高级API，同样将FashionMNIST数据集作为自带的数据集。本节将采用Keras包下载FashionMNIST，采用model结构建立模型，并对数据进行处理。

7.3.1 获取数据集

获取数据集的代码如下：

```
    import tensorflow as tf

    fashion_mnist = tf.keras.datasets.fashion_mnist
    (train_images, train_labels), (test_images, test_labels) =
fashion_mnist.load_data()

    print("The shape of train_images is ",train_images.shape)
    print("The shape of train_labels is ",train_labels.shape)

    print("The shape of test_images is ",test_images.shape)
    print("The shape of test_labels is ",test_labels.shape)
```

Keras中自带有fashion_mnist数据集，因此直接导入即可。与tensorflow_dataset数据集类似，也是直接从网上下载数据并将其存储在本地，打印结果如图7.7所示。

```
The shape of train_images is  (60000, 28, 28)
The shape of train_labels is  (60000,)
The shape of test_images is  (10000, 28, 28)
The shape of test_labels is  (10000,)
```

图7.7 fashion_mnist数据集打印结果

7.3.2 数据集的调整

前面章节介绍了卷积的计算方法，就目前而言，对于图形图像的识别和分类问题，卷积神经网络是最优选，因此在将数据输入模型之前需要将其修正为符合卷积模型输入条件的格式，代码如下：

```
train_images = tf.expand_dims(train_images,axis=3)
test_images = tf.expand_dims(test_images,axis=3)

print(train_images.shape)
print(test_images.shape)
```

打印结果如下：

```
(60000, 28, 28, 1)
(10000, 28, 28, 1)
```

7.3.3 使用 Python 类函数建立模型

在上一节中分辨模型的建立是将图像进行了flatten处理，也就是将其拉平后使用全连接层参数来对结果进行分类和识别，本例将使用Keras API中的二维卷积层对图像进行分类，代码如下：

```
    self.cnn_1 = tf.keras.layers.Conv2D(32,3,padding="SAME",
activation=tf.nn.relu)
    self.batch_norm_1 = tf.keras.layers.BatchNormalization()

    self.cnn_2 = tf.keras.layers.Conv2D(64,3,padding="SAME",
activation=tf.nn.relu)
    self.batch_norm_2 = tf.keras.layers.BatchNormalization()

    self.cnn_3 = tf.keras.layers.Conv2D(128,3,padding="SAME",
activation=tf.nn.relu)
    self.batch_norm_3 = tf.keras.layers.BatchNormalization()

    self.last_dense = tf.keras.layers.Dense(10)
```

tf.keras.layers. Conv2D是由若干个卷积层组成的二维卷积层。层中的每个卷积核从前一层的[3,3]大小的节点中获取输入，根据训练过程中学习到的隐藏层参数对输入进行加权，并将单个值输出到下一层。padding是填充操作，由于经过卷积运算输入的图像大小维度发生了变化，因此通过padding可以对其进行填充。当然，也可以不进行填充，这个由读者自行决定。

tf.keras.layers.Dense的作用是对生成的图像进行分类，按要求分成10部分。这里使用全连接层做分类器是不可能实现的，因为输入数据经过卷积计算的结果是一个4维的矩阵模型，而分类器实际上是对二维的数据进行计算，这点请读者自行参考模型的建立代码。

模型的完整代码如下：

【程序 7-2】

```
class FashionClassic:
    def __init__(self):

        #第一个卷积层
        self.cnn_1 = tf.keras.layers.Conv2D(32,3,activation=tf.nn.relu)
        #正则化层
        self.batch_norm_1 = tf.keras.layers.BatchNormalization()
        #第二个卷积层
        self.cnn_2 = tf.keras.layers.Conv2D(64,3,activation=tf.nn.relu)
        #正则化层
        self.batch_norm_2 = tf.keras.layers.BatchNormalization()
        #第三个卷积层
        self.cnn_3 = tf.keras.layers.Conv2D(128,3,activation=tf.nn.relu)
        #正则化层
        self.batch_norm_3 = tf.keras.layers.BatchNormalization()
        #分类层
        self.last_dense = tf.keras.layers.Dense(10 ,activation=tf.nn.softmax)

    def __call__(self, inputs):
        img = inputs

        img = self.cnn_1(img)                                  #使用第一个卷积层
        img = self.batch_norm_1(img)                           #正则化

        img = self.cnn_2(img)                                  #使用第一个卷积层
        img = self.batch_norm_2(img)                           #正则化

        img = self.cnn_3(img)                                  #使用第一个卷积层
        img = self.batch_norm_3(img)                           #正则化

        img_flatten = tf.keras.layers.Flatten()(img)           #将数据拉平重新排列
        output = self.last_dense(img_flatten)                  #使用分类器进行分类

        return output
```

这里使用了3个卷积层和3个batch_normalization作为正则化层，之后使用了flatten函数将数据拉平并重新排列，提供给分类器使用，解决了分类器数据输入的问题。

注 意

笔者使用了正统的模型类的定义方式，首先生成一个FashionClassic类名，在init函数中对所有需要用到的层进行定义，而在__call__函数中对其进行调用。如果读者对Python类的定义和使用不是很熟悉，请自行查阅Python类中的__call__函数和__init__函数的用法。

7.3.4 模型的查看和参数打印

TensorFlow 2提供了创建模型和将模型进行组合的函数，代码如下：

```
img_input = tf.keras.Input(shape=(28,28,1))
output = FashionClassic()(img_input)
model = tf.keras.Model(img_input,output)
```

与传统的TensorFlow类似，这里的Input函数创建了一个占位符，提供了数据的输入口，再直接调用分类函数获取占位符的输出结果，从而虚拟达成了一个类的完整形态，之后的Model函数建立了输入与输出连接，从而建立了一个完整的TensorFlow模型。

下面对模型进行展示，TensorFlow 2通过调用Keras作为高级API可以打印模型的大概结构和参数，使用代码如下：

```
print(model.summary())
```

打印结果如图7.8所示。

```
Layer (type)                 Output Shape              Param #
=================================================================
input_1 (InputLayer)         [(None, 28, 28, 1)]       0
_________________________________________________________________
conv2d (Conv2D)              (None, 26, 26, 32)        320
_________________________________________________________________
batch_normalization (BatchNo (None, 26, 26, 32)        128
_________________________________________________________________
conv2d_1 (Conv2D)            (None, 24, 24, 64)        18496
_________________________________________________________________
batch_normalization_1 (Batch (None, 24, 24, 64)        256
_________________________________________________________________
conv2d_2 (Conv2D)            (None, 22, 22, 128)       73856
_________________________________________________________________
batch_normalization_2 (Batch (None, 22, 22, 128)       512
_________________________________________________________________
flatten (Flatten)            (None, 61952)             0
_________________________________________________________________
dense (Dense)                (None, 10)                619530
=================================================================
Total params: 713,098
Trainable params: 712,650
```

图 7.8 模型的层次与参数

从模型的层次和参数的分布来看，与在模型类中定义的分布一致，首先是输入端，随后分别接了3个卷积层和batch_normalization层作为特征提取的工具，最后flatten层将数据拉平，全连接层对输入的数据进行分类处理。

除此之外，TensorFlow中还提供了图形化模型输入输出的函数，代码如下：

```
tf.keras.utils.plot_model(model)
```

输出的结果如图7.9所示。

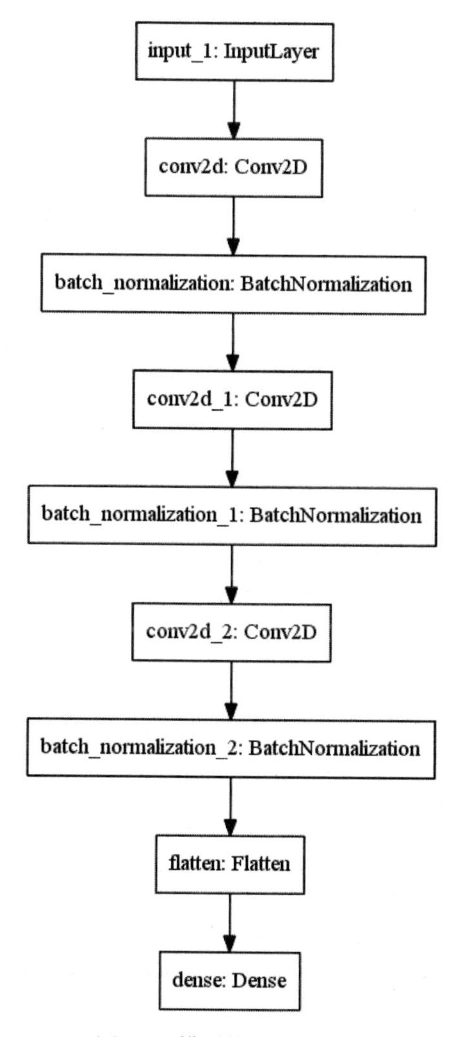

图 7.9 模型的图形化展示

该函数将画出模型结构图，并保存成图片，除了输入使用TensorFlow中Keras创建的模型外，plot_model函数还接收额外的两个参数：

- show_shapes：指定是否显示输出数据的形状，默认为 False。
- show_layer_names：指定是否显示层名称，默认为 True。

7.3.5 模型的训练和评估

这里使用和上一小节类似的模型参数进行设置，唯一的区别是自定义学习率，因为随着模型的变化，学习率也会跟随变化，代码如下：

```
img_input = tf.keras.Input(shape=(28,28,1))
output = FashionClassic()(img_input)
model = tf.keras.Model(img_input,output)
```

```
    model.compile(optimizer=tf.keras.optimizers.Adam(1e-4),
loss=tf.losses.sparse_categorical_crossentropy, metrics=['accuracy'])
    model.fit(x=train_images,y=train_labels, epochs=10,verbose=2)

    model.evaluate(x=test_images,y=test_labels,verbose=2)
```

在这里，训练数据和测试数据被分别使用，并进行训练和验证，epoch为训练的轮数，verbose=2设置了显示结果。完整代码如下：

【程序 7-3】

```
    import tensorflow as tf

    fashion_mnist = tf.keras.datasets.fashion_mnist
    (train_images, train_labels), (test_images, test_labels) =
fashion_mnist.load_data()

    train_images = tf.expand_dims(train_images,axis=3)
    test_images = tf.expand_dims(test_images,axis=3)

    class FashionClassic:
        def __init__(self):

            self.cnn_1 = tf.keras.layers.Conv2D(32,3,activation=tf.nn.relu)
            self.batch_norm_1 = tf.keras.layers.BatchNormalization()

            self.cnn_2 = tf.keras.layers.Conv2D(64,3,activation=tf.nn.relu)
            self.batch_norm_2 = tf.keras.layers.BatchNormalization()

            self.cnn_3 = tf.keras.layers.Conv2D(128,3,activation=tf.nn.relu)
            self.batch_norm_3 = tf.keras.layers.BatchNormalization()

            self.last_dense = tf.keras.layers.Dense(10,activation=tf.nn.softmax)

        def __call__(self, inputs):
            img = inputs

            img = self.cnn_1(img)
            img = self.batch_norm_1(img)

            img = self.cnn_2(img)
            img = self.batch_norm_2(img)

            img = self.cnn_3(img)
            img = self.batch_norm_3(img)

            img_flatten = tf.keras.layers.Flatten()(img)
            output = self.last_dense(img_flatten)

            return output
```

```
    if __name__ == "__main__":
        img_input = tf.keras.Input(shape=(28,28,1))
        output = FashionClassic()(img_input)
        model = tf.keras.Model(img_input,output)

        model.compile(optimizer=tf.keras.optimizers.Adam(1e-4),
loss=tf.losses.sparse_categorical_crossentropy, metrics=['accuracy'])

        model.fit(x=train_images,y=train_labels, epochs=10,verbose=2)
        model.evaluate(x=test_images,y=test_labels)
```

训练和验证输出如图7.10所示。

```
Train on 60000 samples
Epoch 1/10
60000/60000 - 15s - loss: 0.5301 - accuracy: 0.8537
Epoch 2/10
60000/60000 - 14s - loss: 0.2843 - accuracy: 0.9176
Epoch 3/10
60000/60000 - 14s - loss: 0.1899 - accuracy: 0.9425
Epoch 4/10
60000/60000 - 14s - loss: 0.1326 - accuracy: 0.9578
Epoch 5/10
60000/60000 - 14s - loss: 0.0994 - accuracy: 0.9676
Epoch 6/10
60000/60000 - 14s - loss: 0.0789 - accuracy: 0.9740
Epoch 7/10
60000/60000 - 14s - loss: 0.0597 - accuracy: 0.9809
Epoch 8/10
60000/60000 - 14s - loss: 0.0501 - accuracy: 0.9837
Epoch 9/10
60000/60000 - 14s - loss: 0.0399 - accuracy: 0.9865
Epoch 10/10
60000/60000 - 15s - loss: 0.0424 - accuracy: 0.9865
10000/10000 - 1s - loss: 0.5931 - accuracy: 0.9023
```

图 7.10 训练和验证过程展示

训练的准确率上升得很快，仅仅经过10个轮次，在验证集上准确率就达到了0.9023，也是一个较好的成绩。

7.4 使用 TensorBoard 可视化训练过程

TensorBoard是TensorFlow自带的一个强大的可视化工具，也是一个Web应用程序套件。在众多机器学习库中，TensorFlow是目前唯一自带可视化工具的库，这也是TensorFlow的一个优点。学会使用TensorBoard，我们就可以构建复杂的模型。

TensorBoard是集成在TensorFlow中的，基本上安装完TensorFlow 1.X或者2.X，TensorBoard默认会被自动安装。无论是1.X版本还是2.X版本的TensorBoard，都可以在TensorFlow 2.X下直接

使用而无须做出调整。

TensorBoard官方定义的tf.keras.callbacks.TensorBoard类是由TensorFlow提供的一个可视化工具。

7.4.1 TensorBoard 文件夹的设置

TensorBoard实际上是将训练过程的数据存储并写入硬盘的类，因此需要按TensorFlow官方的定义生成存储文件夹。

图7.11是TensorBoard文件的存储架构，可以看到logs文件夹下的train文件夹中存放着以events开头的文件，这也是TensorBoard存储的文件类型。

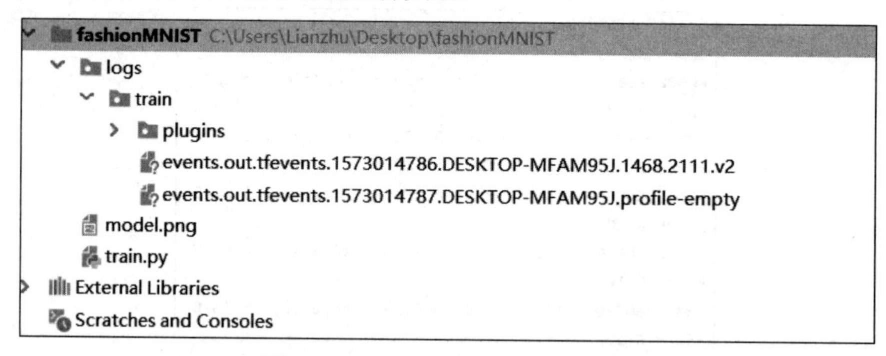

图 7.11 TensorBoard 文件存储架构

在真实的模型训练中，logs中的train文件夹是在TensorBoard函数初始化的过程中创建的，因此只需要在与训练代码“平行”的位置创建一个logs文件夹即可，如图7.12所示。

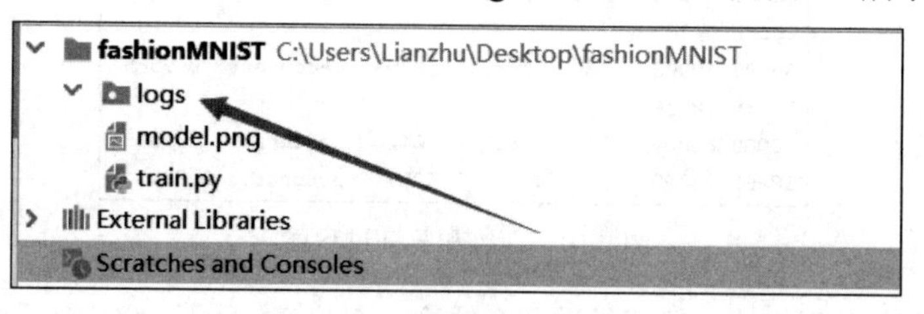

图 7.12 创建的 logs 文件夹

logs文件夹是与train这个.py文件平行的文件夹，专用于存放TensorBoard在程序的运行过程中产生的数据文件。

7.4.2 TensorBoard 的显式调用

在1.X版本中，如果用户需要使用TensorBoard对训练过程进行监督，则要调用TensorBoard加载数据，即TensorBoard通过一些操作将数据记录到文件中，然后读取文件来完成作图。

在TensorFlow 2.X中，为了结合Keras高级API的数据调用和使用方法，TensorBoard被集成在callbacks函数中，用户可以自由地将其加载到训练过程中，并直观地观测模型的训练情况。

在TensorFlow 2.X中，调用TensorBoard callbacks的代码如下：

```
tensorboard = tf.keras.callbacks.TensorBoard(histogram_freq=1)
```

参数说明如下：

- log_dir：用来保存被 TensorBoard 分析的日志文件的文件名。
- histogram_freq：对于模型中各个层计算激活值和模型权重直方图的频率（训练轮数中）。如果设置成 0，直方图不会被计算。对于直方图可视化的验证数据（或分离数据），一定要明确指出。
- write_graph：是否在 TensorBoard 中可视化图像。如果 write_graph 被设置为 True，日志文件会变得非常大。
- write_grads：是否在 TensorBoard 中可视化梯度值直方图。histogram_freq 必须要大于 0。
- batch_size：每次传入模型进行训练的样本大小。
- write_images：是否在 TensorBoard 中将模型权重以图片可视化。
- embeddings_freq：被选中的嵌入层保存的频率（在训练轮中）。
- embeddings_layer_names：手动设置的嵌入层名称，程序设计者将需要模型监测的层名称以列表的形式保存在此。如果此参数是 None 或者空列表，则所有的嵌入层都会被模型监控。
- embeddings_metadata：将嵌入层与自定义的层名称进行映射的配对字典。
- embeddings_data：要嵌入在 embeddings_layer_names 指定层的数据。NumPy 数组（如果模型有单个输入）或 NumPy 数组列表（如果模型有多个输入）。
- update_freq：batch、epoch 或整数。当选用 batch 时，在每个 batch 之后将损失和评估值写入 TensorBoard 中。同样的情况可应用到选用 epoch 时。如果选用整数，例如 10000，那么这个回调会在每 10000 个样本之后将损失和评估值写入 TensorBoard 中。注意，频繁地写入 TensorBoard 会减缓我们的训练。

要调用TensorBoard函数依旧需要在模型训练过程中进行回调，此时TensorBoard通过继承Keras中的Callbacks类直接被插入训练模型即可。

```
    model.fit(x=train_images,y=train_labels, epochs=10,verbose=2,callbacks
= [tensorboard])
```

这里借用7.3节中FashionMNIST训练过程的fit函数，callbacks将实例化的一个callbacks类显式地传递到训练模型中被调用。

顺便说一句，callbacks类的使用和实现不止TensorBoard一个。在本例中读者只需要记住有这个类即可。

【程序 7-4】

```
    import tensorflow as tf

    fashion_mnist = tf.keras.datasets.fashion_mnist
    (train_images, train_labels), (test_images, test_labels) =
fashion_mnist.load_data()

    train_images = tf.expand_dims(train_images,axis=3)
    test_images = tf.expand_dims(test_images,axis=3)
```

```
class FashionClassic:
    def __init__(self):

        self.cnn_1 = tf.keras.layers.Conv2D(32,3,activation=tf.nn.relu)
        self.batch_norm_1 = tf.keras.layers.BatchNormalization()

        self.cnn_2 = tf.keras.layers.Conv2D(64,3,activation=tf.nn.relu)
        self.batch_norm_2 = tf.keras.layers.BatchNormalization()

        self.cnn_3 = tf.keras.layers.Conv2D(128,3,activation=tf.nn.relu)
        self.batch_norm_3 = tf.keras.layers.BatchNormalization()

        self.last_dense = tf.keras.layers.Dense(10,activation=tf.nn.softmax)


    def __call__(self, inputs):
        img = inputs

        conv_1 = self.cnn_1(img)
        conv_2 = self.batch_norm_1(conv_1)

        conv_2 = self.cnn_2(conv_2)
        conv_3 = self.batch_norm_2(conv_2)

        conv_3 = self.cnn_3(conv_3)
        conv_4 = self.batch_norm_3(conv_3)

        img_flatten = tf.keras.layers.Flatten()(conv_4)
        output = self.last_dense(img_flatten)

        return output


if __name__ == "__main__":
    img_input = tf.keras.Input(shape=(28,28,1))
    output = FashionClassic()(img_input)
    model = tf.keras.Model(img_input,output)

    model.compile(optimizer=tf.keras.optimizers.Adam(1e-4),
loss=tf.losses.sparse_categorical_crossentropy, metrics=['accuracy'])

    tensorboard = tf.keras.callbacks.TensorBoard(histogram_freq=1)   #初始化
TensorBoard

    model.fit(x=train_images,y=train_labels, epochs=10,verbose=2,
callbacks=[tensorboard])
    model.evaluate(x=test_images,y=test_labels)                #显式调用
TensorBoard
```

程序的运行结果请读者参考7.3节的程序运行示例，这里不再说明。

7.4.3　TensorBoard的使用

TensorBoard的使用需要分成3部分：

- 确认TensorBoard生成完毕。
- 终端输入调用命令。
- 根据终端返回值打开网页客户端。

第一步：确认TensorBoard生成完毕

模型训练完毕或者在训练的过程中，TensorBoard会在logs文件夹下生成对应的数据存储文件，如图7.13所示，可以通过查阅相应的文件确定文件的产生。

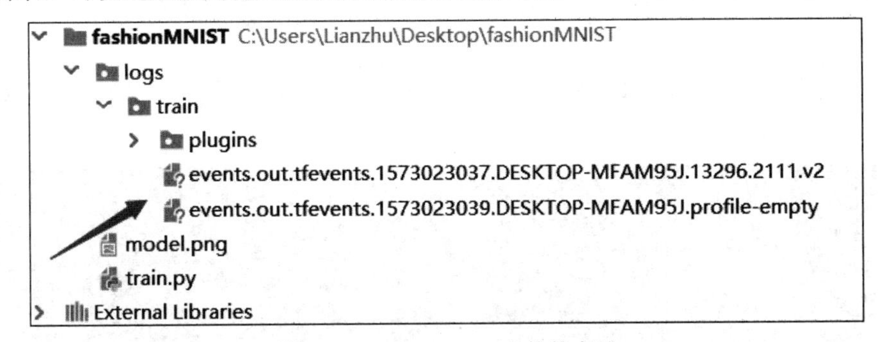

图7.13　TensorBoard文件的存储

第二步：在终端输入TensorBoard启动命令

在CMD终端上打开终端控制端口，如图7.14所示。

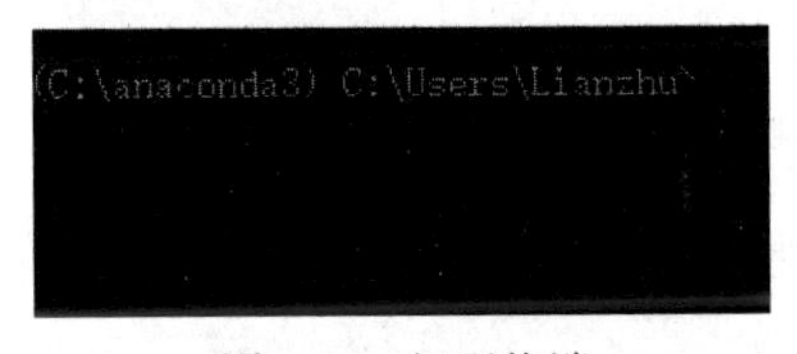

图7.14　打开终端

输入如下内容：

```
tensorboard --logdir=/full_path_to_your_logs/train
```

也就是显式地调用TensorBoard，在对应的位置（见图7.15）打开存储的数据文件，如图7.16所示。

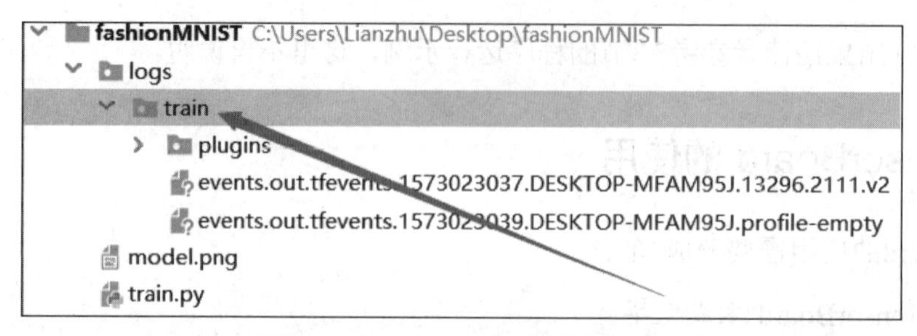

图 7.15 TensorBoard 存储的位置

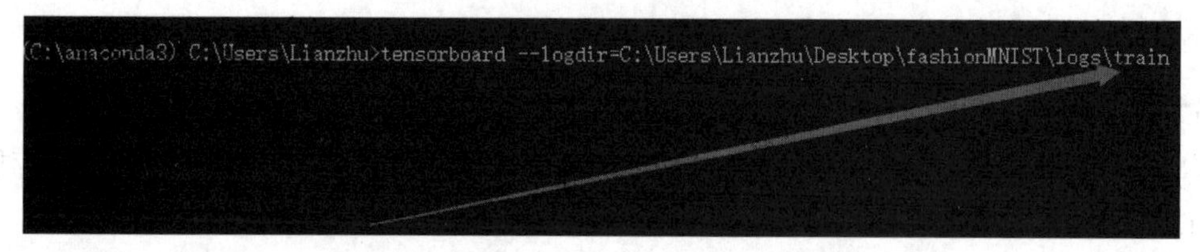

图 7.16 在终端调用 TensorBoard 的位置

在核对完终端的TensorBoard启动命令后，终端显示如图7.17所示的值，即可确定TensorBoard启动完毕。

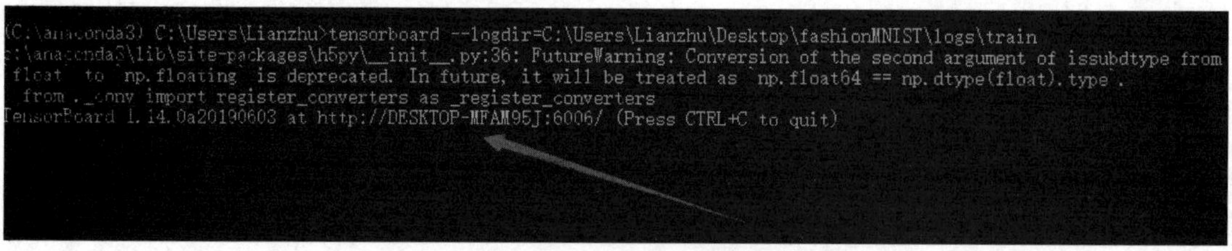

```
(C:\anaconda3) C:\Users\Lianzhu>tensorboard --logdir=C:\Users\Lianzhu\Desktop\fashionMNIST\logs\train
:\anaconda3\lib\site-packages\h5py\__init__.py:36: FutureWarning: Conversion of the second argument of issubdtype from
 float  to  np.floating  is deprecated. In future, it will be treated as  np.float64 == np.dtype(float).type .
  from ._conv import register_converters as _register_converters
TensorBoard 1.14.0a20190603 at http://DESKTOP-MFAM95J:6006/ (Press CTRL+C to quit)
```

图 7.17 TensorBoard 在终端启动后的输出值

此时TensorBoard自动启动了一个端口为6006的HTTP地址，地址名就是本机地址，可以用localhost代替。

第三步：在浏览器中查看 TensorBoard

建议使用Chrome浏览器或者Edge浏览器打开TensorBoard页面，输入地址如下：

```
http://localhost:6006
```

打开的页面如图7.18所示。

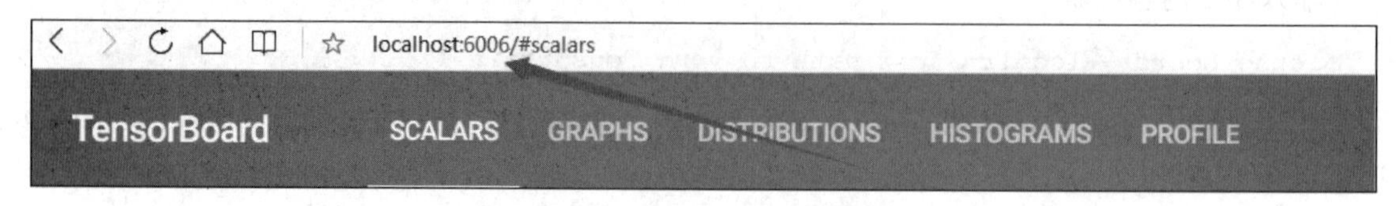

图 7.18 打开的 TensorBoard 页面

在打开的页面中有若干个标签，分别为SCALARS、GRAPHS、DISTPIBUTIONS、HISTOGRAMS、PROFILE。SCALARS是按命名空间划分的监控数据，如图7.19所示。

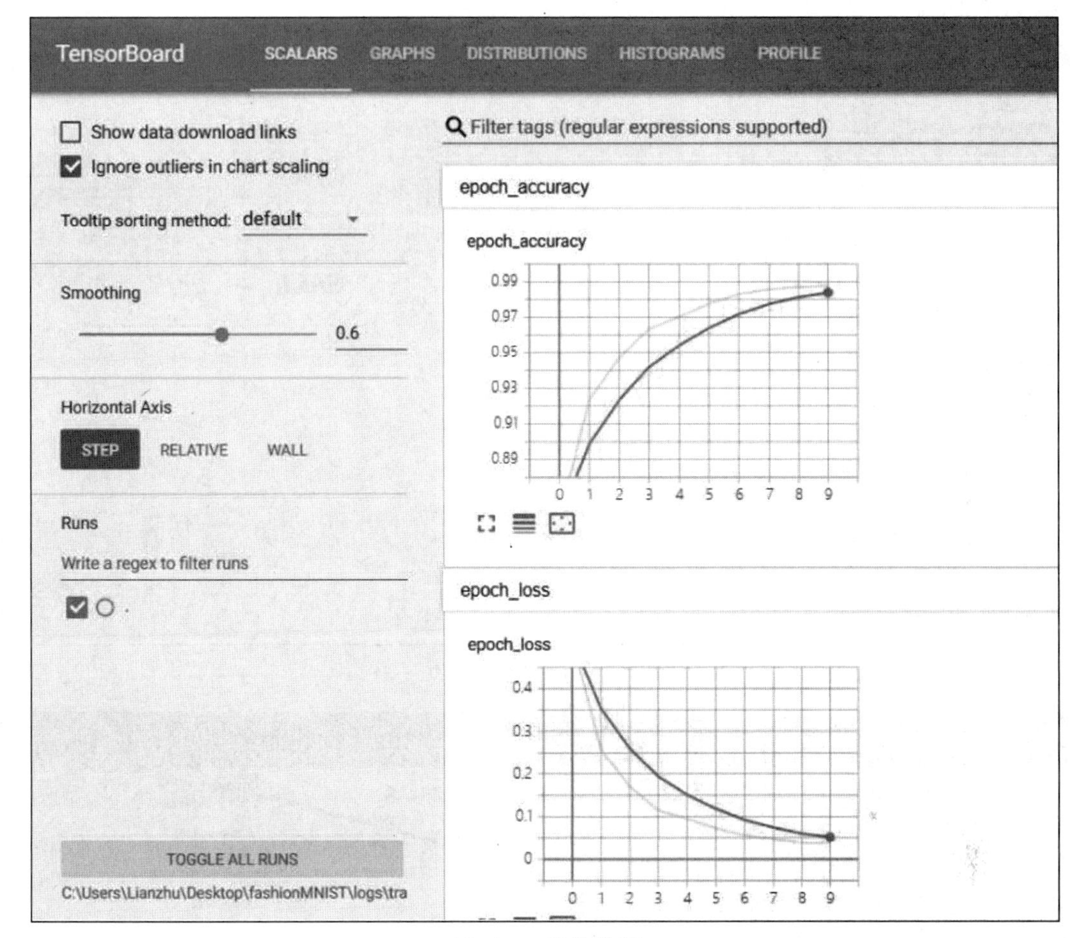

图 7.19　监控数据

这里展示了在程序代码段中的两个监控指标：epoch_loss和epoch_accuracy。随着时间的变换，loss呈现为线性减少，而accuracy呈现为线性增加。其中，横坐标表示训练次数，纵坐标表示该标量的具体值，从图7.19中可以看出，随着训练次数的增加，损失函数的值是在逐步减小的。

TensorBoard左侧工具栏上的Smoothing（0是进行不平滑处理，1是最平滑，默认是0.6）表示在做图的时候对图像进行平滑处理，这样做是为了更好地展示参数的整体变化趋势。如果不进行平滑处理，那么有些曲线波动会很大，难以看出趋势。

GRAPHS是整个模型图的架构展示，如图7.20所示。

相对于Keras中的模型图和参数展示，TensorBoard能够进一步将模型架构更为细节地展示出来，单击每个模型的节点，可以展开看到每个节点的输入和输出数据，如图7.21所示。

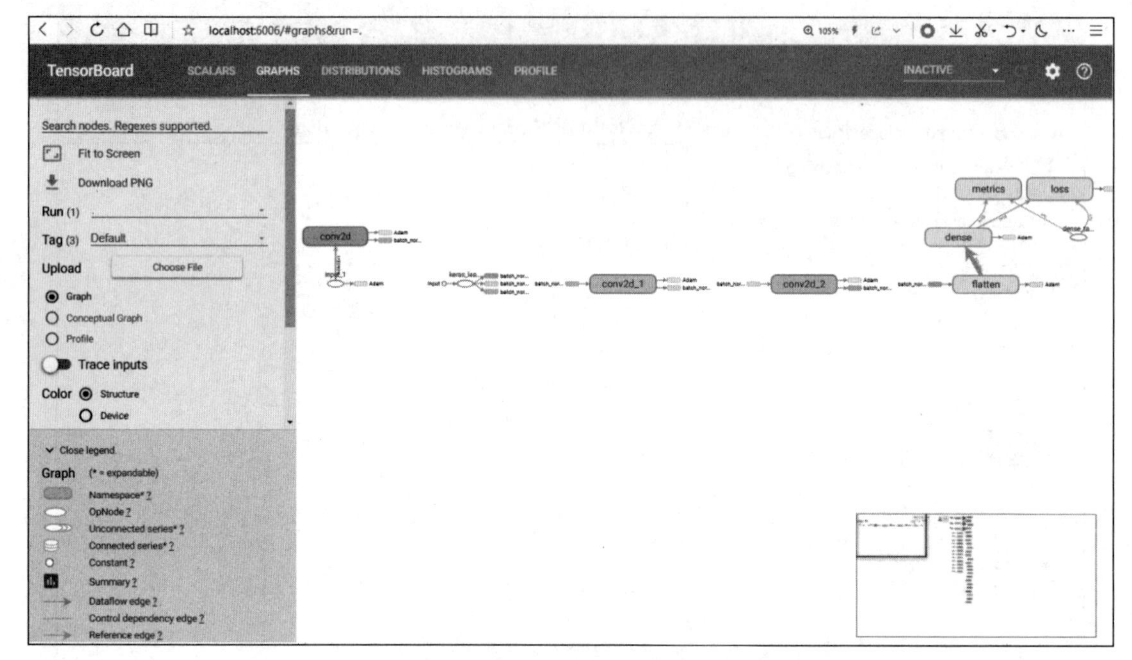

图 7.20 模型图的架构

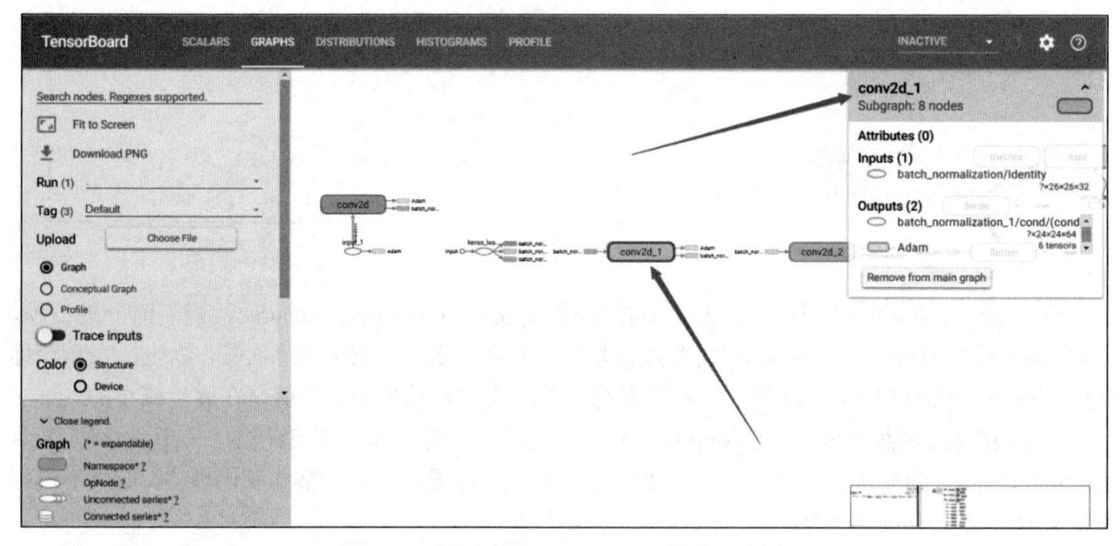

图 7.21 展开后的 TensorBoard 节点显示图

另外，还可以根据用户对模型展示的需求选择图像的颜色，在基于结构的模式中，相同的节点会被标记为相同的颜色，而在以硬件为基础的展示结构中，相同的硬件被标记上相同的颜色。

DISTRIBUTIONS标签用于查看神经元输出的分布，有激活函数之前的分布、激活函数之后的分布等，如图7.22所示。

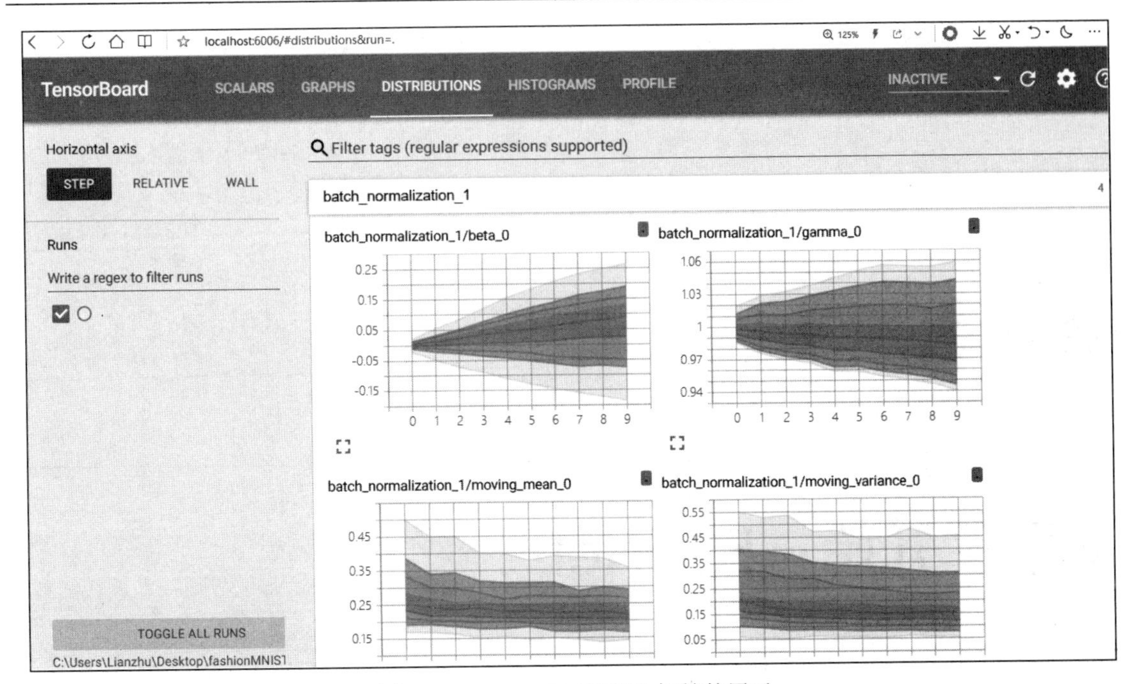

图 7.22　DISTRIBUTIONS 标签的展示

TensorBoard中剩下的标签分别是分布和统计方面的一些模型信息，这里就不再过多解释了，请有兴趣的读者自行查阅相关内容。

7.5　本章小结

本章主要介绍了两个TensorFlow 2中新的高级API。TensorFlow Datasets简化了数据集的获取与使用，并且TensorFlow Datasets中的数据集依旧在不停地增加中。TensorBoard是可视化模型训练过程的利器，通过其对模型训练过程不同维度的观测可以帮助用户更好地对模型进行训练。

第8章

从冠军开始：ResNet

随着VGG网络模型的成功，更深、更宽、更复杂的网络似乎成为卷积神经网络搭建的主流。卷积神经网络能够用来提取所侦测对象的低、中、高的特征，网络的层数越多，意味着能够提取到不同层级的特征越丰富，并且通过还原镜像发现越深的网络提取的特征越抽象，越具有语义信息。

这产生了一个非常大的疑问，是否可以单纯地通过增加神经网络模型的深度和宽度（增加更多的隐藏层和每个层之中的神经元）去获得更好的结果？答案是不可能。因为根据实验发现，随着卷积神经网络层数的加深，出现了另一个问题，即在训练集上准确率难以达到100%，甚至于还下降。

这似乎不能简单地解释为卷积神经网络的性能下降，因为卷积神经网络加深的基础理论就是越深越好。如果强行解释为产生了“过拟合”，似乎也不能够解释准确率下降的问题，因为如果产生了过拟合，那么在训练集上卷积神经网络应该表现得更好才对。

这个问题被称为“神经网络退化”。

会出现神经网络退化的问题说明卷积神经网络不能通过简单地堆积层数来进行优化。

2015年，152层深的ResNet横空出世，荣获了当年ImageNet竞赛的冠军，相关论文在CVPR 2016斩获最佳论文奖。ResNet成为视觉乃至整个AI界的一个经典。ResNet使得训练深度达数百甚至数千层的网络成为可能，而且性能仍然优异。

本章将主要介绍ResNet及其变种。后面章节介绍的Attention模块是基于ResNet模型的扩展。本章还会引入一个新的模块TensorFlow-layers，这是为了简化。

让我们站在巨人的肩膀上，从冠军开始！

提　示
ResNet 非常简单。

8.1　ResNet 的基础原理与程序设计基础

ResNet的出现彻底改变了VGG系列所带来的固定思维，破天荒地提出了采用模块化的思维来替代整体的卷积层，通过一个个模块的堆叠来替代不断增加的卷积层。对ResNet的研究和不断改进成为过去几年计算机视觉和深度学习领域最具突破性的工作。并且由于其表征能力强，ResNet在图像分类任务以外的许多计算机视觉应用上也取得了巨大的性能提升，例如对象检测和人脸识别。

8.1.1　ResNet 诞生的背景

卷积神经网络的实质就是无限拟合一个符合对应目标的函数。根据泛逼近定理（Universal Approximation Theorem），如果给定足够的容量，一个单层的前馈网络就足以表示任何函数。但是，这个层可能非常大，而且网络容易过拟合数据。因此，学术界有一个共同的认识，就是网络架构需要更深。

但是，研究发现只是简单地将层堆叠在一起，增加网络的深度并不会起太大的作用。这是由于难搞的梯度消失（Vanishing Gradient）问题，深层的网络很难训练。因为梯度反向传播到前一层，重复相乘可能使梯度无穷小。结果就是，随着网络的层数更深，其性能趋于饱和，甚至开始迅速下降，如图8.1所示。

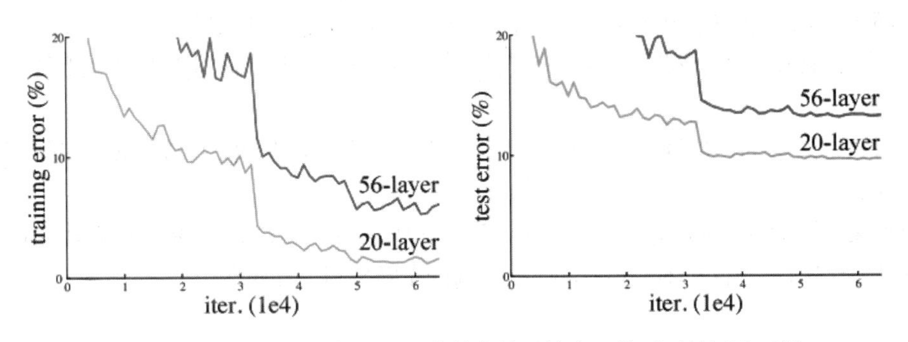

图 8.1　随着网络的层数更深，其性能趋于饱和，甚至开始迅速下降

在ResNet之前，已经出现好几种处理梯度消失问题的方法，但是没有一个方法能够真正解决这个问题。何恺明等人于2015年发表的论文《用于图像识别的深度残差学习》（Deep Residual Learning for Image Recognition）中，认为堆叠的层不应该降低网络的性能，可以简单地在当前网络上堆叠映射层（不处理任何事情的层），并且所得到的架构性能不变。

$$f'(x) = \begin{cases} x \\ f(x) + x \end{cases}$$

当$f(x)$为0时，$f'(x)$等于x，当$f(x)$不为0时，所获得的$f'(x)$性能要优于单纯地输入x。公式表明，较深的模型所产生的训练误差不应比较浅的模型误差更高。让堆叠的层拟合一个残差映射（Residual Mapping）要比让它们直接拟合所需的底层映射更容易。

从图8.2可以看到，残差映射与传统的直接相连的卷积网络相比，最大的变化是加入了一个恒等映射层$y = x$层。其主要作用是使得网络随着深度的增加而不会产生权重衰减、梯度衰减或者消失这些问题。

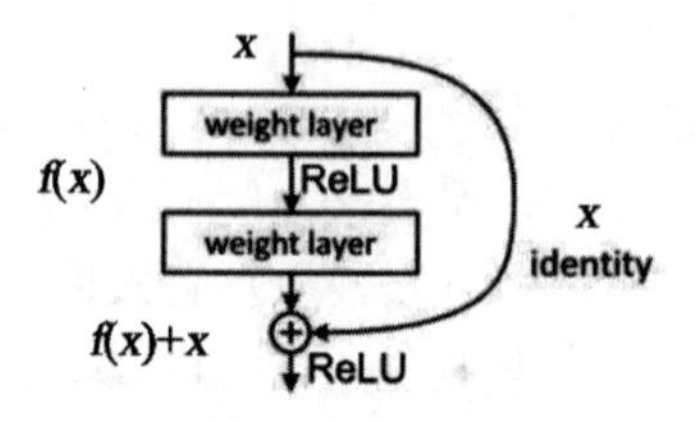

图 8.2　残差框架模块

图中$f(x)$表示的是残差，$f(x) + x$是最终的映射输出，因此可以得到网络的最终输出为$H(x) = f(x) + x$。由于网络框架中有两个卷积层和两个ReLU函数，因此最终的输出结果可以表示为：

$$H_1(x) = \mathrm{ReLU}_1(w_1 \times x)$$
$$H_2(x) = \mathrm{ReLU}_2(w_2 \times h_1(x))$$
$$H(x) = H_2(x) + x$$

其中，H_1是第一层的输出，H_2是第二层的输出。这样在输入与输出有相同维度时，可以使用直接输入的形式将数据传递到框架的输出层。

ResNet整体结构图及与VGGNet的比较如图8.3所示。

图8.3展示了VGGNet19、一个34层的普通结构神经网络和一个34层的ResNet网络的对比图。通过验证可知，在使用了ResNet的结构后可以发现层数不断加深导致的训练集上误差增大的现象被消除了，ResNet网络的训练误差会随着层数的增大而逐渐减小，并且在测试集上的表现也会变好。

除了用以上讲解的二层残差学习单元外，实际上更多的是使用[1,1]结构的三层残差学习单元，如图8.4所示。

这是借鉴了NIN模型的思想，在二层残差单元中包含一个[3,3]卷积层的基础上包含了两个[1,1]大小的卷积层，放在[3,3]卷积层的前后，执行先降维再升维的操作。

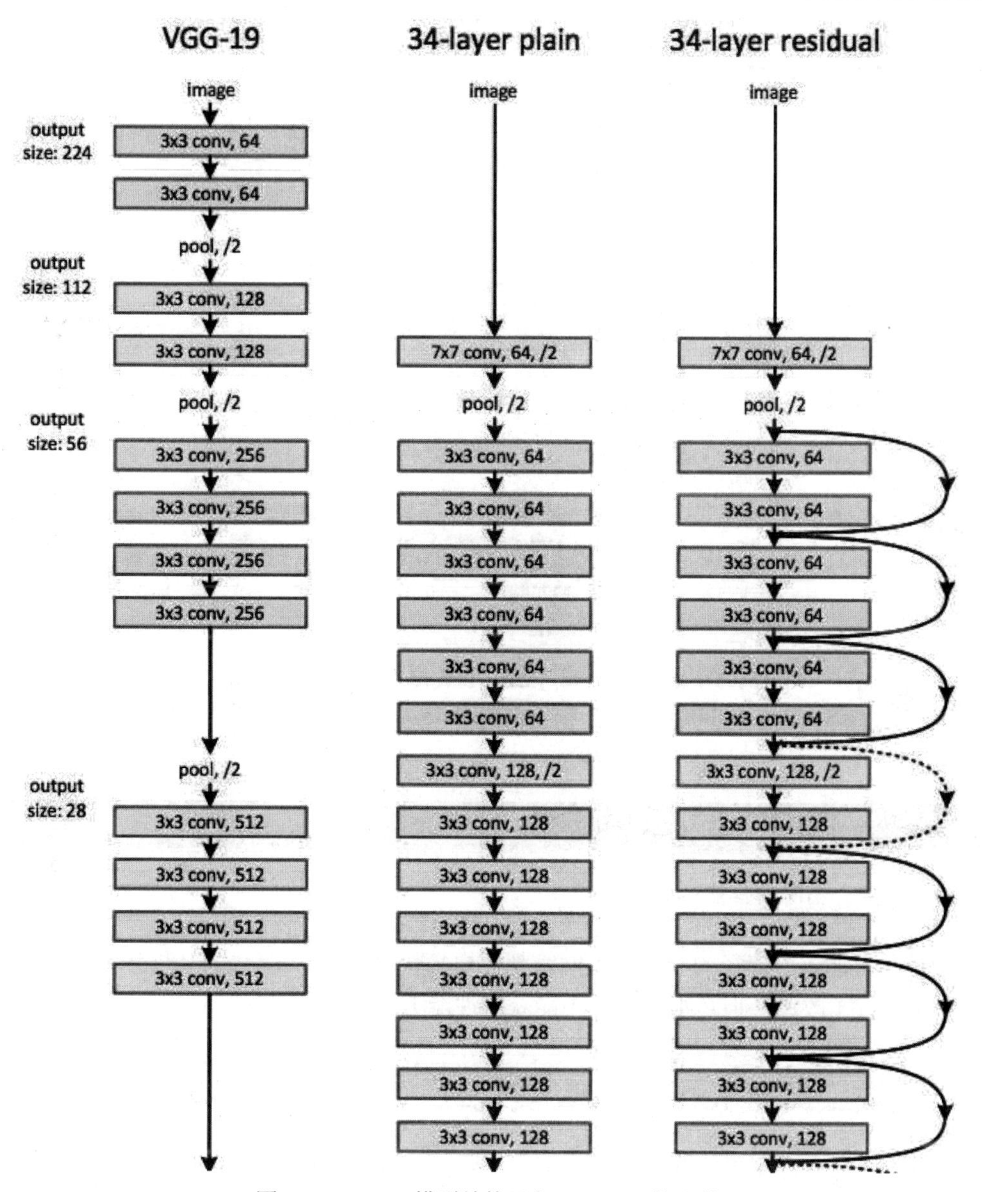

图 8.3　ResNet 模型结构及与 VGGNet 的比较

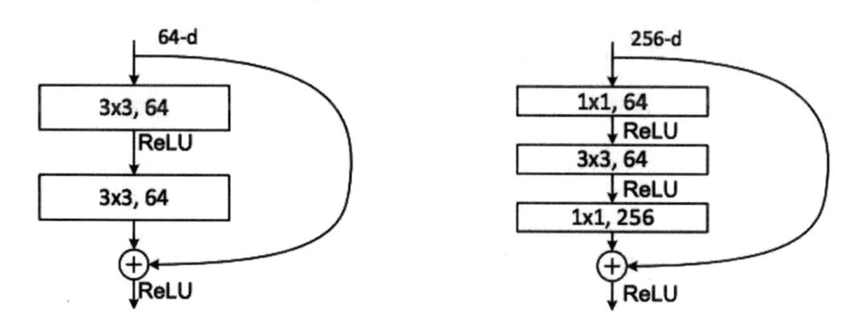

图 8.4　二层（左）以及三层（右）残差单元的比较

无论采用哪种连接方式，ResNet的核心是引入一个“身份捷径连接”（Identity Shortcut Connection），直接跳过一层或多层将输入层与输出层进行连接。实际上，ResNet并不是第一个利用捷径连接的方法，较早期有相关研究人员就在卷积神经网络中引入了“门控短路电路”，即参数化的门控系统允许“特定”信息通过网络通道，如图8.5所示。

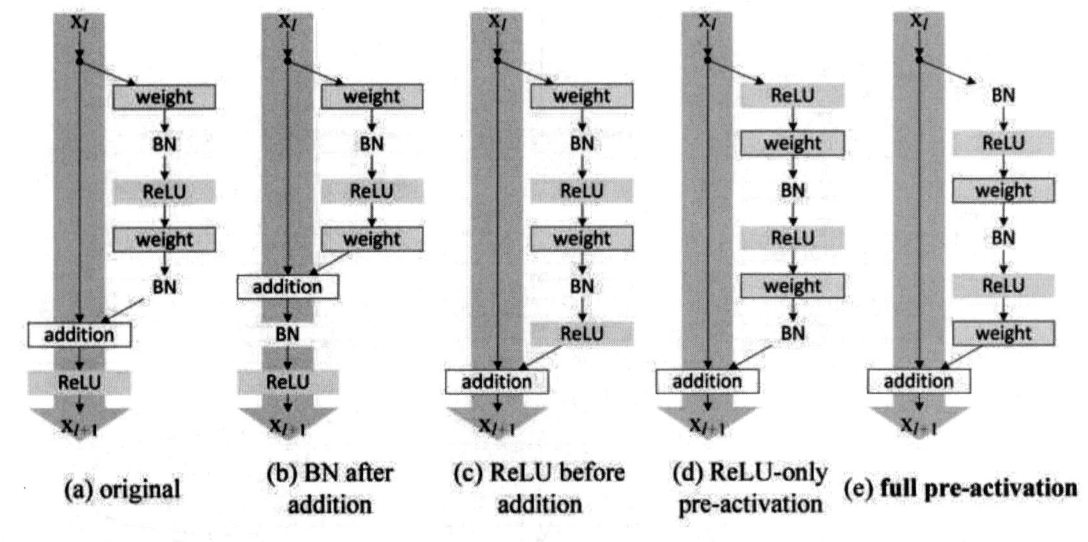

图 8.5 门控短路电路

注 意

目前图 8.5 中(a)图的性能最好。

并不是所有加入了捷径的卷积神经网络都会提高传输效果。在后续的研究中，有不少研究人员对残差块进行了改进，但是很遗憾并不能获得性能上的提高。

8.1.2 模块工具的 TensorFlow 实现

“工欲善其事，必先利其器。”在构建自己的残差网络之前，需要准备好相关的程序设计工具。这里的工具是指那些已经设计好结构、可以直接使用的代码。

首先最重要的是卷积核的创建。从模型上看，需要更改的内容很少，即卷积核的大小、输出通道数以及所定义的卷积层的名称，代码如下：

```
tf.keras.layers.Conv2D
```

这里直接调用了TensorFlow中对卷积层的实现，只需要输入对应的卷积核数目、卷积核大小以及填充方式即可。

此外，还有一个非常重要的方法，即获取数据的BatchNormalization，使用批量正则化对数据进行处理，代码如下：

```
tf.keras.layers.BatchNormalization
```

其他的还有最大池化层，代码如下：

```
tf.keras.layers.MaxPool2D
```

平均池化层，代码如下：

```
tf.keras.layers.AveragePooling2D
```

这些是在模型单元中所需要使用的基本工具，有了这些工具，就可以直接构建ResNet模型单元了。

8.1.3 TensorFlow 高级模块 layers 的用法

在上一小节中，我们使用自定义的方法实现了ResNet模型的功能单元，能够极大地帮助我们完成搭建神经网络的工作，而且除了搭建ResNet网络模型外，基本结构的模块化编写还包括其他神经网络的搭建。

TensorFlow 2同样提供了原生的、可供直接使用的卷积神经网络模块layers。它是用于深度学习的更高层次封装的API，程序设计者可以利用它轻松地构建模型。

表8.1展示了layers封装好的多种卷积神经网络API，基本上所有常用的神经网络处理“层”都已提供可供直接调用的接口。

表 8.1 多种卷积神经网络 API

卷积神经网络 API	说 明
input(…)	用于实例化一个输入 Tensor，作为神经网络的输入
average_pooling1d(…)	一维平均池化层
average_pooling2d(…)	二维平均池化层
average_pooling3d(…)	三维平均池化层
batch_normalization(…)	批量标准化层
conv1d(…)	一维卷积层
conv2d(…)	二维卷积层
conv2d_transpose(…)	二维反卷积层
conv3d(…)	三维卷积层
conv3d_transpose(…)	三维反卷积层
dense(…)	全连接层
dropout(…)	dropout 层（随机失活层）
flatten(…)	Flatten 层，即把一个 Tensor 展平
max_pooling1d(…)	一维最大池化层
max_pooling2d(…)	二维最大池化层
max_pooling3d(…)	三维最大池化层
separable_conv2d(…)	二维深度可分离卷积层

1. 卷积简介

实际上，Layers中提供了多个卷积的实现方法，例如conv1d()、conv2d()、conv3d()，分别代

表一维、二维、三维卷积，另外还有conv2d_transpose()、conv3d_transpose()，分别代表二维和三维反卷积，还有separable_conv2d()，代表二维深度可分离卷积。下面以conv2d()方法为例进行说明。

```
def __init__(self,
filters,
kernel_size,
strides=(1, 1),
padding='valid',
data_format=None,
dilation_rate=(1, 1),
activation=None,
use_bias=True,
kernel_initializer='glorot_uniform',
bias_initializer='zeros',
kernel_regularizer=None,
bias_regularizer=None,
activity_regularizer=None,
kernel_constraint=None,
bias_constraint=None,
**kwargs):
```

参数说明如下：

- filters：必需，是一个数字，代表输出通道的个数，即 output_channels。
- kernel_size：必需，卷积核大小，必须是一个数字（高和宽都是此数字）或者长度为 2 的列表（分别代表高、宽）。
- strides：可选，默认为(1,1)，卷积步长，必须是一个数字（高和宽都是此数字）或者长度为 2 的列表（分别代表高、宽）。
- padding：可选，默认为 valid，padding 的模式有 valid 和 same 两种，不区分字母大小写。
- data_format：可选，有 channels_last 和 channels_first 两种模式，代表输入数据的维度类型，默认为 channels_last。如果是 channels_last，那么输入数据的 shape 为(batch, height, width, channels)；如果是 channels_first，那么输入数据的 shape 为(batch, channels, height, width)。
- dilation_rate：可选，默认为(1,1)，卷积的扩张率。当扩张率为 2 时，卷积核内部就会有边距，3×3 的卷积核就会变成 5×5。
- activation：可选，默认为 None。若为 None，则是线性激活。
- use_bias：可选，默认为 True，是否使用偏置。
- kernel_initializer：可选，默认为 None，即权重的初始化方法。若为 None，则使用默认的 Xavier 初始化方法。
- bias_initializer：可选，默认为零值初始化，即偏置的初始化方法。
- kernel_regularizer：可选，默认为 None，施加在权重上的正则项。
- bias_regularizer：可选，默认为 None，施加在偏置上的正则项。

- activity_regularizer：可选，默认为 None，施加在输出上的正则项。
- kernel_constraint：可选，默认为 None，施加在权重上的约束项。
- bias_constraint：可选，默认为 None，施加在偏置上的约束项。
- trainable：可选，布尔类型，默认为 True。若为 True，则将变量添加到 GraphKeys.TRAINABLE_VARIABLES 中。
- name：可选，默认为 None，卷积层的名称。
- reuse：可选，默认为 None，布尔类型。若为 True，则在 name 相同时会重复利用。
- 返回值：卷积后的 Tensor。

使用方法与自定义的卷积层方法类似，这里我们通过一个小例子加以说明。

【程序 8-1】

```
import tensorflow as tf
with tf.device("/CPU:0"):
    #自定义输入数据
    xs = tf.random.truncated_normal(shape=[50, 32, 32, 32])
    #使用二维卷积进行计算
    out = tf.keras.layers.Conv2D(64,3,padding="SAME")(xs)
    print(out.shape)
```

例子中首先定义了一个[50, 32, 32, 32]的输入数据，之后传给conv2d函数，filter是输出的维度，设置成32。选择的卷积核大小为3×3，strides为步进距离，这里采用一个步进距离，也就是采用默认的步进设置。padding为填充设置，这里设置为根据卷积核大小对输入值进行填充。输入结果如下：

```
(50, 32, 32, 64)
```

此时如果将strides设置成[2,2]，结果如下：

```
(50, 16, 16, 64)
```

当然，此时的padding也可以变化，可以将其设置成VALID看看结果如何。

TensorFlow中padding被设置成SAME，其实是先对输入数据进行填充之后再进行卷积计算。

此外，还可以传入激活函数，或者设定Kernel的格式化方式，或者禁用Bias等操作，这些操作请读者自行尝试。

```
    out = tf.keras.layers.Conv2D(64,3,strides=[2,2],padding= "SAME", activation
=tf.nn.relu)(xs)
```

2. batch_normalization 简介

batch_normalization是目前常用的数据标准化方法，也是批量标准化方法。输入数据经过处理之后能够显著加速训练速度，并且减少过拟合出现的可能性。

```
def __init__(self,
axis=-1,
momentum=0.99,
epsilon=1e-3,
```

```
        center=True,
        scale=True,
        beta_initializer='zeros',
        gamma_initializer='ones',
        moving_mean_initializer='zeros',
        moving_variance_initializer='ones',
        beta_regularizer=None,
        gamma_regularizer=None,
        beta_constraint=None,
        gamma_constraint=None,
        renorm=False,
        renorm_clipping=None,
        renorm_momentum=0.99,
        fused=None,
        trainable=True,
        virtual_batch_size=None,
        adjustment=None,
        name=None,
        **kwargs):
```

参数说明如下：

- axis：可选，默认为–1，即进行标注化操作时操作数据的哪个维度。
- momentum：可选，默认为 0.99，即动态均值的动量。
- epsilon：可选，默认为 0.01，大于 0 的小浮点数，用于防止除 0 错误。
- center：可选，默认为 True，若设为 True，则会将 beta 作为偏置加上去，否则忽略参数 beta。
- scale：可选，默认为 True，若设为 True，则会乘以 gamma，否则不使用 gamma；当下一层是线性的时，可以设为 False，因为 scaling 的操作将被下一层执行。
- beta_initializer：可选，默认为 zeros_initializer，即 beta 权重的初始方法。
- gamma_initializer：可选，默认为 ones_initializer，即 gamma 的初始化方法。
- moving_mean_initializer：可选，默认为 zeros_initializer，即动态均值的初始化方法。
- moving_variance_initializer：可选，默认为 ones_initializer，即动态方差的初始化方法。
- beta_regularizer：可选，默认为 None，beta 的正则化方法。
- gamma_regularizer：可选，默认为 None，gamma 的正则化方法。
- beta_constraint：可选，默认为 None，加在 beta 上的约束项。
- gamma_constraint：可选，默认为 None，加在 gamma 上的约束项。
- trainable：可选，布尔类型，默认为 True。若为 True，则将变量添加到 GraphKeys.TRAINABLE_VARIABLES 中。
- name：可选，层名称，默认为 None。
- fused：可选，根据层名判断是否重复利用，默认为 None。
- renorm：可选，是否要用 BatchRenormalization，默认为 False。
- renorm_clipping：可选，默认为 None。
- renorm_momentum：可选，用来更新动态均值和标准差的 Momentum 值，默认为 0.99。

- virtual_batch_size：可选，是一个 int 数字，指定一个虚拟 batchsize，默认为 None。
- adjustment：可选，对标准化后的结果进行适当调整的方法，默认为 None。

其用法也很简单，直接在tf.layers.batch_normalization函数中输入xs即可。

【程序 8-2】

```
import tensorflow as tf
with tf.device("/CPU:0"):
    #自定义输入数据
    xs = tf.random.truncated_normal(shape=[50, 32, 32, 32])
    #使用二维卷积进行计算
    out = tf.keras.layers.BatchNormalization()(xs)
    print(out.shape)
```

输出结果如下：

```
(50, 32, 32, 32)
```

3. dense 简介

dense是全连接层，layers中提供了一个专门的函数来实现此操作，即tf.layers.dense，其结构如下：

```
def __init__(self,
units,
activation=None,
use_bias=True,
kernel_initializer='glorot_uniform',
bias_initializer='zeros',
kernel_regularizer=None,
bias_regularizer=None,
activity_regularizer=None,
kernel_constraint=None,
bias_constraint=None,
**kwargs):
```

参数说明如下：

- units：必需，即神经元的数量。
- activation：可选，默认为 None。若为 None，则是线性激活。
- use_bias：可选，是否使用偏置，默认为 True。
- kernel_initializer：可选，权重的初始化方法，默认为 None。
- bias_initializer：可选，偏置的初始化方法，默认为零值初始化。
- kernel_regularizer：可选，施加在权重上的正则项，默认为 None。
- bias_regularizer：可选，施加在偏置上的正则项，默认为 None。
- activity_regularizer：可选，施加在输出上的正则项，默认为 None。
- kernel_constraint，可选，施加在权重上的约束项，默认为 None。
- bias_constraint，可选，施加在偏置上的约束项，默认为 None。

【程序 8-3】

```
import tensorflow as tf

with tf.device("/CPU:0"):
#自定义输入数据
xs = tf.random.truncated_normal(shape=[50, 32, 32, 32])
out _1 = tf.keras.layers.Dense(32)(xs)
print(out.shape)
```

xs为输入数据，units为输出层次，结果如下：

```
(50, 32, 32, 32)
```

这里指定了输出层的维度为32，因此输出结果为[50,32,32,32] ，最后一个维度就等于神经元的个数。

此外，还可以仿照卷积层的设置对激活函数以及初始化的方式进行定义：

```
dense = tf.layers.dense(xs,units=10,activation=tf.nn.sigmoid,use_bias=False)
```

4. pooling 简介

pooling即池化。layers模块提供了多个池化方法，这几个池化方法类似，包括max_pooling1d()、max_pooling2d()、max_pooling3d()、average_pooling1d()、average_pooling2d()、average_pooling3d()，分别代表一维、二维、三维的最大池化和平均池化方法，这里以常用的avg_pooling2d为例进行讲解。

```
def __init__(self,
pool_size=(2, 2),
strides=None,
padding='valid',
data_format=None,
**kwargs):
```

参数说明如下：

- pool_size：必需，池化窗口大小，必须是一个数字（高和宽都是此数字）或者长度为2 的列表（分别代表高、宽）。
- strides：必需，池化步长，必须是一个数字（高和宽都是此数字）或者长度为 2 的列表（分别代表高、宽）。
- padding：可选，padding 的方法有 valid 或者 same，默认为 valid，不区分字母大小写。
- data_format：可选，分为 channels_last 和 channels_first 两种模式，代表输入数据的维度类型，默认为 channels_last。如果是 channels_last，那么输入数据的 shape 为(batch, height, width, channels)；如果是 channels_first，那么输入数据的 shape 为(batch, channels, height, width)。
- name：可选，池化层的名称，默认为 None。
- 返回值：经过池化处理后的 Tensor。

【程序 8-4】

```
import tensorflow as tf
#自定义输入数据
with tf.device("/CPU:0"):
xs = tf.random.truncated_normal(shape=[50, 32, 32, 32])
out = tf.keras.layers.AveragePooling2D(strides=[1,1])(xs)
print(out.shape)
```

这里对输入值设置了以[2,2]为大小的均值核，步进为[1,1]。填充方式为SAME，即通过补0的方式对输入数据进行填充，结果如下：

```
(50, 31, 31, 32)
```

5. layers 模块应用实例

下面使用一个例子来对数据进行说明。

【程序 8-5】

```
import tensorflow as tf
#自定义输入数据
with tf.device("/CPU:0"):

xs = tf.random.truncated_normal(shape=[50, 32, 32, 32])
out = tf.keras.layers.MaxPool2D(strides=[1,1])(xs)
out = tf.keras.layers.Conv2D(filters=32,kernel_size =
[2,2],padding="SAME")(out)
out = tf.keras.layers.BatchNormalization()(xs)
out = tf.keras.layers.Flatten()(out)
logits = tf.keras.layers.Dense(10)(out)
print(logits.shape)
```

首先创建了一个[50,32,32,32]维度的数据值，对其进行最大池化，然后进行strides为[2,2]的卷积，采用的激活函数为ReLU，之后进行batch_normalization批正则化，flatten对输入的数据进行平整化，输出为一个与batch相符合的二维向量，最后进行全连接计算输出维度。

```
(50, 10)
```

此外，将所有模块全部存放在一个模型中也是可以的，代码如下：

【程序 8-6】

```
import tensorflow as tf
#自定义输入数据
xs = tf.keras.Input( [32, 32, 32])
out = tf.keras.layers.MaxPool2D(strides=[1,1])(xs)
out = tf.keras.layers.Conv2D(filters=32,kernel_size = [2,2],padding="SAME")(xs)
out = tf.keras.layers.BatchNormalization()(xs)
out = tf.keras.layers.Add()([out,xs])
out = tf.keras.layers.Flatten()(out)
logits = tf.keras.layers.Dense(10)(out)
model = tf.keras.Model(inputs=xs, outputs=logits)
```

```
print(model.summary())
```

最终打印的模型构造如图8.6所示。

```
Model: "model"
__________________________________________________________________________________________________
Layer (type)                    Output Shape         Param #     Connected to
==================================================================================================
input_1 (InputLayer)            [(None, 32, 32, 32)] 0
__________________________________________________________________________________________________
batch_normalization (BatchNorma (None, 32, 32, 32)   128         input_1[0][0]
__________________________________________________________________________________________________
add (Add)                       (None, 32, 32, 32)   0           batch_normalization[0][0]
                                                                 input_1[0][0]
__________________________________________________________________________________________________
flatten (Flatten)               (None, 32768)        0           add[0][0]
__________________________________________________________________________________________________
dense (Dense)                   (None, 10)           327690      flatten[0][0]
==================================================================================================
Total params: 327,818
Trainable params: 327,754
Non-trainable params: 64
```

图 8.6 打印结果

可以看到，程序构建了一个小型残差网络，与前面打印出的模型结构不同的是，这里是多个类与层的串联，因此还标注出了连接点。

8.2 ResNet 实战：CIFAR-100 数据集分类

本节将使用ResNet实现CIFAR-100数据集的分类。

8.2.1 CIFAR-100 数据集简介

CIFAR-100数据集（见图8.7）共有60000张彩色图像，这些图像的尺寸为32×32像素，分为100个类，每类6000张图。这里面有50000张用于训练，构成了5个训练批，每一批10000张图；另外10000张用于测试，单独构成一批。测试批的数据中取自100类中的每一类，每一类随机取1000张。抽剩下的随机排列组成训练批。注意，一个训练批中的各类图像数量并不一定相同，总的来看训练批每一类都有5000张图。

CIFAR-100数据集可以去相关官网下载，进入下载页面后，选择下载方式，如图8.8所示。

图 8.7 CIFAR-100 数据集

Version	Size	md5sum
CIFAR-100 python version	161 MB	eb9058c3a382ffc7106e4002c42a8d85
CIFAR-100 Matlab version	175 MB	6a4bfa1dcd5c9453dda6bb54194911f4
CIFAR-100 binary version (suitable for C programs)	161 MB	03b5dce01913d631647c71ecec9e9cb8

图 8.8 下载方式

由于TensorFlow采用的是Python编程语言，因此选择下载python version的版本。下载之后解压缩，得到如图8.9所示的几个文件。

batches.meta	2009/3/31/周二 ...	META 文件	1 KB
data_batch_1	2009/3/31/周二 ...	文件	30,309 KB
data_batch_2	2009/3/31/周二 ...	文件	30,308 KB
data_batch_3	2009/3/31/周二 ...	文件	30,309 KB
data_batch_4	2009/3/31/周二 ...	文件	30,309 KB
data_batch_5	2009/3/31/周二 ...	文件	30,309 KB
readme.html	2009/6/5/周五 4:...	Firefox HTML D...	1 KB
test_batch	2009/3/31/周二 ...	文件	30,309 KB

图 8.9 得到的文件

data_batch_1 ~ data_batch_5 是划分好的训练数据，每个文件中包含10000张图片，test_batch是测试集数据，也包含10000张图片。

读取数据的代码段如下：

```
import pickle
def load_file(filename):
    with open(filename, 'rb') as fo:
        data = pickle.load(fo, encoding='latin1')
    return data
```

首先定义读取数据的函数，这几个文件都是通过pickle产生的，所以在读取的时候也要用到这个包。返回的data是一个字典，先看一下这个字典中有哪些键。

```
data = load_file('data_batch_1')
print(data.keys())
```

输出结果如下：

```
dict_keys(['batch_label', 'labels', 'data', 'filenames'])
```

具体说明如下：

- batch_label：对应的值是一个字符串，用来表明当前文件的一些基本信息。
- labels：对应的值是一个长度为 10000 的列表，每个数字取值范围为 0~9，代表当前图片所属的类别。
- data：10000×3072 的二维数组，每一行代表一张图片的像素值。
- filenames：长度为 10000 的列表，里面每一项代表图片文件名的字符串。

完整的数据读取函数如下：

【程序 8-7】

```
import pickle
import  numpy as np
import os
def get_cifar100_train_data_and_label(root = ""):
    def load_file(filename):
        with open(filename, 'rb') as fo:
            data = pickle.load(fo, encoding='latin1')
        return data
    data_batch_1 = load_file(os.path.join(root, 'data_batch_1'))
    data_batch_2 = load_file(os.path.join(root, 'data_batch_2'))
    data_batch_3 = load_file(os.path.join(root, 'data_batch_3'))
    data_batch_4 = load_file(os.path.join(root, 'data_batch_4'))
    data_batch_5 = load_file(os.path.join(root, 'data_batch_5'))
    dataset = []
    labelset = []
    for data in [data_batch_1,data_batch_2,data_batch_3,data_batch_4,
data_batch_5]:
        img_data = (data["data"])
        img_label = (data["labels"])
        dataset.append(img_data)
        labelset.append(img_label)
    dataset = np.concatenate(dataset)
    labelset = np.concatenate(labelset)
    return dataset,labelset
def get_cifar100_test_data_and_label(root = ""):
    def load_file(filename):
        with open(filename, 'rb') as fo:
            data = pickle.load(fo, encoding='latin1')
        return data
```

```
        data_batch_1 = load_file(os.path.join(root, 'test_batch'))
        dataset = []
        labelset = []
        for data in [data_batch_1]:
            img_data = (data["data"])
            img_label = (data["labels"])
            dataset.append(img_data)
            labelset.append(img_label)
        dataset = np.concatenate(dataset)
        labelset = np.concatenate(labelset)
        return dataset,labelset

    def get_CIFAR100_dataset(root = ""):
        train_dataset,label_dataset = get_cifar100_train_data_and_label(root=root)
        test_dataset,test_label_dataset = get_cifar100_train_data_and_label
(root=root)
        return  train_dataset,label_dataset,test_dataset,test_label_dataset
    if __name__ == "__main__":
    get_CIFAR100_dataset(root="../cifar-10-batches-py/")
```

其中的root是下载数据解压后的目录参数，os.join函数将其组合成数据文件的位置。最终返回训练文件和测试文件以及它们对应的label。

8.2.2　ResNet 残差模块的实现

在前文已经介绍了ResNet网络结构，它突破性地使用“模块化”思维对网络进行叠加，从而实现了数据在模块内部特征的传递不会丢失。

从图8.10可以看到，模块的内部实际上是3个卷积通道相互叠加，形成了一种瓶颈设计。对于每个残差模块，使用3层卷积。这三层分别是1×1、3×3和1×1的卷积层，其中1×1层卷积的作用是对输入数据进行一个“整形”的作用，通过修改通道数使得3×3卷积层具有较小的输入/输出数据结构。

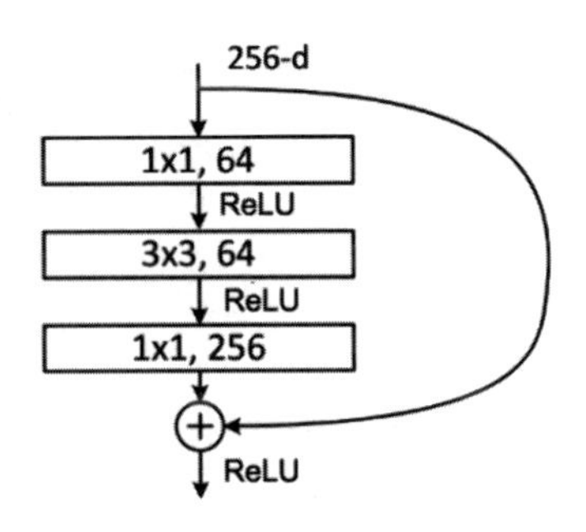

图 8.10　模块的内部

实现的瓶颈三层卷积结构的代码段如下：

```
    conv = tf.keras.layers.Conv2D(out_dim/4,kernel_size=1,padding="SAME",
activation=tf.nn.relu)(input_xs)
```

```
    conv = tf.keras.layers.BatchNormalization()(conv)
    conv = tf.keras.layers.Conv2D(out_dim/4,kernel_size=3,padding="SAME",
activation=tf.nn.relu)(conv)
    conv = tf.keras.layers.BatchNormalization()(conv)
    conv = tf.keras.layers.Conv2D(out_dim,kernel_size=1,padding="SAME",
activation=tf.nn.relu)(conv)
```

代码中输入的数据首先经过conv2d卷积层计算，输出的维度为四分之一，这是为了降低输入数据的整个数据量，为进行下一层的[3,3]计算打下基础。可以人为地为每层添加一个对应的名称，但是基于前文对模型的分析，TensorFlow 2会自动为每个层中的参数分配一个递增的名称，因此这个工作可以交给TensorFlow 2完成。batch_normalization和ReLU分别为批处理层和激活层。

在数据传递的过程中，ResNet模块使用了名为shortcut（捷径）的“信息高速公路”，shortcut连接相当于简单执行了同等映射，既不会产生额外的参数，也不会增加计算复杂度，如图8.11所示。整个网络依旧可以通过端到端的反向传播训练。

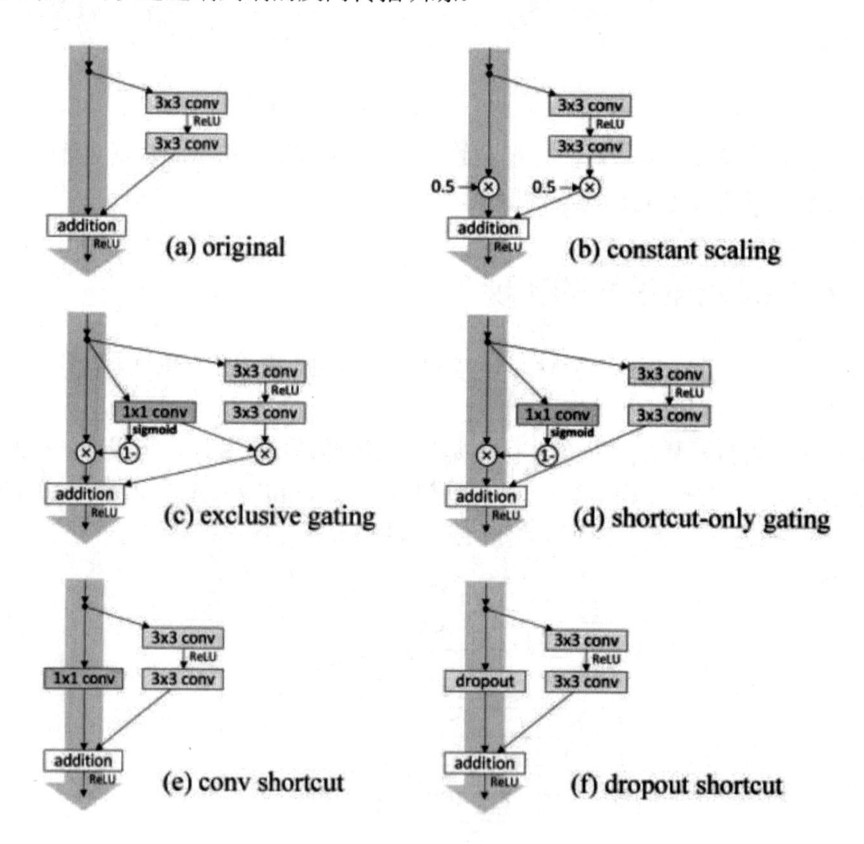

图 8.11 shortcut（捷径）

其代码如下：

```
    conv = tf.keras.layers.Conv2D(out_dim/4,kernel_size=1,padding="SAME",
activation=tf.nn.relu)(input_xs)
    conv = tf.keras.layers.BatchNormalization()(conv)
    conv = tf.keras.layers.Conv2D(out_dim/4,kernel_size=3, padding="SAME",
activation=tf.nn.relu)(conv)
```

```
    conv = tf.keras.layers.BatchNormalization()(conv)
    conv = tf.keras.layers.Conv2D(out_dim,kernel_size=1,padding="SAME",
activation=tf.nn.relu)(conv)
    out = tf.keras.layers.Add()([input_xs,out])
```

说 明

有兴趣的读者可以自行完成，这里笔者采用的是直联的方式，也就是图 8.11 中（a）的 original 模式。

有的时候除了判定是否对输入数据进行处理，由于ResNet在实现过程中对数据的维度做了改变，因此当输入的维度和要求模型输出的维度不相同，即input_channel不等于out_dim时，需要对输入数据的维度进行padding操作。

提 示

padding 操作就是填充数据，tf.pad 函数用来对数据进行填充，第二个参数是一个序列，分别代表向对应的维度进行双向填充操作。首先计算输出层与输入层在第 4 个维度上的差值，除 2 的操作是将差值分成两份，在上下分别进行填充操作。当然，也可以在一个方向进行填充。

ResNet残差模型的整体代码如下：

```
    def identity_block(input_tensor,out_dim):
        conv1 = tf.keras.layers.Conv2D(out_dim // 4, kernel_size=1, padding="SAME",
activation=tf.nn.relu)(input_tensor)
        conv2 = tf.keras.layers.BatchNormalization()(conv1)
        conv3 = tf.keras.layers.Conv2D(out_dim // 4, kernel_size=3, padding="SAME",
activation=tf.nn.relu)(conv2)
        conv4 = tf.keras.layers.BatchNormalization()(conv3)
        conv5 = tf.keras.layers.Conv2D(out_dim, kernel_size=1,
padding="SAME")(conv4)
        out = tf.keras.layers.Add()([input_tensor, conv5])
        out = tf.nn.relu(out)
        return out
```

8.2.3 ResNet 网络的实现

ResNet的结构如图8.12所示。

图8.12中一共提出了5种深度的ResNet，分别是18、34、50、101和152层，其中所有的网络都分成5部分，分别是conv1、conv2_x、conv3_x、conv4_x和conv5_x。

下面我们将对实现它们。需要说明的是，ResNet完整的实现需要较高性能的显卡，因此我们对其做了修改，去掉了pooling层，并降低了每次filter的数目和每层的层数，这一点请读者注意。

layer name	output size	18-layer	34-layer	50-layer	101-layer	152-layer
conv1	112×112	7×7, 64, stride 2				
conv2_x	56×56	3×3 max pool, stride 2				
		[3×3, 64; 3×3, 64]×2	[3×3, 64; 3×3, 64]×3	[1×1, 64; 3×3, 64; 1×1, 256]×3	[1×1, 64; 3×3, 64; 1×1, 256]×3	[1×1, 64; 3×3, 64; 1×1, 256]×3
conv3_x	28×28	[3×3, 128; 3×3, 128]×2	[3×3, 128; 3×3, 128]×4	[1×1, 128; 3×3, 128; 1×1, 512]×4	[1×1, 128; 3×3, 128; 1×1, 512]×4	[1×1, 128; 3×3, 128; 1×1, 512]×8
conv4_x	14×14	[3×3, 256; 3×3, 256]×2	[3×3, 256; 3×3, 256]×6	[1×1, 256; 3×3, 256; 1×1, 1024]×6	[1×1, 256; 3×3, 256; 1×1, 1024]×23	[1×1, 256; 3×3, 256; 1×1, 1024]×36
conv5_x	7×7	[3×3, 512; 3×3, 512]×2	[3×3, 512; 3×3, 512]×3	[1×1, 512; 3×3, 512; 1×1, 2048]×3	[1×1, 512; 3×3, 512; 1×1, 2048]×3	[1×1, 512; 3×3, 512; 1×1, 2048]×3
	1×1	average pool, 1000-d fc, softmax				
FLOPs		1.8×10^9	3.6×10^9	3.8×10^9	7.6×10^9	11.3×10^9

图 8.12 ResNet 的结构

conv1层：最上层是模型的输入层，定义了输入的维度，这里使用一个卷积核为[7,7]、步进为[2,2]大小的卷积作为第一层。

```
    input_xs = tf.keras.Input(shape=[32,32,3])
    conv_1 = tf.keras.layers.Conv2D(filters=64,kernel_size=3,padding="SAME",
activation=tf.nn.relu)(input_xs)
```

conv2_x层：第二层使用多个[3,3]大小的卷积核，之后接了3个残差核心。

```
    out_dim = 64
    identity_1 = tf.keras.layers.Conv2D(filters=out_dim, kernel_size=3,
padding="SAME", activation=tf.nn.relu)(conv_1)
    identity_1 = tf.keras.layers.BatchNormalization()(identity_1)
    for _ in range(3):
    identity_1 = identity_block(identity_1,out_dim)
```

conv3_x层：

```
    out_dim = 128
    identity_2 = tf.keras.layers.Conv2D(filters=out_dim, kernel_size=3,
padding="SAME", activation=tf.nn.relu)(identity_1)
    identity_2 = tf.keras.layers.BatchNormalization()(identity_2)
    for _ in range(4):
    identity_2 = identity_block(identity_2,out_dim)
```

conv4_x层：

```
    out_dim = 256
    identity_3 = tf.keras.layers.Conv2D(filters=out_dim, kernel_size=3,
padding="SAME", activation=tf.nn.relu)(identity_2)
    identity_3 = tf.keras.layers.BatchNormalization()(identity_3)
    for _ in range(6):
    identity_3 = identity_block(identity_3,out_dim)
```

conv5_x层：

```
    out_dim = 512
    identity_4 = tf.keras.layers.Conv2D(filters=out_dim, kernel_size=3,
padding="SAME", activation=tf.nn.relu)(identity_3)
    identity_4 = tf.keras.layers.BatchNormalization()(identity_4)
    for _ in range(3):
    identity_4 = identity_block(identity_4,out_dim)
```

class_layer：最后一层是分类层，在经典的ResNet中，它是由一个全连接层做的分类器，代码如下：

```
    flat = tf.keras.layers.Flatten()(identity_4)
    flat = tf.keras.layers.Dropout(0.217)(flat)
    dense = tf.keras.layers.Dense(1024,activation=tf.nn.relu)(flat)
    dense = tf.keras.layers.BatchNormalization()(dense)
    logits = tf.keras.layers.Dense(100,activation=tf.nn.softmax)(dense)
```

首先使用reduce_mean作为全局池化层，之后接的卷积层将其压缩到分类的大小。softmax是最终的激活函数，为每层对应的类别进行分类处理。

最终的全部函数如下：

```
    import tensorflow as tf
    def identity_block(input_tensor,out_dim):
        conv1 = tf.keras.layers.Conv2D(out_dim // 4, kernel_size=1, padding="SAME",
activation=tf.nn.relu)(input_tensor)
        conv2 = tf.keras.layers.BatchNormalization()(conv1)
        conv3 = tf.keras.layers.Conv2D(out_dim // 4, kernel_size=3, padding="SAME",
activation=tf.nn.relu)(conv2)
        conv4 = tf.keras.layers.BatchNormalization()(conv3)
        conv5 = tf.keras.layers.Conv2D(out_dim, kernel_size=1,
padding="SAME")(conv4)
        out = tf.keras.layers.Add()([input_tensor, conv5])
        out = tf.nn.relu(out)
        return out
    def resnet_Model(n_dim = 10):
        input_xs = tf.keras.Input(shape=[32,32,3])
        conv_1 = tf.keras.layers.Conv2D(filters=64,kernel_size=3,padding="SAME",
activation=tf.nn.relu)(input_xs)
        """---------第一层----------"""
        out_dim = 64
        identity_1 = tf.keras.layers.Conv2D(filters=out_dim, kernel_size=3,
padding="SAME", activation=tf.nn.relu)(conv_1)
        identity_1 = tf.keras.layers.BatchNormalization()(identity_1)
        for _ in range(3):
            identity_1 = identity_block(identity_1,out_dim)
        """---------第二层----------"""
        out_dim = 128
        identity_2 = tf.keras.layers.Conv2D(filters=out_dim, kernel_size=3,
padding="SAME", activation=tf.nn.relu)(identity_1)
        identity_2 = tf.keras.layers.BatchNormalization()(identity_2)
        for _ in range(4):
            identity_2 = identity_block(identity_2,out_dim)
```

```
        """--------第三层----------"""
        out_dim = 256
        identity_3 = tf.keras.layers.Conv2D(filters=out_dim, kernel_size=3,
padding="SAME", activation=tf.nn.relu)(identity_2)
        identity_3 = tf.keras.layers.BatchNormalization()(identity_3)
        for _ in range(6):
            identity_3 = identity_block(identity_3,out_dim)
        """--------第四层----------"""
        out_dim = 512
        identity_4 = tf.keras.layers.Conv2D(filters=out_dim, kernel_size=3,
padding="SAME", activation=tf.nn.relu)(identity_3)
        identity_4 = tf.keras.layers.BatchNormalization()(identity_4)
        for _ in range(3):
            identity_4 = identity_block(identity_4,out_dim)
        flat = tf.keras.layers.Flatten()(identity_4)
        flat = tf.keras.layers.Dropout(0.217)(flat)
        dense = tf.keras.layers.Dense(2048,activation=tf.nn.relu)(flat)
        dense = tf.keras.layers.BatchNormalization()(dense)
        logits = tf.keras.layers.Dense(100,activation=tf.nn.softmax)(dense)
        model = tf.keras.Model(inputs=input_xs, outputs=logits)
        return model
    if __name__ == "__main__":
        resnet_model = resnet_Model()
        print(resnet_model.summary())#.2.4、使用ResNet50实战CIFAR10
```

8.2.4 使用 ResNet 对 CIFAR-100 数据集进行分类

TensorFlow中自带了CIFAR-100数据集。本节将使用TensorFlow自带的数据集对CIFAR-100进行分类。

第一步：数据集的获取

CIFAR数据集可以放在本地，TensorFlow 2自带了数据的读取函数，代码如下：

```
path = "./dataset/cifar-100-python"
from tensorflow.python.keras.datasets.cifar import load_batch
fpath = os.path.join(path, 'train')
x_train, y_train = load_batch(fpath, label_key='fine' + '_labels')
fpath = os.path.join(path, 'test')
x_test, y_test = load_batch(fpath, label_key='fine' + '_labels')

x_train = tf.transpose(x_train,[0,2,3,1])
y_train = np.float32(tf.keras.utils.to_categorical(y_train, num_classes=100))
x_test = tf.transpose(x_test,[0,2,3,1])
y_test = np.float32(tf.keras.utils.to_categorical(y_test,num_classes=100))
```

需要注意的是，对于不同的数据集，其维度的结构有所区别。此外，数据集打印的维度为(60000, 3, 32, 32)，并不符合传统使用的(60000, 32, 32, 3)普通维度格式，因此需要对其进行调整。

之后，需要将数据打包整合成能够被编译的格式，这里使用的是TensorFlow 2自带的Dataset

API，代码如下：

```
    batch_size  = 48
    train_data = tf.data.Dataset.from_tensor_slices((x_train,
y_train)).shuffle(batch_size*10).
    batch(batch_size).repeat(3)
```

第二步：模型的导入和编译

导入模型并设定优化器和损失函数，代码如下：

```
    import resnet_model
    model = resnet_model.resnet_Model()
    model.compile(optimizer=tf.optimizers.Adam(1e-2),
loss=tf.losses.categorical_crossentropy,metrics = ['accuracy'])
    model.fit(train_data, epochs=10)
```

第三步：模型的计算

全部代码如下：

【程序 8-8】

```
    import tensorflow as tf
    import os
    import numpy as np
    path = "./dataset/cifar-100-python"
    from tensorflow.python.keras.datasets.cifar import load_batch
    fpath = os.path.join(path, 'train')
    x_train, y_train = load_batch(fpath, label_key='fine' + '_labels')
    fpath = os.path.join(path, 'test')
    x_test, y_test = load_batch(fpath, label_key='fine' + '_labels')
    x_train = tf.transpose(x_train,[0,2,3,1])
    y_train = np.float32(tf.keras.utils.to_categorical(y_train, num_classes=100))
    x_test = tf.transpose(x_test,[0,2,3,1])
    y_test = np.float32(tf.keras.utils.to_categorical(y_test,num_classes=100))
    batch_size  = 48
    train_data = tf.data.Dataset.from_tensor_slices((x_train,
y_train)).shuffle(batch_size*10).batch(batch_size).repeat(3)
    import resnet_model
    model = resnet_model.resnet_Model()
    model.compile(optimizer=tf.optimizers.Adam(1e-2),
loss=tf.losses.categorical_crossentropy,metrics = ['accuracy'])
    model.fit(train_data, epochs=10)
    score = model.evaluate(x_test, y_test)
    print("last score:",score)
```

根据不同的硬件设备，模型的参数和训练集的batch_size都需要做出调整，具体数值请根据需要进行设置。

8.3 ResNet的兄弟——ResNeXt

大家对一层一层堆叠的网络形成思维惯性的时候，shortcut（捷径）的思想是跨越性的。即使网络层级叠加到100层，运算量和16层的VGG相差不多，精度却提高了一个档次，而且模块性、可移植性很强。

8.3.1 ResNeXt诞生的背景

随着深度学习以及ResNet研究的深入，研究人员开始在增加网络的“宽度”方面进行探究。神经网络的标准范式就符合这样的“分割-转换-合并”（Split-Transform-Merge）模式。以一个简单的普通神经元为例（比如dense中的每个神经元），如图8.13所示。

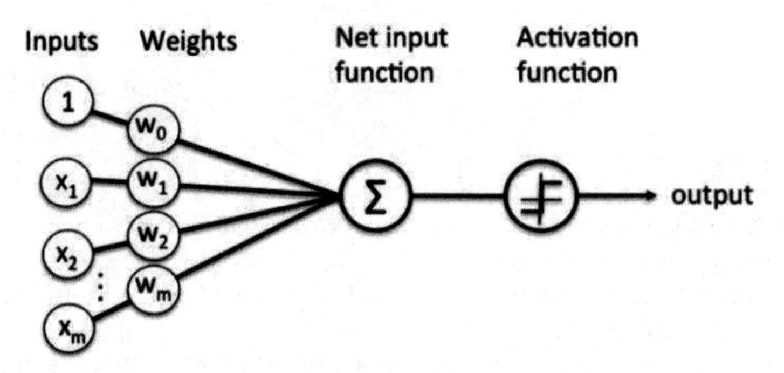

图 8.13　神经元

简单解释一下，就是对输入的数据进行权重乘积，求和后经过一个激活函数，因此神经网络又可以用公式表示为：

$$f(x)=\sum_{n=1}^{m} w(\mathrm{x}_i)$$

ResNet 的公式表示为：

$$w(x)=x+\sum_{n=1}^{n} T(\mathrm{x}_i)$$

公式中，T 函数理解为 ResNet 中的任意通路“模块”，x 为数据的 shortcut，n 为模块中通路的个数，shortcut 与通路模块共同构成了一个完整的“残差单元”，如图 8.14 所示。

可以简单地理解为，随着n的增加，“通路”增加能够带来方程$w(x)$值的增加，即使单个增加的幅度很小，求和后一样可以带来效果的改善，即在每个ResNet模块中增加通路个数。这也是ResNeXt产生的初衷。

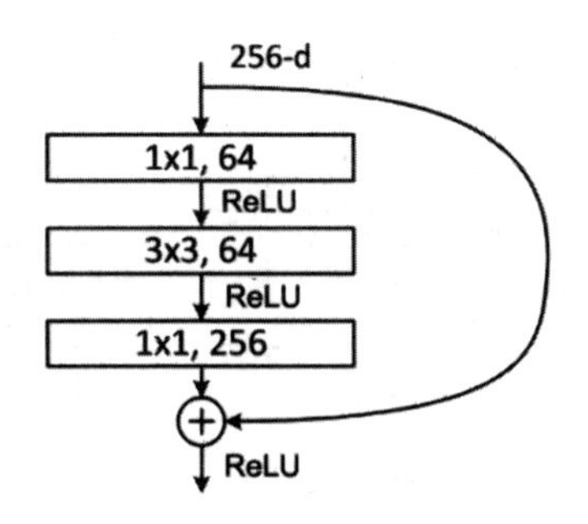

图 8.14　残差单元

在图8.15中，左边是ResNet的基本结构，右边是ResNeXt的基本结构。

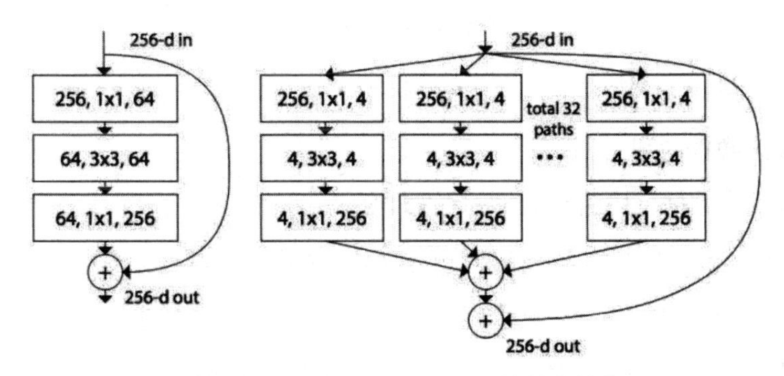

图 8.15　ResNet 和 ResNeXt 的基本结构

相对于左图ResNet的经典结构，右图ResNeXt中将32组同样结构的输出求和以后与输入端的shortcut进行二次叠加，如图8.16所示。

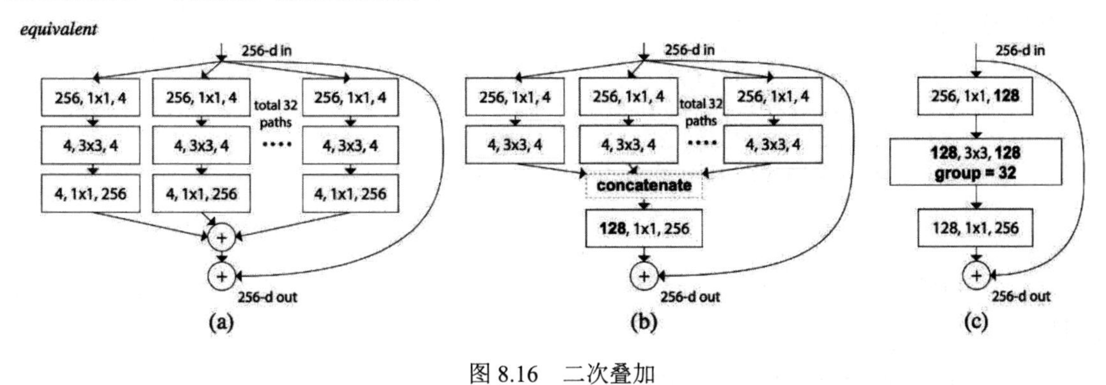

图 8.16　二次叠加

进一步对ResNeXt进行改进，如果将输入的[1,1]卷积层合并在一起，减少通道数，最终还是形成了经典的ResNet结构。因此也可以认为经典的ResNet就是ResNeXt的一个特殊结构。

8.3.2　ResNeXt 残差模块的实现

ResNeXt实际上就是更换了更具有普遍性的残差模块的ResNet，而残差模块的更改实质上是将一个连接通道在模块内部增加为32个，这里我们使用图8.17所示的模型架构实现ResNeXt。

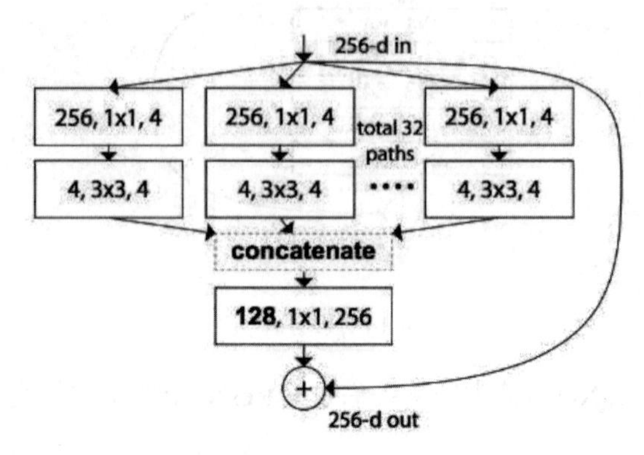

图 8.17 模型架构

实现步骤拆解如下：

第一步：对输入数据的划分

TensorFlow提供了数据分块函数split，代码如下：

```
input_tensor_list = tf.split(input_tensor, num_or_size_splits=64, axis=3)
```

这里先对输入的数据进行划分：

```
[batch,img_H,img_W,256]  →  [batch,img_H,img_W,32]
```

num_or_size_splits对划分的参数进行设置，value是输入值，axis确定了划分的数据维度。

第二步：把输入后的数据输送到卷积层开始卷积计算

其代码如下：

```
    def conv_fun(input_tensor):
        out = tf.keras.layers.Conv2D(4, 3,
padding="SAME",activation=tf.nn.relu)(input_tensor)
        out = tf.keras.layers.BatchNormalization()(out)
        return out
    out_list = list(map(conv_fun, input_tensor_list))
```

这里采用的是map函数，在每个卷积分块上做[3,3]大小的卷积，并加上batch_normalization和ReLU层。

第三步：将计算后的卷积层进行重新叠加

叠加选择的是第4个维度，即第一步拆分的维度，代码如下：

```
out = tf.concat(out_list, axis=-1)
```

这样就重新将数据组合起来了。

完整残差模块代码如下：

```
    def identity_block(input_tensor):
        input_tensor_list = tf.split(input_tensor, num_or_size_splits=64, axis=3)
```

```
        def conv_fun(input_tensor):
            out = tf.keras.layers.Conv2D(4, 3, padding="SAME",
activation=tf.nn.relu)(input_tensor)
            out = tf.keras.layers.BatchNormalization()(out)
            return out
        out_list = list(map(conv_fun, input_tensor_list))
        out = tf.concat(out_list, axis=-1)
        out = tf.keras.layers.Add()([out, input_tensor])
    return out
```

在对输入数据进行分解的时候，我们使用split函数直接对第4维进行拆解。有兴趣的读者可以在此步调整转换方法，即提供一个卷积来对数据维度进行降维。

8.3.3　ResNeXt 网络的实现

仿照ResNet，ResNeXt也是使用叠加残差模块的基本结构，对每个层级都做相同的转换，如图8.18所示。

stage	output	ResNet-50	ResNeXt-50 (32×4d)
conv1	112×112	7×7, 64, stride 2	7×7, 64, stride 2
conv2	56×56	3×3 max pool, stride 2	3×3 max pool, stride 2
		[1×1, 64 3×3, 64 1×1, 256] ×3	[1×1, 128 3×3, 128, *C*=32 1×1, 256] ×3
conv3	28×28	[1×1, 128 3×3, 128 1×1, 512] ×4	[1×1, 256 3×3, 256, *C*=32 1×1, 512] ×4
conv4	14×14	[1×1, 256 3×3, 256 1×1, 1024] ×6	[1×1, 512 3×3, 512, *C*=32 1×1, 1024] ×6
conv5	7×7	[1×1, 512 3×3, 512 1×1, 2048] ×3	[1×1, 1024 3×3, 1024, *C*=32 1×1, 2048] ×3
	1×1	global average pool 1000-d fc, softmax	global average pool 1000-d fc, softmax
# params.		**25.5**×10^6	**25.0**×10^6
FLOPs		**4.1**×10^9	**4.2**×10^9

图 8.18　叠加残差模块

这里仿照ResNet的方法对残差模块进行叠加计算，主要有4个模块，每个模块依次对输入的数据中的channel维度进行提升操作。

其代码如下：

```
    import tensorflow as tf
    def identity_block(input_tensor):
        input_tensor_list = tf.split(input_tensor, num_or_size_splits=64, axis=3)

        def conv_fun(input_tensor):
```

```
            out = tf.keras.layers.Conv2D(4, 3, padding="SAME",
activation=tf.nn.relu)(input_tensor)
            out = tf.keras.layers.BatchNormalization()(out)
        return out
        out_list = list(map(conv_fun, input_tensor_list))
        out = tf.concat(out_list, axis=-1)
        out = tf.keras.layers.Add()([out, input_tensor])
    return out

    def resnetXL_Model():
        input_xs = tf.keras.Input(shape=[32,32,3])
        conv_1 = tf.keras.layers.Conv2D(filters=64,kernel_size=3,
padding="SAME",activation=tf.nn.relu)(input_xs)

        """--------第一层----------"""
        out_dim = 256
    identity = tf.keras.layers.Conv2D(filters=out_dim, kernel_size=3,
padding="SAME", activation=tf.nn.relu)(conv_1)
        identity = tf.keras.layers.BatchNormalization()(identity)
        for _ in range(7):
            identity = identity_block(identity)

    """--------第二层----------"""
        ......
        """--------第三层----------"""
        ......

        conv = tf.keras.layers.Conv2D(100,kernel_size=32,
activation=tf.nn.relu)(identity)
        logits = tf.nn.softmax(tf.squeeze(conv,[1,2]))

        model = tf.keras.Model(inputs=input_xs, outputs=logits)
    return model
```

上面只编写了第一层的实现代码，其他层的实现可参照ResNet模型完成。

8.3.4 ResNeXt 和 ResNet 的比较

通过实验对比ResNeXt和ResNet（见图8.19），无论是在50层还是101层，ResNeXt的准确度都大大高于ResNet的准确度。这里我们总结一下相关的结论：

- ResNeXt 与 ResNet 在相同参数个数的情况下，训练时前者的错误率更低，但下降速度差不多。
- 在相同参数的情况下，增加残差模块比增加卷积层个数更加有效。
- 101 层的 ResNeXt 比 101 层的 ResNet 更好。

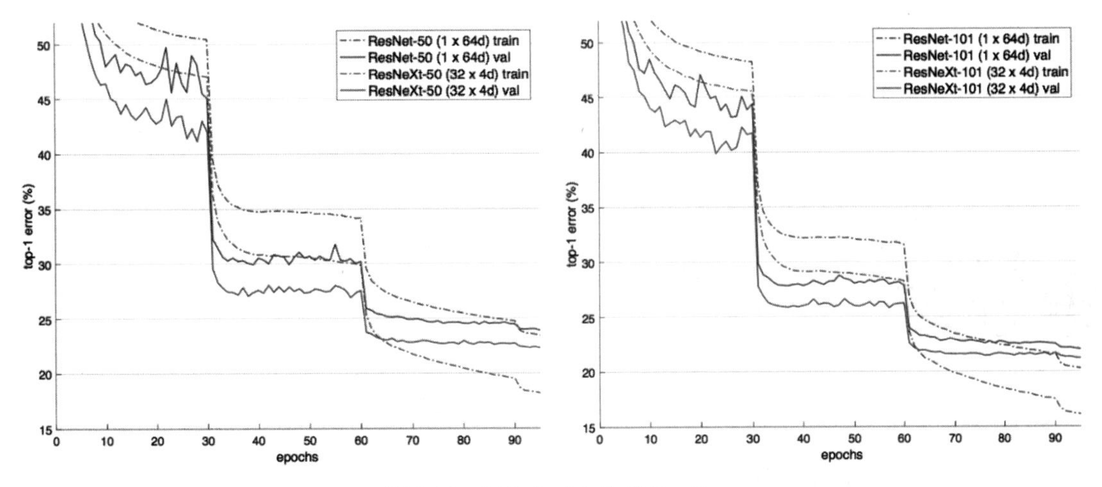

图 8.19　对比 ResNeXt 和 ResNet

8.4　本章小结

本章是一个起点，让读者站在巨人的肩膀上，从冠军开始！

ResNet和ResNeXt开创了一个时代，开天辟地地改变了人们仅仅依靠堆积神经网络层来获取更高性能的做法，在一定程度上解决了梯度消失和梯度爆炸的问题。

当简单的堆积神经网络层的做法失效时，人们开始采用模块化的思想设计网络，同时在不断“加宽”模块的内部通道。当这些能够做的方法被挖掘穷尽后，有没有新的方法能够进一步提升卷积神经网络的效果呢？

第9章

人脸检测实战

人脸识别的一项基础性工作就是人脸检测（Face Detection）。相对于人脸识别（Face Recognition），人脸检测的任务更加明确，即对于任意一幅给定的图像，采用一定的策略对其进行搜索以确定其中是否含有人脸，如果含有人脸就返回一张脸的位置、大小和姿态。

在一组图片中找到人脸的位置是本章的重点内容。人脸检测就是使用计算机技术识别数字图像中的人脸，也是指在视觉场景中定位人脸的过程。

人脸检测（见图9.1）是人脸识别系统中的关键环节。早期的人脸识别研究主要针对具有较强约束条件的人脸图像（如无背景的图像），往往假设人脸位置一直不变或者很容易定位，因此人脸检测问题在当时并未受到重视。

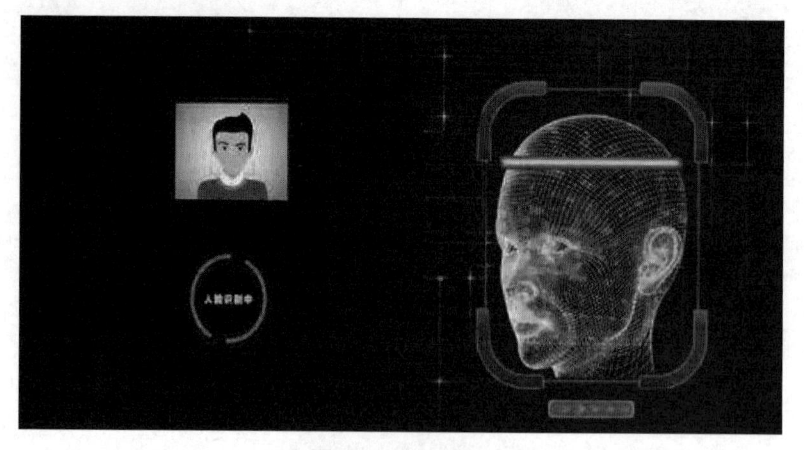

图 9.1　人脸检测

随着电子商务等应用的发展，人脸识别成为最有潜力的通过生物特征进行身份验证的手段，这类应用要求人脸识别系统能够对一般图像具有人脸识别能力，由此引发的一系列问题使得人脸检测作为一个独立的课题受到研究者的重视。今天，人脸检测的应用已经远远超出了人脸识别系统的范畴，在基于内容的检索、数字视频处理、视频检测等方面有着重要的应用价值。

9.1　使用 Python 库进行人脸检测

在使用深度学习进行人脸检测之前，先看一下基于传统的Python库进行人脸检测的方法以及使用的数据集。

本节主要使用LFW（Labeled Faces in the Wild）人脸数据集和Python的Dlib开源库来实现检测图像人脸的程序。

9.1.1　LFW 数据集简介

LFW人脸数据集是目前人脸识别的常用测试集，该数据集中提供的人脸图像均来源于生活中的自然场景，识别难度大，因为识别会受到多姿态、光照、表情、年龄、遮挡等因素的影响，即使是同一人，在不同照片中人脸图像的差别也很大，并且有些照片中可能不止一个人脸出现（对这些多人脸图像，仅选择中心坐标的人脸作为识别目标，其他区域的人脸则视为干扰背景）。LFW数据集共有13233张人脸图像，每张图像均给出对应的人名，共有5749人，绝大部分人仅有一张图像。每张图像的尺寸为250×250像素，绝大部分照片为彩色图像，但也有少许黑白人脸图像。

数据集中的图像如图9.2所示。

Fold 5: Elisabeth Schumacher, 1　Elisabeth Schumacher

Fold 7: Debra Messing, 1　Debra Messing, 2

图 9.2　LFW 数据集

LFW数据集主要测试人脸识别的准确率，该数据库从中随机选择了6000对人脸组成人脸辨识图片对，其中3000对属于同一个人的两张人脸照片，3000对属于不同的人，每人一张人脸照片。在测试过程中，LFW给出一对照片，询问测试中的系统两张照片是否为同一个人，系统给出“是”或“否”的答案。通过6000对人脸测试结果的系统答案与真实答案的比值可以得到人脸识别的准确率。

9.1.2 Dlib库简介

Dlib是一个常用的Python库，它是一个机器学习的开源库，包含机器学习的很多算法，使用时直接包含头文件即可，并且它不依赖于其他库（自带图像编解码库的源码）。目前Dlib被广泛应用，包括机器人、嵌入式设备、移动电话和大型高性能计算环境等领域。

Dlib是一个使用C++技术编写的跨平台通用库，遵守Boost开放软件协议（Boost Software License），主要特点如下：

- 完善的文档：每个类、每个函数都有详细的文档，并且提供了大量的示例代码，如果我们发现文档描述不清晰或者没有文档，可以告诉作者，作者一般都会立刻添加。
- 可移植代码：代码符合ISO C++标准，不需要第三方库支持，支持win32、Linux、Mac OS X、Solaris、HPUX、BSDs和POSIX系统。
- 线程支持：提供简单的可移植的线程API。
- 网络支持：提供简单的可移植的Socket API和一个简单的HTTP服务器。
- 图形用户界面：提供线程安全的GUI API。
- 数值算法：矩阵、大整数、随机数运算等。

除了人脸检测，Dlib库还包含其他多种工具（见图9.3），例如检测数据压缩和完整性算法：CRC32、MD5以及不同形式的PPM算法；用于测试线程安全的日志类和模块化的单元测试框架以及各种测试Assert支持的工具；一般工具类的XML解析、内存管理、类型安全的Big/Little Endian转换、序列化支持和容器类等。

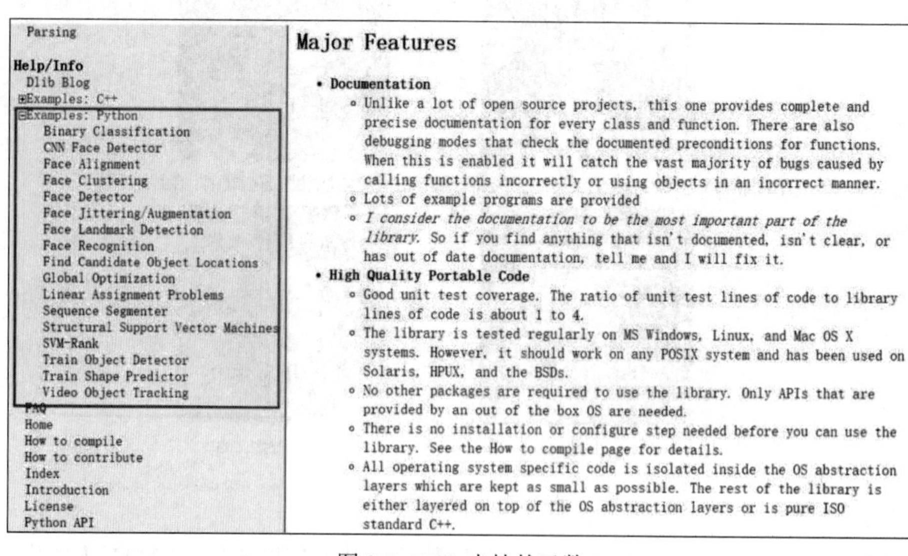

图9.3　Dlib支持的函数

9.1.3　OpenCV 简介

对于Python用户来说，OpenCV可能是最为常用的图像处理工具。OpenCV是一个基于BSD许可（开源）发行的跨平台计算机视觉和机器学习软件库，可以运行在Linux、Windows、Android和Mac OS操作系统上。

OpenCV轻量且高效——由一系列C函数和少量C++类构成，同时提供了Python、Ruby、MATLAB等编程语言的接口，它实现了图像处理和计算机视觉方面的很多通用算法。OpenCV用C++语言编写而成，具有C++、Python、Java和MATLAB接口。OpenCV支持实时视觉应用，支持CPU的MMX和SSE指令。

OpenCV不是本书的重点内容，因此有关OpenCV的介绍就不再展开了，本书对于用于图像处理的OpenCV函数会有提示性的说明，更多OpenCV函数的应用请有兴趣的读者自行学习。

9.1.4　使用 Dlib 实现图像中的人脸检测

下面使用Dlib实现图像中的人脸检测，从下载的LFW数据集中随机选择一张图片，如图9.4所示。

图 9.4　LFW 数据集中的一张图片

图中是一位成年男性，对于计算机视觉来说，无论是背景还是服饰，都不是目标，重点是图片中的人脸，因为人脸所在的背景和服饰都可能会成为干扰因素。

第一步：使用 OpenCV 读取图片

使用OpenCV读取图片的代码如下，这里使用LFW文件夹中第一个文件夹中的第一张图片。

```
import cv2

image = cv2.imread("./dataset/lfw-deepfunneled/Aaron_Eckhart/
Aaron_Eckhart_0001.jpg")                                    #使用OpenCV读取图片
cv2.imshow("image",image)                                   #展示图片结果
cv2.waitKey(0)                                              #暂停进程，按空格恢复
```

上面的代码为使用OpenCV读取图片并展示，imread函数根据图片地址把图片读取到内存中，imshow函数展示图片，而waitKey函数用于设置进程暂停的时间。

第二步：加载 Dlib 检测器

Dlib检测器的作用是对图像中的人脸目标进行检测，代码如下：

```
    import cv2
    import dlib

    image = cv2.imread("./dataset/lfw-deepfunneled/Aaron_Eckhart/
Aaron_Eckhart_0001.jpg")


    detector = dlib.get_frontal_face_detector() #Dlib创建的检测器
    boundarys = detector(image, 2)              #对人脸图片进行检测，找到人脸的位置框
    print(list(boundarys))                      #打印位置框内容
```

其中的dlib.get_frontal_face_detector函数用于创建对人脸检测的检测器，之后使用detector对人脸的位置进行检测，并将找到的位置存储为列表形式。若未找到，则返回一个空列表。打印结果如下：

```
[rectangle(78,89,171,182)]
```

列表中是一个rectangle格式的数据元组，框体的位置表示如下：

- 框体上方：rectangle[1]，使用函数 rectangle.top()获取。
- 框体下方：rectangle[3]，使用函数 rectangle. bottom()获取。
- 框体左方：rectangle[0]，使用函数 rectangle. left()获取。
- 框体右方：rectangle[2]，使用函数 rectangle. right()获取。

获取并打印框体位置的代码如下：

```
    import cv2
    import dlib
    import numpy as np

    image = cv2.imread("./dataset/lfw-deepfunneled/Aaron_Eckhart/
Aaron_Eckhart_0001.jpg")


    detector = dlib.get_frontal_face_detector() #Dlib创建的切割器
    boundarys = detector(image, 2)              #找到人脸框的坐标，若没有则返回空集
    print(list(boundarys))                      #打印结果

    draw = image.copy()

    rectangles = list(boundarys)

    for rectangle in rectangles:
        top = np.int(rectangle.top())         # idx = 1
        bottom = np.int(rectangle.bottom())   #idx = 3
        left = np.int(rectangle.left())       #idx = 0
        right = np.int(rectangle.right())     #idx = 2
```

```
print([left,top,right,bottom])
```

打印结果如下：

```
[rectangle(78,89,171,182)]
[78, 89, 171, 182]
```

第三步：使用 Dlib 进行人脸检测

输入检测到的人脸框图，OpenCV提供了专门用于画框图的函数rectangle()，将OpenCV与Dlib结合在一起就可以达到人脸检测的需求，代码如下：

```
import cv2
import dlib
import numpy as np

image = cv2.imread("./dataset/lfw-deepfunneled/Aaron_Eckhart/
Aaron_Eckhart_0001.jpg")

detector = dlib.get_frontal_face_detector() #切割器
boundarys = detector(image, 2)

rectangles = list(boundarys)

draw = image.copy()
for rectangle in rectangles:
    top = np.int(rectangle.top())          # idx = 1
    bottom = np.int(rectangle.bottom())   #idx = 3
    left = np.int(rectangle.left())       #idx = 0
    right = np.int(rectangle.right())     #idx = 2

    W = -int(left) + int(right)       #获取人脸框体的宽度
    H = -int(top) + int(bottom)       #获取人脸框体的高度
    paddingH = 0.01 * W
    paddingW = 0.02 * H
     #将人脸的图片单独“切割出来”
    crop_img = image[int(top + paddingH):int(bottom - paddingH), int(left -
paddingW):int(right + paddingW)]
     #进行人脸框体描绘
    cv2.rectangle(draw, (int(left), int(top)), (int(right), int(bottom)), (255,
0, 0), 1)

    cv2.imshow("test", draw)
    c = cv2.waitKey(0)
```

这里使用了图像截取，crop_img的作用是将图片矩阵按大小进行截取，cv2.rectangle是在图片上画出框体线。上述代码的执行结果如图9.5所示。

图 9.5　画出人脸框的图片

从图9.5可以清楚地看到，使用Dlib和OpenCV可以很好地解决人脸定位问题，切割出的图片如图9.6所示。

图 9.6　切割的图片

切割出的图片右侧边缘有一条明显的竖线，这是因为图片的尺寸过小，影响了OpenCV的画图，此时将切割图片的大小重新进行缩放即可，代码如下：

```
    import cv2
    import dlib
    import numpy as np

    image = cv2.imread("./dataset/lfw-deepfunneled/Aaron_Eckhart/
Aaron_Eckhart_0001.jpg")

    detector = dlib.get_frontal_face_detector() #切割器
    boundarys = detector(image, 2)
    print(list(boundarys))

    draw = image.copy()

    rectangles = list(boundarys)

    for rectangle in rectangles:
        top = np.int(rectangle.top())         # idx = 1
        bottom = np.int(rectangle.bottom())  #idx = 3
        left = np.int(rectangle.left())      #idx = 0
```

```
        right = np.int(rectangle.right())   #idx = 2

        W = -int(left) + int(right)
        H = -int(top) + int(bottom)
        paddingH = 0.01 * W
        paddingW = 0.02 * H
        crop_img = image[int(top + paddingH):int(bottom - paddingH), int(left -
paddingW):int(right + paddingW)]

        #进行切割放大
        crop_img = cv2.resize(crop_img,dsize=(128,128))
        cv2.imshow("test", crop_img)
        c = cv2.waitKey(0)
```

读者可自行验证上述代码的执行结果。

9.1.5　使用 Dlib 和 OpenCV 建立人脸检测数据集

由于LFW数据集在创建时并没有专门整理人脸框体的位置数据，因此我们可借助Dlib和OpenCV建立自己的人脸检测数据集。

第一步：LFW 数据集中的所有图片

找到LFW数据集中所有图片的位置，使用pathlib库对数据库地址进行查找，代码如下：

```
    path = "./dataset/lfw-deepfunneled/"
    path = Path(path)
    file_dirs = [x for x in path.iterdir() if x.is_dir()]

    for file_dir in tqdm(file_dirs):
        image_path_list = list(Path(file_dir).glob('*.jpg'))
```

file_dirs列表包含查找到的当前路径中的所有文件夹，之后在for循环中又调用glob函数将符合对应后缀名的所有文件找到，并存储到image_path_list列表中。

代码中调用的tqdm函数是一个可视化进程运行函数，将路径显示出来。

结合Dlib进行人脸框的查找并存储结果，完整的代码如下：

```
    from pathlib import Path
    import dlib
    import cv2
    import numpy as np

    from tqdm import tqdm
    detector = dlib.get_frontal_face_detector() #人脸检测器

    path = "./dataset/lfw-deepfunneled/"
    path = Path(path)
    file_dirs = [x for x in path.iterdir() if x.is_dir()]

    rec_box_list = []
```

```
    counter = 0
    for file_dir in tqdm(file_dirs):
        image_path_list = list(Path(file_dir).glob('*.jpg'))
        for image_path in image_path_list:
            image_path = "./" + str(image_path)
            image = (cv2.imread(image_path))
            draw = image.copy()

            boundarys = detector(image, 2)
            rectangle = list(boundarys)
             #为了简便起见，限定每张图片中只有一个人
            if len(rectangle) == 1:
                rectangle = rectangle[0]
                top = np.int(rectangle.top())          # idx = 1
                bottom = np.int(rectangle.bottom())    # idx = 3
                left = np.int(rectangle.left())        # idx = 0
                right = np.int(rectangle.right())      # idx = 2

                if rectangle is not None:
                    W = -int(left) + int(right)
                    H = -int(top) + int(bottom)
                    paddingH = 0.01 * W
                    paddingW = 0.02 * H
                    crop_img = image[int(top + paddingH):int(bottom - paddingH),
int(left - paddingW):int(right + paddingW)]
                    cv2.rectangle(draw, (int(left), int(top)), (int(right),
int(bottom)), (255, 0, 0), 1)

                rec_box = [top,bottom,left,right]

                rec_box_list.append(rec_box)

                new_path = "./dataset/lfw/" + str(counter) + ".jpg"
                cv2.imwrite(new_path, image)
                counter += 1

    np.save("./dataset/lfw/rec_box_list.npy",rec_box_list)
```

这段代码的作用是读取LFW数据集中不同文件夹中的图片，获取其面部坐标框之后存储在特定的列表中。这里为了简单起见，限定了每张图片中只有一个人脸进行检测。

最后可以对其进行验证，这里随机获取一个图片的id，使用Dlib即时获取对应的人脸框，打印存储的人脸列表的内容进行验证，代码如下：

```
    import dlib
    import cv2
    import numpy as np

    detector = dlib.get_frontal_face_detector() #切割器

    img_path = "./dataset/lfw/10240.jpg"
```

```
    image = (cv2.imread(img_path))

    boundarys = detector(image, 2)
    print(list(boundarys))

    rec_box_list = np.load("./dataset/lfw/rec_box_list.npy")
    print(rec_box_list[10240])
```

打印结果读者可自行验证。

9.2 基于深度学习 MTCNN 模型的人脸检测

前一节实现了基于Dlib库的方法对人脸检测，本节将使用深度学习的方法实现一个在人脸检测中应用较广的算法——MTCNN（Multi-Task Cascaded Convolutional Networks，多任务级联卷积网络）。相比于传统的算法，MTCNN算法的性能更好、检测速度更快。

9.2.1 MTCNN 模型简介

MTCNN是2016年中国科学院深圳研究院提出的用于人脸检测任务的多任务神经网络模型，该模型主要采用了三个级联的网络，采用候选框加分类器的思想，进行快速高效的人脸检测。这三个级联的网络分别是快速生成候选窗口的P-Net、进行高精度候选窗口过滤选择的R-Net和生成最终边界框与人脸关键点的O-Net。和很多处理图像问题的卷积神经网络模型一样，该模型也用到了图像金字塔、交并比（IOU）和非极大值抑制（NMS）等技术。

从模型架构来看，MTCNN主要是通过CNN模型级联实现多任务学习网络。整个模型分为三个阶段，第一个阶段通过一个浅层的CNN网络快速产生一系列的候选窗口；第二个阶段通过一个能力更强的CNN网络过滤掉绝大部分非人脸候选窗口；第三个阶段通过一个能力更强的网络找到人脸上面的人脸框。完整的MTCNN级联架构如图9.7所示。

从图9.7的级联结构可以看到，第一个resize就是对同一张图片进行缩放操作，之后通过P-Net对图片进行第一次人脸框位置的查找和截取，在确认有人脸存在的图片中，将这个图片重新通过resize调整成一个固定大小的图片供下一级使用。在获得固定大小的图片之后，R-Net的作用就是对这个固定大小的图片进行第二次人脸框的精确查找和截取。最后一层O-Net的作用是对R-Net的结果进行第三次的查找和截取。从而获得最终的人脸框位置。

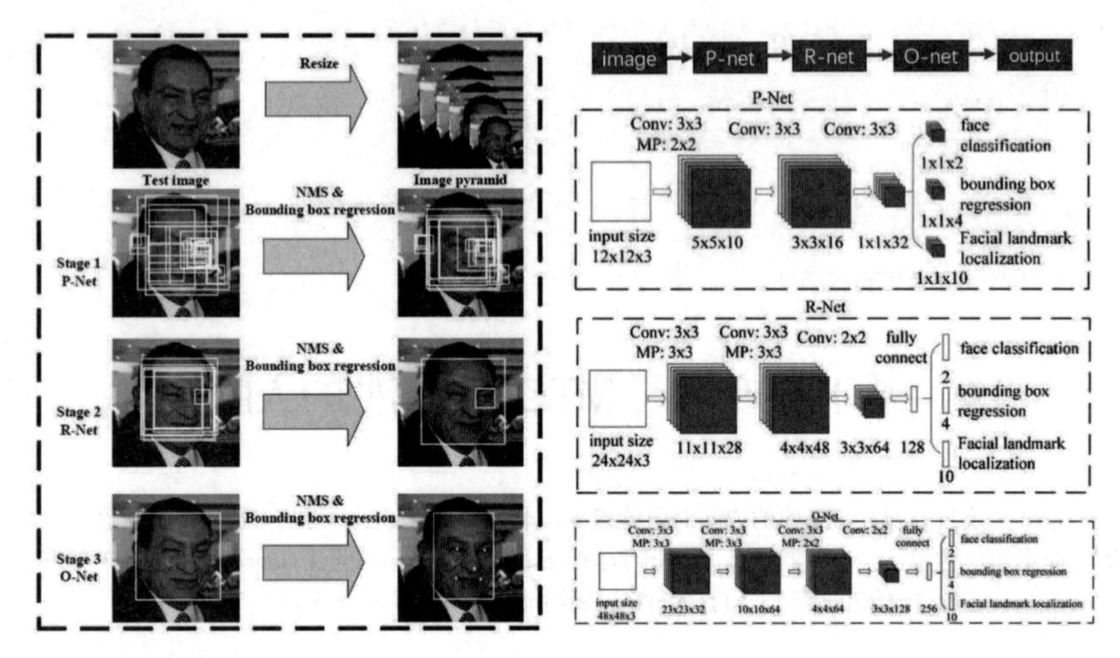

图 9.7　MTCNN 级联架构

三阶段的代码如下：

1. P-Net 阶段

```
from tensorflow.keras.layers import Conv2D, Input, MaxPool2D, Reshape,
Activation, Flatten, Dense, Permute

from tensorflow.keras.models import Model, Sequential
import tensorflow as tf
import numpy as np
import utils
import cv2
#-----------------------------#
#   粗略获取人脸框
#   输出bbox位置和是否有人脸
#-----------------------------#
def create_Pnet(weight_path):
    #注意这里输入的维度为None
    input = Input(shape=[None, None, 3])

    x = Conv2D(10, (3, 3), strides=1, padding='valid', name='conv1')(input)
    x = tf.nn.relu(x)
    x = MaxPool2D(pool_size=2)(x)

    x = Conv2D(16, (3, 3), strides=1, padding='valid', name='conv2')(x)
    x = tf.nn.relu(x)

    x = Conv2D(32, (3, 3), strides=1, padding='valid', name='conv3')(x)
    x = tf.nn.relu(x)
```

```
    classifier = Conv2D(2, (1, 1), activation='softmax', name='conv4-1')(x)
    # 无激活函数，线性
    bbox_regress = Conv2D(4, (1, 1), name='conv4-2')(x)

    model = Model([input], [classifier, bbox_regress])
    model.load_weights(weight_path, by_name=True)
    return model
```

2. R-Net 阶段

```
#-----------------------------#
#   MTCNN的第二段
#   精修框
#-----------------------------#
def create_Rnet(weight_path):
    input = Input(shape=[24, 24, 3])
    # 24,24,3 -> 11,11,28
    x = Conv2D(28, (3, 3), strides=1, padding='valid', name='conv1')(input)
    x = tf.nn.relu(x)
    x = MaxPool2D(pool_size=3,strides=2, padding='same')(x)

    # 11,11,28 -> 4,4,48
    x = Conv2D(48, (3, 3), strides=1, padding='valid', name='conv2')(x)
    x = tf.nn.relu(x)
    x = MaxPool2D(pool_size=3, strides=2)(x)

    # 4,4,48 -> 3,3,64
    x = Conv2D(64, (2, 2), strides=1, padding='valid', name='conv3')(x)
    x = tf.nn.relu(x)
    # 3,3,64 -> 64,3,3
    x = Permute((3, 2, 1))(x)
    x = Flatten()(x)
    # 576 -> 128
    x = Dense(128, name='conv4')(x)
    x = tf.nn.relu(x)
    # 128 -> 2 128 -> 4
    classifier = Dense(2, activation='softmax', name='conv5-1')(x)
    bbox_regress = Dense(4, name='conv5-2')(x)
    model = Model([input], [classifier, bbox_regress])
    model.load_weights(weight_path, by_name=True)
    return model
```

3. O-Net 阶段

```
#-----------------------------#
#   MTCNN的第三段
#   除了精修人像外框外，还获得5个脸部特征的标点
#-----------------------------#
def create_Onet(weight_path):
    input = Input(shape = [48,48,3])
    # 48,48,3 -> 23,23,32
```

```
    x = Conv2D(32, (3, 3), strides=1, padding='valid', name='conv1')(input)
    x = tf.nn.relu(x)
    x = MaxPool2D(pool_size=3, strides=2, padding='same')(x)
    # 23,23,32 -> 10,10,64
    x = Conv2D(64, (3, 3), strides=1, padding='valid', name='conv2')(x)
    x = tf.nn.relu(x)
    x = MaxPool2D(pool_size=3, strides=2)(x)
    # 8,8,64 -> 4,4,64
    x = Conv2D(64, (3, 3), strides=1, padding='valid', name='conv3')(x)
    x = tf.nn.relu(x)
    x = MaxPool2D(pool_size=2)(x)
    # 4,4,64 -> 3,3,128
    x = Conv2D(128, (2, 2), strides=1, padding='valid', name='conv4')(x)
    x = tf.nn.relu(x)
    # 3,3,128 -> 128,12,12

    x = tf.transpose(x,[0,3,2,1])
    # 1152 -> 256
    x = Flatten()(x)
    x = Dense(256, name='conv5') (x)
    x = tf.nn.relu(x)

    # 鉴别
    # 256 -> 2 256 -> 4 256 -> 10
    classifier = Dense(2, activation='softmax',name='conv6-1')(x)
    bbox_regress = Dense(4,name='conv6-2')(x)
    landmark_regress = Dense(10,name='conv6-3')(x)

    model = Model([input], [classifier, bbox_regress, landmark_regress])
    model.load_weights(weight_path, by_name=True)

    return model
```

9.2.2 MTCNN 模型的使用

下面先跳过MTCNN的训练过程，直接使用已训练好的MTCNN模型预测人脸的位置框，代码如下（本小节所使用的代码由本书所附的代码库提供，强烈建议读者先运行代码，再进行后续的学习）：

```
import sys
from operator import itemgetter
import numpy as np
import cv2
import matplotlib.pyplot as plt
```

计算原始输入图像每一次缩放的比例：

```
def calculateScales(img):
    copy_img = img.copy()
    pr_scale = 1.0
```

```
    h,w,_ = copy_img.shape
    if min(w,h)>500:
        pr_scale = 500.0/min(h,w)
        w = int(w*pr_scale)
        h = int(h*pr_scale)
    elif max(w,h)<500:
        pr_scale = 500.0/max(h,w)
        w = int(w*pr_scale)
        h = int(h*pr_scale)

    scales = []
    factor = 0.709
    factor_count = 0
    minl = min(h,w)
    while minl >= 12:
        scales.append(pr_scale*pow(factor, factor_count))
        minl *= factor
        factor_count += 1
    return scales
```

对P-Net处理后的结果进行处理：

```
def detect_face_12net
(cls_prob,roi,out_side,scale,width,height,threshold):
    cls_prob = np.swapaxes(cls_prob, 0, 1)
    roi = np.swapaxes(roi, 0, 2)

    stride = 0
    # stride略等于2
    if out_side != 1:
        stride = float(2*out_side-1)/(out_side-1)
    (x,y) = np.where(cls_prob>=threshold)

    boundingbox = np.array([x,y]).T
    # 找到对应原图的位置
    bb1 = np.fix((stride * (boundingbox) + 0 ) * scale)
    bb2 = np.fix((stride * (boundingbox) + 11) * scale)
    # plt.scatter(bb1[:,0],bb1[:,1],linewidths=1)
    # plt.scatter(bb2[:,0],bb2[:,1],linewidths=1,c='r')
    # plt.show()
    boundingbox = np.concatenate((bb1,bb2),axis = 1)

    dx1 = roi[0][x,y]
    dx2 = roi[1][x,y]
    dx3 = roi[2][x,y]
    dx4 = roi[3][x,y]
    score = np.array([cls_prob[x,y]]).T
    offset = np.array([dx1,dx2,dx3,dx4]).T

    boundingbox = boundingbox + offset*12.0*scale
```

```
    rectangles = np.concatenate((boundingbox,score),axis=1)
    rectangles = rect2square(rectangles)
    pick = []
    for i in range(len(rectangles)):
        x1 = int(max(0     ,rectangles[i][0]))
        y1 = int(max(0     ,rectangles[i][1]))
        x2 = int(min(width ,rectangles[i][2]))
        y2 = int(min(height,rectangles[i][3]))
        sc = rectangles[i][4]
        if x2>x1 and y2>y1:
            pick.append([x1,y1,x2,y2,sc])
    return NMS(pick,0.3)
```

将长方形调整为正方形：

```
def rect2square(rectangles):
    w = rectangles[:,2] - rectangles[:,0]
    h = rectangles[:,3] - rectangles[:,1]
    l = np.maximum(w,h).T
    rectangles[:,0] = rectangles[:,0] + w*0.5 - l*0.5
    rectangles[:,1] = rectangles[:,1] + h*0.5 - l*0.5
    rectangles[:,2:4] = rectangles[:,0:2] + np.repeat([l], 2, axis = 0).T
    return rectangles
```

非极大值抑制：

```
def NMS(rectangles,threshold):
    if len(rectangles)==0:
        return rectangles
    boxes = np.array(rectangles)
    x1 = boxes[:,0]
    y1 = boxes[:,1]
    x2 = boxes[:,2]
    y2 = boxes[:,3]
    s  = boxes[:,4]
    area = np.multiply(x2-x1+1, y2-y1+1)
    I = np.array(s.argsort())
    pick = []
    while len(I)>0:
        xx1 = np.maximum(x1[I[-1]], x1[I[0:-1]]) #I[-1] have hightest prob score,
I[0:-1]->others
        yy1 = np.maximum(y1[I[-1]], y1[I[0:-1]])
        xx2 = np.minimum(x2[I[-1]], x2[I[0:-1]])
        yy2 = np.minimum(y2[I[-1]], y2[I[0:-1]])
        w = np.maximum(0.0, xx2 - xx1 + 1)
        h = np.maximum(0.0, yy2 - yy1 + 1)
        inter = w * h
        o = inter / (area[I[-1]] + area[I[0:-1]] - inter)
        pick.append(I[-1])
        I = I[np.where(o<=threshold)[0]]
    result_rectangle = boxes[pick].tolist()
    return result_rectangle
```

对P-Net处理后的结果进行处理：

```
def filter_face_24net(cls_prob,roi,rectangles,width,height,threshold):

    prob = cls_prob[:,1]
    pick = np.where(prob>=threshold)
    rectangles = np.array(rectangles)

    x1  = rectangles[pick,0]
    y1  = rectangles[pick,1]
    x2  = rectangles[pick,2]
    y2  = rectangles[pick,3]

    sc  = np.array([prob[pick]]).T

    dx1 = roi[pick,0]
    dx2 = roi[pick,1]
    dx3 = roi[pick,2]
    dx4 = roi[pick,3]

    w   = x2-x1
    h   = y2-y1

    x1  = np.array([(x1+dx1*w)[0]]).T
    y1  = np.array([(y1+dx2*h)[0]]).T
    x2  = np.array([(x2+dx3*w)[0]]).T
    y2  = np.array([(y2+dx4*h)[0]]).T

    rectangles = np.concatenate((x1,y1,x2,y2,sc),axis=1)
    rectangles = rect2square(rectangles)
    pick = []
    for i in range(len(rectangles)):
        x1 = int(max(0     ,rectangles[i][0]))
        y1 = int(max(0     ,rectangles[i][1]))
        x2 = int(min(width ,rectangles[i][2]))
        y2 = int(min(height,rectangles[i][3]))
        sc = rectangles[i][4]
        if x2>x1 and y2>y1:
            pick.append([x1,y1,x2,y2,sc])
    return NMS(pick,0.3)
```

对O-Net处理后的结果进行处理：

```
def filter_face_48net
(cls_prob,roi,pts,rectangles,width,height,threshold):

    prob = cls_prob[:,1]
    pick = np.where(prob>=threshold)
    rectangles = np.array(rectangles)

    x1  = rectangles[pick,0]
```

```
        y1  = rectangles[pick,1]
        x2  = rectangles[pick,2]
        y2  = rectangles[pick,3]

        sc  = np.array([prob[pick]]).T

        dx1 = roi[pick,0]
        dx2 = roi[pick,1]
        dx3 = roi[pick,2]
        dx4 = roi[pick,3]

        w   = x2-x1
        h   = y2-y1

        pts0= np.array([(w*pts[pick,0]+x1)[0]]).T
        pts1= np.array([(h*pts[pick,5]+y1)[0]]).T
        pts2= np.array([(w*pts[pick,1]+x1)[0]]).T
        pts3= np.array([(h*pts[pick,6]+y1)[0]]).T
        pts4= np.array([(w*pts[pick,2]+x1)[0]]).T
        pts5= np.array([(h*pts[pick,7]+y1)[0]]).T
        pts6= np.array([(w*pts[pick,3]+x1)[0]]).T
        pts7= np.array([(h*pts[pick,8]+y1)[0]]).T
        pts8= np.array([(w*pts[pick,4]+x1)[0]]).T
        pts9= np.array([(h*pts[pick,9]+y1)[0]]).T

        x1  = np.array([(x1+dx1*w)[0]]).T
        y1  = np.array([(y1+dx2*h)[0]]).T
        x2  = np.array([(x2+dx3*w)[0]]).T
        y2  = np.array([(y2+dx4*h)[0]]).T
         rectangles=np.concatenate((x1,y1,x2,y2,sc,pts0,pts1,pts2,pts3,pts4,pts5,
pts6,pts7,pts8,pts9),axis=1)
        pick = []
        for i in range(len(rectangles)):
            x1 = int(max(0,rectangles[i][0]))
            y1 = int(max(0,rectangles[i][1]))
            x2 = int(min(width,rectangles[i][2]))
            y2 = int(min(height,rectangles[i][3]))
            if x2>x1 and y2>y1:
                pick.append([x1,y1,x2,y2,rectangles[i][4],

    rectangles[i][5],rectangles[i][6],rectangles[i][7],rectangles[i][8],rectangl
es[i][9],rectangles[i][10],rectangles[i][11],rectangles[i][12],rectangles[i][13]
,rectangles[i][14]])

        return NMS(pick,0.3)
```

模型的检测代码如下：

```
    import cv2
    from mtcnn import mtcnn
```

```
    img = cv2.imread('img/timg.jpg')

    model = mtcnn()
    threshold = [0.5,0.6,0.7]
    rectangles = model.detectFace(img, threshold)
    draw = img.copy()

    for rectangle in rectangles:
        if rectangle is not None:
            W = -int(rectangle[0]) + int(rectangle[2])
            H = -int(rectangle[1]) + int(rectangle[3])
            paddingH = 0.01 * W
            paddingW = 0.02 * H
            crop_img = img[int(rectangle[1]+paddingH):int(rectangle[3]-paddingH),
int(rectangle[0]-paddingW):int(rectangle[2]+paddingW)]
            if crop_img is None:
                continue
            if crop_img.shape[0] < 0 or crop_img.shape[1] < 0:
                continue
            cv2.rectangle(draw, (int(rectangle[0]), int(rectangle[1])),
(int(rectangle[2]), int(rectangle[3])), (255, 0, 0), 1)

            for i in range(5, 15, 2):
                cv2.circle(draw, (int(rectangle[i + 0]), int(rectangle[i + 1])), 2,
(0, 255, 0))

    cv2.imwrite("img/out.jpg",draw)

    cv2.imshow("test", draw)
    c = cv2.waitKey(0)
```

整体使用MTCNN进行人脸检测的代码如下：

```
class mtcnn():
    def __init__(self):
        #引入预训练的Pnet、Rnet和Onet
        self.Pnet = create_Pnet('model_data/pnet.h5')
        self.Rnet = create_Rnet('model_data/rnet.h5')
        self.Onet = create_Onet('model_data/onet.h5')

    def detectFace(self, img, threshold):
        #-----------------------------#
        #   归一化
        #-----------------------------#
        copy_img = (img.copy() - 127.5) / 127.5
        origin_h, origin_w, _ = copy_img.shape
        #-----------------------------#
        #   计算原始输入图像
        #   每一次缩放的比例
        #   这里是计算缩放比例
        #-----------------------------#
```

```
        scales = utils.calculateScales(img)
        print(scales)

        out = []
        #-----------------------------#
        #   粗略计算人脸框
        #   P-Net部分
        #-----------------------------#
        counter = 0
        for scale in scales:
            hs = int(origin_h * scale)
            ws = int(origin_w * scale)
            scale_img = cv2.resize(copy_img, (ws, hs))

            inputs = scale_img.reshape(1, *scale_img.shape)

            ouput = self.Pnet.predict(inputs)
            out.append(ouput)

        image_num = len(scales)
        rectangles = []
        for i in range(image_num):
            # 有人脸的概率
            cls_prob = out[i][0][0][:,:,1]
            # 其对应的框的位置
            roi = out[i][1][0]

            # 取出每个缩放后图片的长宽
            out_h, out_w = cls_prob.shape
            out_side = max(out_h, out_w)
            # 解码过程
            rectangle = utils.detect_face_12net(cls_prob, roi, out_side, 1 /
scales[i], origin_w, origin_h, threshold[0])
            rectangles.extend(rectangle)

        # 进行非极大值抑制
        rectangles = utils.NMS(rectangles, 0.7)

        if len(rectangles) == 0:
            return rectangles

        #-----------------------------#
        #   稍微精确计算人脸框
        #   R-Net部分
        #-----------------------------#
        predict_24_batch = []
        for rectangle in rectangles:
            crop_img = copy_img[int(rectangle[1]):int(rectangle[3]),
int(rectangle[0]):int(rectangle[2])]
            scale_img = cv2.resize(crop_img, (24, 24))
```

```
            predict_24_batch.append(scale_img)

        predict_24_batch = np.array(predict_24_batch)

        out = self.Rnet.predict(predict_24_batch)

        cls_prob = out[0]
        cls_prob = np.array(cls_prob)
        roi_prob = out[1]
        roi_prob = np.array(roi_prob)
        rectangles = utils.filter_face_24net(cls_prob, roi_prob, rectangles,
origin_w, origin_h, threshold[1])

        if len(rectangles) == 0:
            return rectangles

        #-----------------------------#
        #   计算人脸框
        #   O-Net部分
        #-----------------------------#
        predict_batch = []
        for rectangle in rectangles:
            crop_img = copy_img[int(rectangle[1]):int(rectangle[3]),
int(rectangle[0]):int(rectangle[2])]
            scale_img = cv2.resize(crop_img, (48, 48))
            predict_batch.append(scale_img)

        predict_batch = np.array(predict_batch)
        output = self.Onet.predict(predict_batch)
        cls_prob = output[0]
        roi_prob = output[1]
        pts_prob = output[2]

        rectangles = utils.filter_face_48net(cls_prob, roi_prob, pts_prob,
rectangles, origin_w, origin_h, threshold[2])

        return rectangles
```

MTCNN首先载入了预训练好的模型，随后依次根据模型的定义经过P-Net、R-Net和O-Net，生成一个最终的框体，并重新在原图上画出。

9.2.3　MTCNN 模型中的一些细节

对于MTCNN中预测的一些组件，其中重要的是交并比（IOU）和非极大值抑制（NMS）。交并比和非极大值抑制是目标检测任务中非常重要的两个概念。

例如，在用训练好的模型进行测试时，网络会预测出一系列的候选框。这时会用NMS来移除一些多余的候选框，就是移除一些IoU值大于某个阈值的框。

1. 交并比

IoU值定义为两个矩形框面积的交集和并集的比值，如图9.8所示。

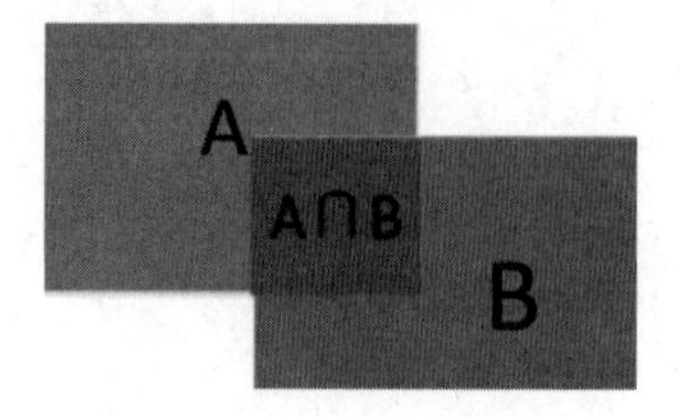

图 9.8 交并比的图示

用公式表示为：

$$\text{IoU} = \frac{A \cap B}{A \cup B}$$

2. 非极大值抑制（NMS）

以人脸识别为例，先假设有6个输出的矩形框（proposal_clip_box），之后根据分类器输出的概率值对每个矩形框进行排序，从小到大属于人脸的概率（scores），分别为A、B、C、D、E、F，如图9.9所示。

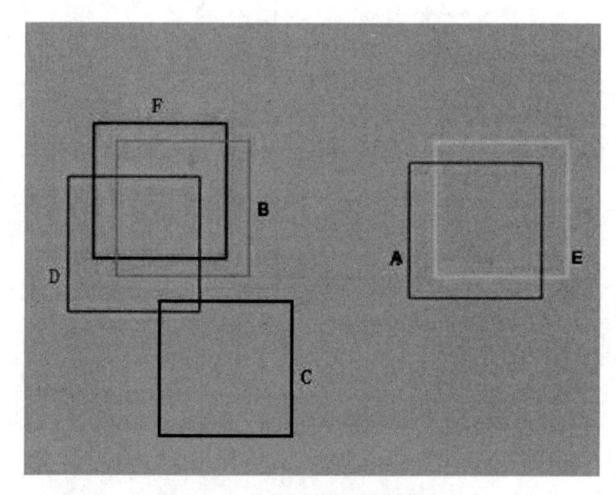

图 9.9 非极大值抑制的图示

（1）从最大概率的矩形框F开始，分别判断A~E与F的重叠度IoU是否大于某个设定的阈值。

（2）假设B、D与F的重叠度超过阈值，那么就扔掉B、D，并标记第一个矩形框F。

（3）从剩下的矩形框A、C、E中，选择概率最大的E，然后判断E与A、C的重叠度，重叠度大于一定的阈值，那么就扔掉，并标记E是保留下来的第二个矩形框。就这样一直重复，找到所有被保留下来的矩形框。

在图9.9中，F与B、D的重合度较大，可以去除B、D。A、E的重合度较大，我们删除A，保留scores较大的E。C和其他的重叠都小，保留C。最终留下了C、E、F三个。

这两部分代码在上述代码中已有实现，这里就不再重复了。

3. MTCNN 的训练

最后讲一下MTCNN的训练，从前文对MTCNN模型的分析来看，MTCNN实际上就是分别训练了3个不同大小但是架构类似的卷积神经网络，因此可以参考前期其他模型的训练过程对其进行训练，4个坐标分别表示神经网络需要回归拟合的4个点的值，过程没有难度，感兴趣的读者可自行完成。

9.3　本章小结

本章主要讲解了人脸位置检测的一些方法，首先介绍了使用Dlib库进行人脸检测的方法。实际上，Dlib库进行人脸检测同样用到了深度学习中的卷积神经网络，只是将载入参数和模型较好地融合在一起，仅仅提供接口供用户使用。同样，Dlib库并不只是提供人脸位置检测，还提供了其他更多的计算，有兴趣的读者可以自行研究。

MTCNN是最早实现人脸检测的框架，它通过三个串联的卷积神经网络达到了较好的对人脸检测的目的，由于MTCNN不是端对端的整体训练，因此它的使用和后续的训练过程相对复杂。

第10章

人脸识别模型

人脸识别是建立在人脸检测基础上的一种图像识别应用。人脸识别技术在日常生活中主要有两种用途：一种用来进行人脸验证（又叫人脸比对），验证“你是不是某人”；另一种用于人脸识别，验证“你是谁”。从应用模式上来说，人脸识别的两种模式分别是1:1模式和1:N模式。

人脸识别做的是1:1的比对，其身份验证模式本质上是计算机对当前人脸与人像数据库进行快速人脸比对，并得出是否匹配的过程，可以简单理解为证明“你就是你”。就是先告诉人脸识别系统，我是张三，然后用来验证站在机器面前的“我”到底是不是“张三”。这种模式常见的应用场景是人脸解锁，终端设备(如手机)只需将用户事先注册的照片与临场采集的照片做对比，判断是否为同一人，即可完成身份验证。

当人脸识别做的是1:N的比对时，即系统采集了“我”的一张照片之后，从海量的人像数据库中找到与当前使用者人脸数据相符合的图像，并进行匹配，找出来“我是谁”，比如疑犯追踪、小区门禁、会场签到以及新零售概念中的客户识别。

本章将在人脸检测完成的基础上继续实现人脸识别的后半部分，也就是使用深度学习模型实现人脸识别模型，完成人脸识别的1:1任务和1:N任务。

10.1 基于深度学习的人脸识别模型

使用深度学习完成人脸识别，一个简单的思路就是利用卷积神经网络抽取人脸图像的特征，之后使用分类器对人脸进行二分类，就完成了前面所定义的任务。

10.1.1 人脸识别的基本模型 SiameseModel（孪生模型）

首先介绍一下人脸识别模型SiameseModel。在讲这个模型之前，先对人脸识别的输入进行分类。在本书前面的模型设计中，输入端无论输入一组数据还是多组数据，都是被传送到模型中进行计算，无非就是前后的区别。

对于人脸识别模型来说，一般情况下输入两个并行的内容，即一个是需要验证的数据，另一个是数据库中的人脸数据。

这样并行处理两个数据集模型称为SiameseModel。Siamese在英语中指“孪生”“连体”，这个词来源于19世纪泰国的一对连体孪生兄弟（见图10.1），具体的故事这里就不说了，大家可以自己去了解。

图 10.1 孪生兄弟

简单来说，SiameseModel就是“连体的神经网络模型”，神经网络的“连体”是通过“共享权重”来实现的，如图10.2所示。

所谓共享权重，就是认为其是同一个网络，实际上也是同一个网络。因为其网络的架构和模块完全相同，权值是同一个权值，也就是对同一个深度学习网络进行重复使用。如果此时的网络架构和模块完全相同，但权值不是同一个权值，那么这种网络叫伪孪生神经网络（Pseudo-SiameseModel）。

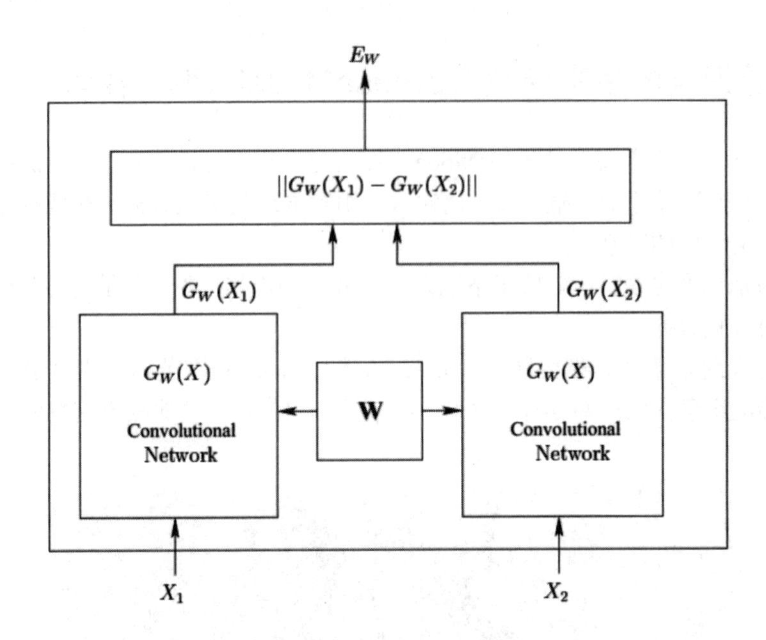

图 10.2　SiameseModel 孪生神经网络模型

孪生神经网络的作用是衡量两个输入的相似程度。孪生神经网络有两个输入（Input1和Input2），这两个输入分别进入两个神经网络（Network1和Network2），而这两个神经网络分别将输入映射到新的空间，形成输入在新的空间中的表示。

读者可能会问，目前一直说的是Siamese的整体架构，其中的Model（模型）部分到底是什么？这个答案很简单，对于SiameseModel架构（见图10.3）来说，其中模型的作用是用于特征提取，只需要保证在这个架构中模型所使用的是同一个网络即可。而具体的网络是什么，简单的如卷积神经网络模型VGG16，或者新的卷积神经网络模型SENET都是可以的。

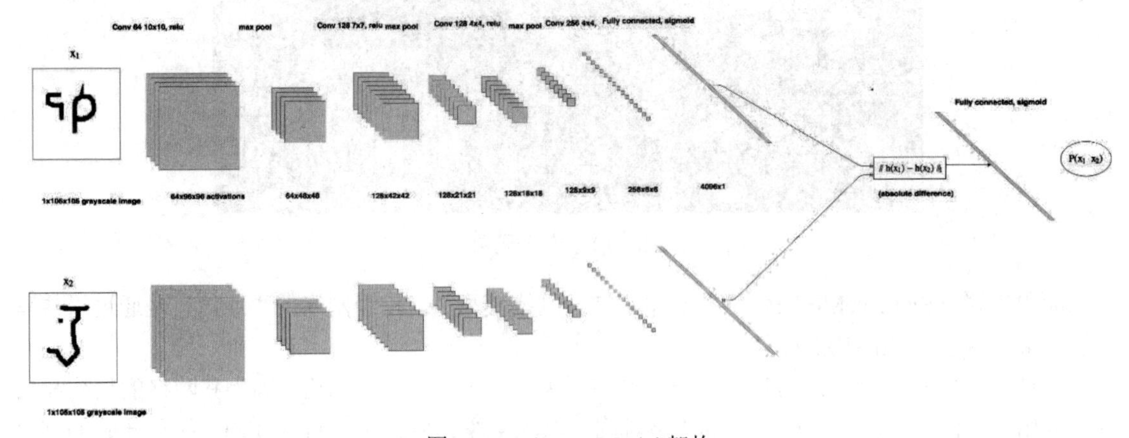

图 10.3　SiameseModel 架构

最后的损失函数就是前面介绍过的普通交叉熵函数，使用L2正则对其进行权重修正，使得网络能够学习更为平滑的权重，从而提高泛化能力。

$$L(x_1, x_2, t) = t \cdot log(p(x_1 \circ x_2)) + (1 - t) \cdot log(1 - p(x_1 \circ x_2)) + \lambda \cdot ||w||_2$$

其中的$p(x_1 \circ x_2)$是两个输入样本经过Siamese网络输出的计算合并值（这里使用了点乘，实际上使用差值也可以），t是标签值。

10.1.2 SiameseModel 的实现

下面是SiameseModel的实现部分。SiameseModel实际上就是并行使用一个“主干”神经网络同时计算两个输入端内容的模型。主干网络的选择没有特定要求，在这里选用TensorFlow模型自带的MobileNetV2作为模型的主干网络，当然也可以选用其他的模型或者自定义卷积神经网络模型。MobileNetV2的模型结构如图10.4所示。

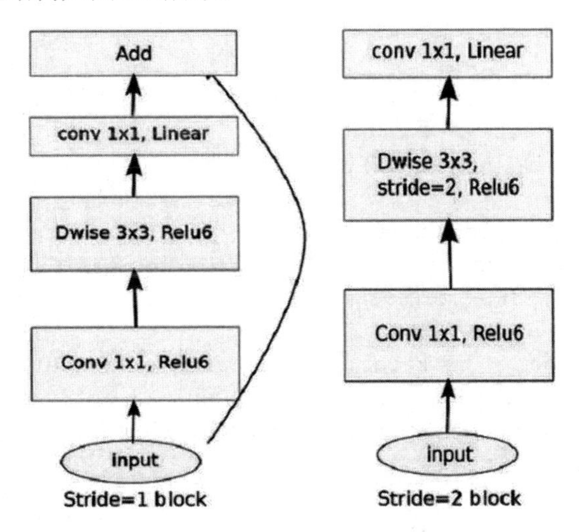

图 10.4 MobileNetV2 的模型架构

限于本书的篇幅，这里不再实现具体的MobileNetV2网络。经过前面章节的学习，相信读者已经能够独立地编写特定的网络结构，相关内容可以参考前面章节的ResNet的构建过程。下面是使用TensorFlow自带的模型的代码段：

```
    import tensorflow as tf

    inputs_1 = tf.keras.Input(shape=(144,144,3))
    siamese_model = tf.keras.applications.mobilenet_v2.MobileNetV2(input_shape
=(144, 144, 3), include_top=False)
    res = siamese_model(inputs_1)
    print(res.shape)
```

其中的tf.keras.applications.mobilenet_v2.MobileNetV2函数调用了TensorFlow自带的模型函数，其参数又设置了对应的输入梯度，include_top表示是否输入最后一层的分类层。该代码端执行后的打印结果如下：

```
(None, 5, 5, 1280)
```

这部分内容的打印时间可能比较长，这是因为在使用模型时默认采用载入预训练模型参数的方式，下载预训练模型参数的过程与所使用的网络条件有很大关系，因此也可以采用不使用预训练模型参数的模型，笔者经过测试，实际的差异在人脸识别这个项目中基本上可以忽略不计，具体情况还请读者自行掌握。不使用预训练参数的代码如下：

```
import tensorflow as tf

inputs_1 = tf.keras.Input(shape=(144,144,3))
siamese_model =
tf.keras.applications.mobilenet_v2.MobileNetV2(input_shape=(144, 144, 3),
include_top=False,weights=None)
res = siamese_model(inputs_1)
print(res.shape)
```

下面是SiameseModel的总体实现，代码如下：

```
import tensorflow as tf

class SiameseModel(tf.keras.layers.Layer):
    def __init__(self):
        super(SiameseModel, self).__init__()

    def build(self, input_shape):
        self.siamese_model = tf.keras.applications.mobilenet_v2.MobileNetV2
(input_shape=(144, 144, 3), include_top=False,  weights=None)

        self.bath_norm = tf.keras.layers.BatchNormalization()
        self.last_dense = tf.keras.layers.Dense(2,activation=tf.nn.softmax)
        super(SiameseModel, self).build(input_shape)  # 一定要在最后调用它

    def call(self, inputs):
        inputs_1,inputs_2 = inputs

        inputs_1_embedding = self.siamese_model(inputs_1)
        inputs_2_embedding = self.siamese_model(inputs_2)

        inputs_embedding = tf.concat([inputs_1_embedding,
inputs_2_embedding],axis=-1)
        inputs_embedding = tf.keras.layers.Flatten()(inputs_embedding)
        inputs_embedding = self.bath_norm(inputs_embedding)

        logits = self.last_dense(inputs_embedding)
        return logits

if __name__ == "__main__":
    inputs_1 = tf.keras.Input(shape=(144, 144, 3))
    inputs_2 = tf.keras.Input(shape=(144, 144, 3))
    logits = SiameseModel()([inputs_1,inputs_2])
```

SiameseModel的代码并不复杂，即使用预定义的主干网络作为特征抽取器对两个不同的输入运用模型进行计算，之后将其通过concat函数组合成一个向量矩阵输入最后的分类器中进行判定。

10.1.3 人脸识别数据集的准备

下面介绍使用SiameseModel需要准备的数据集。一般而言，在大多数人脸存在的图片中，人脸部分在图片中的占比非常小，大部分是背景以及人物的衣物，这些图片中存在的内容对人脸的识别帮助不大，也没有直接关系，因此在创建训练数据集的过程中，最好将这些内容作为“噪声”去除。

前面的章节介绍过使用Dlib库对图片中单个人脸的位置进行标定，同样可以利用这个功能将图片中人脸的部分“切割”下来，代码如下：

```
import numpy as np
import dlib
import matplotlib.image as mpimg
import cv2
import imageio
from pathlib import Path
import os
from tqdm import tqdm
shape = 144

def clip_image(image, boundary):
    top = np.clip(boundary.top(), 0, np.Inf).astype(np.int16)
    bottom = np.clip(boundary.bottom(), 0, np.Inf).astype(np.int16)
    left = np.clip(boundary.left(), 0, np.Inf).astype(np.int16)
    right = np.clip(boundary.right(), 0, np.Inf).astype(np.int16)
    image = cv2.resize(image[top:bottom, left:right],(128,128))
    return image

def fun(file_dirs):

    for file_dir in tqdm(file_dirs):
        image_path_list = list(file_dir.glob('*.jpg'))
        for image_path in image_path_list:
            image = np.array(mpimg.imread(image_path))
            boundarys = detector(image, 2)
            if len(boundarys) == 1:
                image_new = clip_image(image, boundarys[0])
                os.remove(image_path)
                image_path_new = image_path #这里可以调整保存的路径
                imageio.imsave(image_path_new, image_new)
            else:
                os.remove(image_path)

detector = dlib.get_frontal_face_detector() #切割器
path="./lfw-deepfunneled"
path = Path(path)
file_dirs = [x for x in path.iterdir() if x.is_dir()]
```

```
    print(len(file_dirs))
    fun(file_dirs)
```

上述代码与原有的人脸检测代码基本一致。与原有的人脸检测数据集的存储位置对比，本节切割后的文件存储并没有改变原有的图片位置，也就是每张图片的分类没有变化，如图10.5所示。

切割后的人脸数据如图10.6所示。

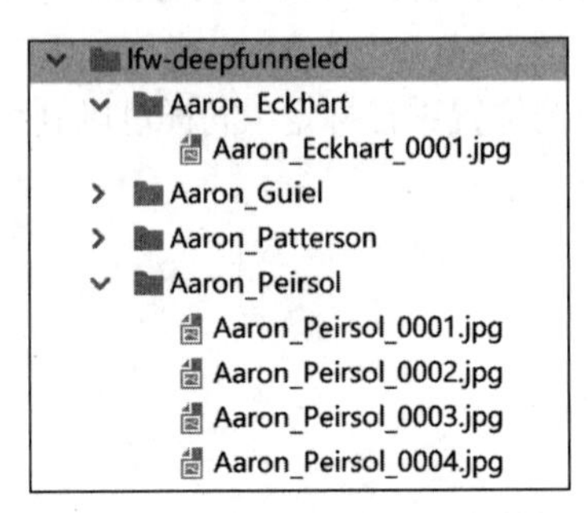

图 10.5　新的 LFW 数据集结构

图 10.6　切割后的人脸数据

关于模型的训练，请读者自行完成。

10.2　基于相似度计算的人脸识别模型

前面详细介绍了人脸识别的基本方法，就是使用孪生模型对同时输入的内容进行计算，之后根据联合的结果通过分类器进行计算。

这种模型固然可以解决1:1或者1:N的人脸识别模型问题，但是这种方法和常规的人脸识别形式并不相同，而且使用这种模型需要对数据库中的人脸模型进行训练和预测，需要消耗大量的资源，因此使用这种深度学习模型在资源受限的设备上进行人脸识别并不是非常合适。

因此，为了解决这个问题，一种新的人脸识别模型被提出来——通过模仿人脸识别的常识找到人脸的特征点并进行提取，之后使用距离常数计算人脸的相似度。

10.2.1　一种新的损失函数 Triplet Loss

前面介绍了SiameseModel模型的基本架构，在共享的模型中计算不同输入端的向量，之后对结果进行分类。在这个过程中，主干网络用于特征抽取，目的是抽取图片中的特征供后续计算，那么能否直接将抽取的特征作为目标在抽取的特征上进行计算呢？答案是可以的。使用这种方式建立的特征抽取模型在人脸特征上并不能非常明显地对各个特征进行判别，需要借助额外的手段加强模型对特征抽取的能力，一种直接而有效的手段就是使用三相输入架构（见图10.7），并计算对应的Triplet-Loss（三元损失）函数。

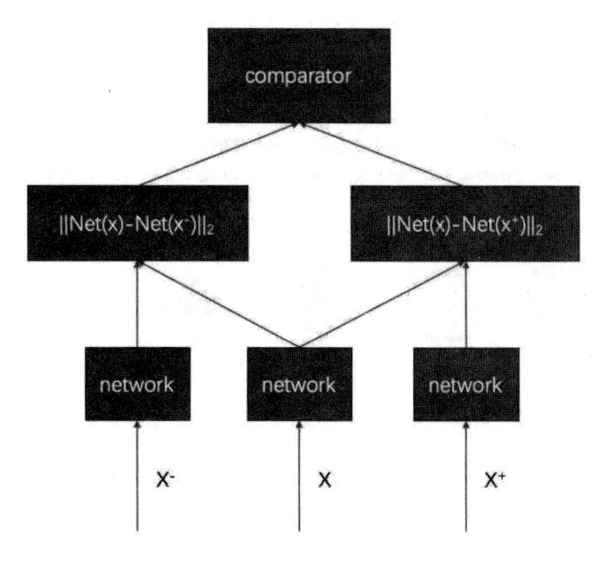

图 10.7 三相输入架构

基于Siamese网络实现的人脸识别模型（基于一个骨干网络所实现的人脸识别模型）可以较好地分辨出人脸主体的区别，能够确定是否为同一个或者不同的人。然而，这种模型有一个先天性的劣势，就是对于所有的人脸特征来说，需要在模型上进行"预训练"，也就是需要将所有的人脸让模型训练一遍。这种方法能够提高模型判别的准确度，但是带来的问题是对于未做过预训练的人脸图像识别率较差。

因此，为了解决这个问题，一种新的模型Face Net被提出来，它利用深度学习模型直接学习从原始图片到欧氏距离空间的映射，使得在欧式空间中距离的度量直接关联着人脸相似度。

1. Face Net 模型的架构

Face Net模型的架构如图10.8所示。

图 10.8 Face Net 的输入

Face Net的步骤可以描述为：

- 前面部分采用一个深度学习模型提取特征。
- 模型之后接一个 L2 标准化，这样图像的所有特征会被映射到一个超球面上。
- 再接入一个 Embedding 层（嵌入函数），嵌入过程可以表达为一个函数，即把图像 x 通过函数 f 映射到 d 维欧式空间（一般为 128 维，默认为人脸的 128 个特征点）。
- 使用新的损失函数 triplet_loss 对模型进行优化。

从Face Net架构和SiameseModel架构可知，实际上这一部分可以独立存在和使用，因此可以选用较为熟悉的卷积神经网络模型。

下面讲一下L2正则化的作用，L2正则化将特征映射到超球面。首先从L2正则化在空间中的分布来看，相同长度（例如均为128）的向量分布如图10.9所示。

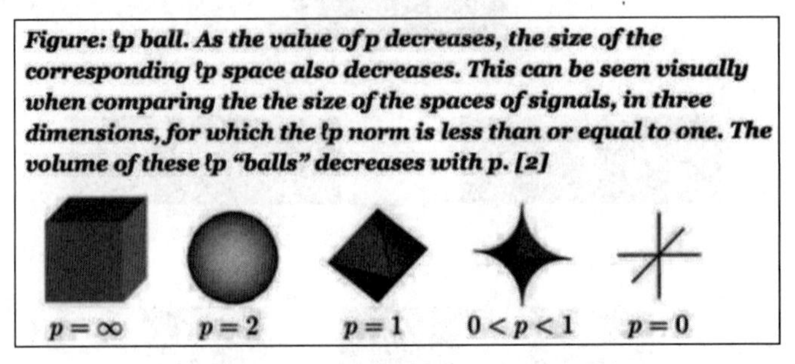

图 10.9 L2 正则化

可以看到此时L2分布是一个球面。将深度学习模型抽取的特征向量进行L2正则化就是将向量均匀地分布在整个球面上，从而可以更好地对特征进行分类计算。

2. 替代 softmax 的 Triplet Loss 函数

Triplet Loss函数的作用是替代softmax对全连接层的结果进行计算。

什么是Triplet Loss呢？Triplet Loss就是针对三张图片输入进行计算的Loss（损失），如图10.10所示。

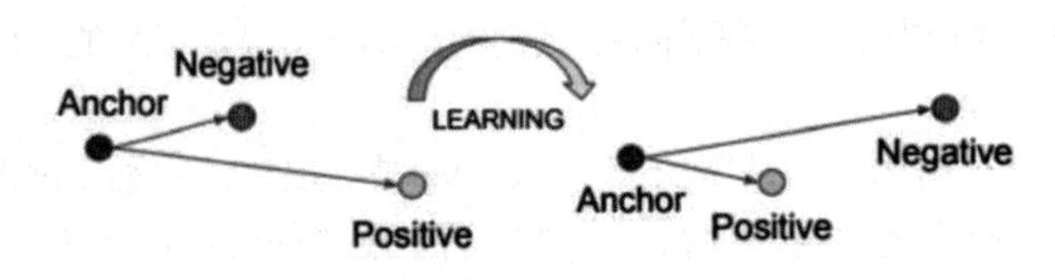

图 10.10 Triplet Loss

相对于二元输入，三元输入在原本输入的基础上额外增加了一个输入内容，一般为与原输入是不同的“类别（这里指不同的人）”。添加Triplet Loss的目的是使得类内的特征间隔小（同一个人），同时保持类间的特征间隔大（不同的人）。

人脸识别中的Triplet Loss是一个使用三张图片的损失函数：一张锚点图像A、一张正确的图像P（和锚点图像中的人物一样）以及一个不正确的图像N（人物与锚点图像不同）。模型的目的是想让图像A与图像P的距离d(A,P)小于等于图像A与图像N的距离d(A,N)。换句话说，是想让有同一个人的照片间的距离变小，有不同人的照片间的距离变大。

转化成公式表述如下：

$$||f(x^a) - f(x^p)||_2^2 + \alpha < ||f(x^a) - f(x^n)||_2^2,\ \forall(f(x^a), f(x^p), f(x^n)) \in \tau$$

其中||*||为欧式距离。

x是输入的人脸图像数据的总称，x^a、x^p是同一个主体不同的图像（Positive），x^n是与x^a来自不同主体的图像（Negative），τ是所有可能的三元组集合。

此时还有一个问题，由于深度学习模型具有非常好的拟合性，Triplet Loss在计算时，当对来自同一个主体的图像分辨得非常好的时候（趋近于0），会尽可能缩小来自不同主体的损失函数的计算值，这是由损失函数的定义所决定的。显然这不是模型的设计者所想要的，因此加入了一个α参数。其目的是让模型在对来自同一个主体的图像判定得非常接近，而又保持与来自不同主体的图像之间的距离。

α是界定阈值，其决定了类间距的最小值，如果它小于这个阈值，就意味着这两个图像是同一个人，否则便是两个不同的人。图10.11是不同α阈值状况下的Triplet Loss结果示意图，可以看到随着α的变化，模型的分辨能力在增加，但是过大的α会造成数据分类的稀疏性，从而影响模型的整体性能。

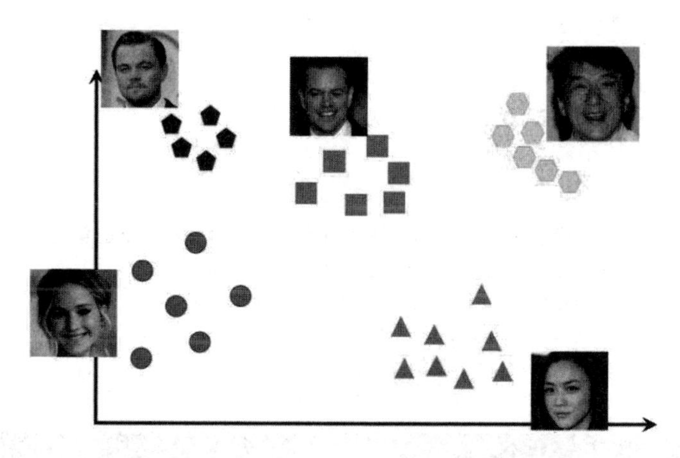

图 10.11　基于 face-net 的人脸特征抽取

提　示

前面介绍的 face-net 是包括 Triplet-Loss 的整体训练模型，对于使用 face-net 进行人脸识别，就是将 face-net 变成一个可以随时使用的人脸特征提取器，而不是像其他的深度学习模型一样的分类判别器。因此 face-net 最后的输出是一个 128 维的向量，并非直接用于判定答案的“是”与“否”。

对于最终生成的128维向量，可以使用多种距离判定公式予以计算，常用的距离判定公式为欧式距离公式。

10.2.2　基于 TripletSemiHardLoss 的 MNIST 模型

在真实使用的过程中，由于Triplet Loss有三种不同的输入，使得训练过程中犯错的可能性大为增加。同时由于数据集的生成和导入，使得模型的训练时间增加很多，因此在实践中一般使用TripletSemiHardLoss替代Triplet Loss进行训练。

TripletSemiHardLoss的本质和Triplet Loss一样，都是对输入的不同来源进行比对计算，相对于Triplet Loss在输入端需要详细地分类不同的类型来源，TripletSemiHardLoss则通过巧妙地设置损失函数的计算方法大大简化了模型的构建，将输入端的分类修正到输出端的损失函数的计算过程中。

下面用经典的MNIST数据集演示人脸识别模型的训练和预测过程。

第一步：tensorflow_addons 与 tensorflow_datasets 的使用

tensorflow_datasets是TensorFlow自带的数据集，可通过tensorflow_datasets直接下载和使用MNIST数据集，代码如下：

```
    import tensorflow_datasets as tfds

    def _normalize_img(img, label):
        img = tf.cast(img, tf.float32) / 255.
        return (img, label)

    train_dataset, test_dataset = tfds.load(name="mnist", split=['train', 'test'],
as_supervised=True)

    # Build your input pipelines
    # 注意这里的batch中的参数最好大于100，具体原因读者可参考本小节的第七步
    train_dataset = train_dataset.shuffle(1024).batch(128)
    train_dataset = train_dataset.map(_normalize_img)

    test_dataset = test_dataset.batch(32)
    test_dataset = test_dataset.map(_normalize_img)
```

> **注 意**
>
> tensorflow_datasets的batch中的参数最好大于100，具体原因读者可参考本小节的第七步，这里直接使用即可。

下面简略介绍一下tensorflow_addons库，它是TensorFlow 2官方支持的一个加载功能的库，并不常用，对某些研究者可能有较大帮助。本小节的主角TripletSemiHardLoss就在这个包中。要导入tensorflow_addons，可在Anaconda终端输入如下命令：

```
    pip install tensorflow_addons
```

加载的代码如下：

```
    import tensorflow_addons as tfa

    tfa.losses.TripletSemiHardLoss(0.217)
```

可以看到使用tensorflow_addons就如同使用其他Python库一样直接导入即可。

如同Triplet Loss一样，tfa.losses.TripletSemiHardLoss中的参数设置了不同类别之间的最小距离，读者可以根据具体的模型训练目标进行更改，也可以使用默认值0.2。

第二步：模型的定义

下面是模型的训练过程，MNIST模型本身比较简单，代码如下：

```
    model = tf.keras.Sequential([
        tf.keras.layers.Conv2D(filters=64, kernel_size=2, padding='same',
activation='relu', input_shape=(28, 28, 1)),
        tf.keras.layers.MaxPooling2D(pool_size=2),
        tf.keras.layers.Dropout(0.3),
```

```
        tf.keras.layers.Conv2D(filters=32, kernel_size=2, padding='same',
activation='relu'),
        tf.keras.layers.MaxPooling2D(pool_size=2),
        tf.keras.layers.Dropout(0.3),
        tf.keras.layers.Flatten(),
        #抽取256个特征
        tf.keras.layers.Dense(256, activation=None),  # No activation on final dense
layer
       #使用L2正则作为数据规范化手段
       tf.keras.layers.Lambda(lambda x: tf.math.l2_normalize(x, axis=1))
       # L2 normalize embeddings

    ])
```

注 意

作为分类器的全连接层并没有使用损失函数，显式地定义了抽取的特征点数为 256。L2 正则函数的作用是将特征点进行折射，使得每个类型都可以定义成一个单独的分类表示。

第三步：使用 TripletSemiHardLoss 进行模型训练

下面使用TripletSemiHardLoss进行模型训练，完整的训练代码如下：

```
    import io
    import numpy as np

    import tensorflow as tf
    import tensorflow_addons as tfa
    import tensorflow_datasets as tfds

    def _normalize_img(img, label):
        img = tf.cast(img, tf.float32) / 255.
        return (img, label)

    train_dataset, test_dataset = tfds.load(name="mnist", split=['train', 'test'],
as_supervised=True)

    # Build your input pipelines
    train_dataset = train_dataset.shuffle(1024).batch(256)
    train_dataset = train_dataset.map(_normalize_img)

    test_dataset = test_dataset.batch(32)
    test_dataset = test_dataset.map(_normalize_img)

    model = tf.keras.Sequential([
        tf.keras.layers.Conv2D(filters=64, kernel_size=2, padding='same',
activation='relu', input_shape=(28, 28, 1)),
        tf.keras.layers.MaxPooling2D(pool_size=2),
        tf.keras.layers.Dropout(0.3),
        tf.keras.layers.Conv2D(filters=32, kernel_size=2, padding='same',
activation='relu'),
```

```
        tf.keras.layers.MaxPooling2D(pool_size=2),
        tf.keras.layers.Dropout(0.3),
        tf.keras.layers.Flatten(),
        tf.keras.layers.Dense(256, activation=None),  # No activation on final dense
layer
        tf.keras.layers.Lambda(lambda x: tf.math.l2_normalize(x, axis=1))  # L2
normalize embeddings

    ])
    # Compile the model
    model.compile(
        optimizer=tf.keras.optimizers.Adam(0.001),
        loss=tfa.losses.TripletSemiHardLoss(0.217))
    # Train the network
    history = model.fit(
        train_dataset,
        epochs=10)

    model.save_weights("./model.h5")
```

第四步：相似度衡量函数

下面使用训练好的模型进行相似图形的预测。对于此模型的架构来说，实际上生成了一个256维的向量，并通过比较两个向量的相似度来确定最终的结果。因此，模型的预测函数也就遵循此思路进行设计。

欧式距离是一种较好的能够在不同向量之间进行衡量的一种计算方式，其公式如下：

$$d(x,y) := \sqrt{(x_1-y_1)^2+(x_2-y_2)^2+\cdots+(x_n-y_n)^2} = \sqrt{\sum_{i=1}^{n}(x_i-y_i)^2}$$

欧氏距离是指在m维空间中两个点之间的真实距离，或者向量的自然长度（该点到原点的距离）。在二维和三维空间中的欧氏距离就是两点之间的实际距离。本例采用欧氏距离来实现，代码如下：

```
import numpy as np

#注意这里的输入端最少是二维向量，且维度相同
face_encodings = np.array([[1,2,3,4]])
face_to_compare = np.array([[1,2,3,4]])

dis = np.linalg.norm(face_encodings - face_to_compare, axis=1)
print(dis)
```

np.linalg.norm是计算欧式距离的函数，其中的face_encodings和face_to_compare向量是待比较的向量。欧氏距离的计算函数如下：

```
def face_distance(face_encodings, face_to_compare):
    if len(face_encodings) == 0:
        return np.empty((0))
    return np.linalg.norm(face_encodings - face_to_compare, axis=1)
```

对欧式距离的计算结果进行排序，找到欧式距离最小的向量的序号作为最终的结果。

```
    for id,unknow_face_encoding in enumerate(known_face_encodings,
    unknow_face_encodings):
        face_distances = face_distance(known_face_encodings,
face_encoding_to_check)
        #对欧式距离的计算结果按从小到大的顺序进行排列
        best_match_index = np.argmin(face_distances)
        return best_match_index
```

第五步：模型的训练与预测

下面是模型的训练与预测过程，代码比较简单：

```
    import io
    import numpy as np

    import tensorflow as tf
    import tensorflow_addons as tfa
    import tensorflow_datasets as tfds

    def _normalize_img(img, label):
        img = tf.cast(img, tf.float32) / 255.
        return (img, label)

    train_dataset, test_dataset = tfds.load(name="mnist", split=['train', 'test'],
as_supervised=True)

    # Build your input pipelines
    train_dataset = train_dataset.shuffle(1024).batch(256)
    train_dataset = train_dataset.map(_normalize_img)

    test_dataset = test_dataset.batch(32)
    test_dataset = test_dataset.map(_normalize_img)

    model = tf.keras.Sequential([
        tf.keras.layers.Conv2D(filters=64, kernel_size=2, padding='same',
activation='relu', input_shape=(28, 28, 1)),
        tf.keras.layers.MaxPooling2D(pool_size=2),
        tf.keras.layers.Dropout(0.3),
        tf.keras.layers.Conv2D(filters=32, kernel_size=2, padding='same',
activation='relu'),
        tf.keras.layers.MaxPooling2D(pool_size=2),
        tf.keras.layers.Dropout(0.3),
        tf.keras.layers.Flatten(),
        tf.keras.layers.Dense(256, activation=None),  # No activation on final dense
layer
        tf.keras.layers.Lambda(lambda x: tf.math.l2_normalize(x, axis=1))  # L2
normalize
    ])

    # Compile the model
```

```
    model.compile(optimizer=tf.keras.optimizers.Adam(0.001),
loss=tfa.losses.TripletSemiHardLoss(0.217))
    # Train the network
    history = model.fit(train_dataset, epochs=10)
    model.save_weights("./model.h5")
```

对于预测部分，实际上是通过在训练集上训练一个深度学习模型，使之能够对特定目标特征进行抽取，因此在预测时直接载入了训练后的存档参数，并用这个参数对不同来源的数据进行特征抽取。遵循这个思路创建的数据集和待预测数据如下：

```
    #使用tf.keras模块中的MNIST数据集
    (x_train, y_train), (x_test, y_test) = tf.keras.datasets.mnist.load_data(path
= "C:/Users/晓华/Desktop/Demo/mnist.npz")
    #预下载MNIST数据集，注意必须使用绝对路径

    #对已训练的数据集增加维度
    _x_train = np.expand_dims(x_train,axis=3)

    #随机从测试集中抽取一个目标进行验证
    unknow_x = np.expand_dims(x_test[1024],axis=3)  #1024是随机的一个序号
```

下面使用预训练的模型和参数对训练集和待预测数据进行预测。

```
    model = tf.keras.Sequential([
        tf.keras.layers.Conv2D(filters=64, kernel_size=2, padding='same',
activation='relu', input_shape=(28,28,1)),
        tf.keras.layers.MaxPooling2D(pool_size=2),
        tf.keras.layers.Dropout(0.3),
        tf.keras.layers.Conv2D(filters=32, kernel_size=2, padding='same',
activation='relu'),
        tf.keras.layers.MaxPooling2D(pool_size=2),
        tf.keras.layers.Dropout(0.3),
        tf.keras.layers.Flatten(),
        tf.keras.layers.Dense(128, activation=None), # No activation on final dense
layer
        tf.keras.layers.Lambda(lambda x: tf.math.l2_normalize(x, axis=1)) # L2
normalize embeddings
    ])

    #模型载入预训练的参数
    model.load_weights("./model.h5")

    #获取预测到的训练集值和待预测的值
    known_face_encodings = np.array(model.predict(_x_train))
    unknow_face_encodings = np.array(model.predict(unknow_x))
```

最后一步是对两者的值进行计算，这里使用欧式距离进行计算，代码如下：

```
    def face_distance(face_encodings, face_to_compare):
        if len(face_encodings) == 0:
            return np.empty((0))
        return np.linalg.norm(face_encodings - face_to_compare, axis=1)
```

```
    for id,unknow_face_encoding in
enumerate(known_face_encodings,unknow_face_encodings):
        face_distances = face_distance(known_face_encodings,
face_encoding_to_check)
        best_match_index = np.argmin(face_distances)
        return best_match_index
```

最终生成的best_match_index就是待测数据与原始数据集中最相近的那个序号。

第六步：模型预测的可视化展示

如果对所有的MNIST测试集数据进行PCA降维后再进行可视化显示，就可以看到最终MNIST测试集中的不同数据被模型进行了分类标识，基本上所有的数据都正常地与其对应的类紧靠在一起，如图10.12所示。

图 10.12　MNIST 模型特征抽取的可视化展示

第七步：模型训练过程中数据输入的细节问题

使用TripletSemiHardLoss的过程中，一个非常重要的细节问题是数据的输入格式问题。数据的输入如同对MNIST数据集进行分类一样，token和label被整合成一个个batch输入模型中进行训练。

对于TripletSemiHardLoss的输入来说，虽然形式上一样，但是在计算时本质还是根据Triplet Loss的计算方式，根据label对不同类型的输入依次进行正负样本的计算，即具有相同标签的一组数据被当成一组正样本，所有不同标签的数据被当成负样本，依次进行比对，则可以简化整体模型的编写和微调难度。

10.2.3　基于 TripletSemiHardLoss 和 SENET 的人脸识别模型

人脸识别模型在具体训练和使用中只要复用10.2.2小节的模型训练即可，从训练方法到结果的预测没有太大的差异。最大的不同是训练时间的长度，由于人脸的特殊性，在训练过程中需要耗费非常长的时间。

第一步：人脸识别数据集的输入

前面准备了人脸识别的数据集，并使用Dlib对人脸图片进行“切割”，只留下需要提取特征的人脸图片部分。模型的输入是通过batch的方式进行的，每个batch中不同个体的数据和每个个体能够提供的图片张数都是有一定要求的。生成图片的代码如下：

```
path = "./dataset/lfw/"
path = Path(path)
file_dir = [x for x in path.iterdir() if x.is_dir()]

# 这里的num_people是指每个batch中有多少个人
# k指的是每个人提供多少张图进行比对
train_length = len(file_dir)
def generator(k=15, num_people=12):
    batch_num = train_length // num_people

    while 1 :
        np.random.shuffle(file_dir)

        for i in range(batch_num):
            start = num_people * i
            end = num_people * (i + 1)

            image_batch = []
            label_batch = []

            for j in range(start, end):
                pos_path = list(file_dir[j].glob('*.jpg'))
                if len(pos_path) > 5:
                    for image_path in random.choices(pos_path, k=k):
                        img = mpimg.imread(image_path.as_posix())/255.
                        image_batch.append(img)
                        label_batch.append(j)
            yield np.array(image_batch), np.array(label_batch)
```

第二步：使用 SENet 修正后的人脸识别模型

前面章节中用于对手写数据及MNIST进行特征抽取的模型可以直接用于人脸识别的项目工程。但是，人脸有更多的特征需要判定和识别，因此在原有的模型上，加载了更多新的特征抽取组件SENet。

SENet相对于MobileNet更加关注图像“通道”之间的关系，即希望模型可以自动学习不同“通道”特征的重要程度。SENet的基本架构如图10.13所示。

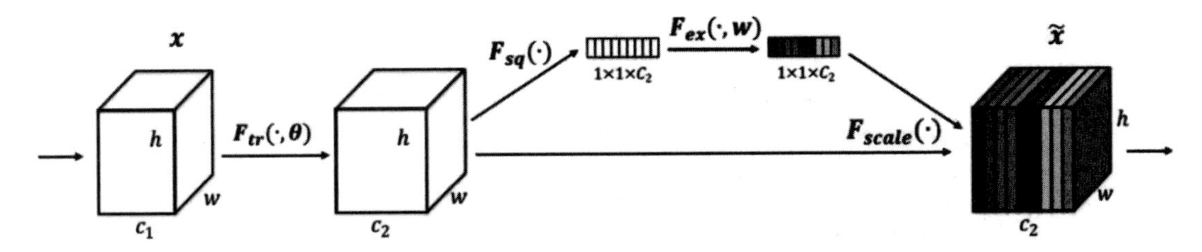

图 10.13　SENet 的基本架构

SENet模型的架构代码如下：

```
from tensorflow.keras.models import Model, Sequential
from tensorflow.keras.layers import Conv2D, Dense, Activation, InputLayer
from tensorflow.keras.layers import GlobalAveragePooling2D, BatchNormalization
from tensorflow.keras.layers import LeakyReLU, Multiply, Dropout

class SELayer(Model):
    def __init__(self, filters, reduction=16):
        super(SELayer, self).__init__()
        self.gap = GlobalAveragePooling2D()
        self.fc = Sequential([
            # use_bias???
            Dense(filters // reduction,
                  input_shape=(filters,),
                  use_bias=False),
            Dropout(0.5),
            BatchNormalization(),
            Activation('relu'),
            Dense(filters, use_bias=False),
            Dropout(0.5),
            BatchNormalization(),
            Activation('sigmoid')
        ])
        self.mul = Multiply()

    def call(self, input_tensor):
        weights = self.gap(input_tensor)
        weights = self.fc(weights)
        return self.mul([input_tensor, weights])


def DBL(filters, ksize, strides=1):
    layers = [
        BatchNormalization(),
        LeakyReLU(),
        Conv2D(filters, (ksize, ksize),
               strides=strides,
               padding='same',
               use_bias=False)
    ]
```

```
        return Sequential(layers)

    class ResUnit(Model):
        def __init__(self, filters):
            super(ResUnit, self).__init__()
            self.dbl1 = DBL(filters // 2, 1)
            self.dbl2 = DBL(filters, 1)
            self.se = SELayer(filters, 1)

        def call(self, input_tensor):
            x = self.dbl1(input_tensor)
            x = self.dbl2(x)
            x = self.se(x)
            x += input_tensor
            return x

    #预定义的参数包含MobileNet的输出以及最终的特征抽取数
    def SENet(input_shape=(4, 4, 1280),output_filters =
128,filters=[128],res_n=[1]):
        layers = []
        layers += [
            Conv2D(512, (1, 1), input_shape=input_shape, padding='same',
use_bias=False)
        ]
        for fi, f in enumerate(filters):
            layers += [DBL(f, 1, 1)] + [ResUnit(f)] * res_n[fi]
        layers += [
            Dropout(0.5),
            BatchNormalization(),
            LeakyReLU(),
            Conv2D(output_filters, (1, 1), padding='same'),
            GlobalAveragePooling2D(),
        ]
        return Sequential(layers)
```

下面将SENet加载到特征抽取模型中，完整的代码如下：

```
    import tensorflow as tf
    import tensorflow_addons as tfa
    import senet
    import numpy as np


    class BaseModel(tf.keras.layers.Layer):
        def __init__(self):
            super(BaseModel, self).__init__()

        def build(self, input_shape):
            self.feature_model = tf.keras.applications.mobilenet_v2.MobileNetV2(
                input_shape=(144, 144, 3), include_top=False)
            self.batch_norm = tf.keras.layers.BatchNormalization()
```

```
        #这里是加载了预定义参数的SENet
    self.senet = senet.SENet((4, 4, 1280), 128)
        self.dense_feature = (tf.keras.layers.Dense(units=128, activation=None))

        super(BaseModel, self).build(input_shape)  # 一定要在最后调用它

    def call(self, inputs):
        image_inputs = inputs

        features =self.feature_model(image_inputs)
        features = self.batch_norm(features)
        #使用SENet对抽取的特征做进一步的计算
        pooled_features = self.senet(features)

        pooled_features = tf.keras.layers.Dropout(0.5217)(pooled_features)
        dense_features = self.dense_feature(pooled_features)
        embeddings = tf.keras.layers.Lambda(lambda x:
tf.math.l2_normalize(tf.cast(x, dtype='float32'),
axis=1,epsilon=1e-10))(dense_features)

        return embeddings

    if __name__ == "__main__":
        image = tf.keras.Input(shape=(Config.width,Config.height,3),
dtype=tf.float32)
        embedding = BaseModel()(image)
        model = tf.keras.Model(image,embedding)

        import learnrate
        lr_schedule = learnrate.CosSchedule(1e-4)
        opt = tf.keras.optimizers.Adam(lr_schedule)

        los = tfa.losses.TripletSemiHardLoss()
        model.compile(optimizer=opt,loss=los)

        import fetch_data as fetch_data
        k = 12;num_people = 27

        for epoch in range(10):

    model.fit_generator(fetch_data.generator(k=k,num_people=num_people,
index_list=fetch_data.index_list),steps_per_epoch=fetch_data.train_length//num_p
eople, max_queue_size=217,epochs=2)
         model.save_weights("./model.h5")
```

人脸识别预测可参考MNIST的形式。

10.3 本章小结

本章实现了人脸识别模型的基本架构，并通过MNIST数据集做了一个详尽的演示。除了使用深度学习方法重新训练一个人脸识别模型进行特征抽取之外，还可以使用Dlib直接进行人脸特征抽取。

除了本书实现的人脸检测和人脸识别模型之外，随着人们对深度学习模型研究的深入，更多好的模型和框架会被发现和投入使用，准确率也会有进一步提高。本书在这方面只起到一个抛砖引玉的作用，想要了解更深入的内容，读者还需继续钻研和学习。